高职高专通信类专业系列教材

移动通信室内覆盖系统工程设计与实践

主编　李 丽　毕 杨

参编　于鉴桐

西安电子科技大学出版社

内 容 简 介

本书在编写过程中，坚持“以就业为导向，以能力培养为本位”的改革方向，打破了传统学科教材编写思路，根据岗位任务合理划分模块，做到“理论够用，突出岗位知识技能，加强实训操作，引入实践活动”，较好地体现了面向应用型人才培养的高职高专教育特色。

本书共分为十个模块，内容包括移动通信室内覆盖系统认知、移动通信网络认知、无线电技术基础、移动通信室内覆盖工程认知、移动通信室内覆盖工程勘察、移动通信室内覆盖系统规划设计、移动通信室内覆盖多系统设计、移动通信室内覆盖工程制图与预算、移动通信室内覆盖工程项目管理、移动通信室内覆盖系统工程验收与优化。书中着重介绍了移动通信室内覆盖系统结构、勘察与设计、制图与预算、验收与优化、工程项目管理等内容。

本书可作为高等职业技术学院及其他大专院校通信、电子、信息类专业的教材，也可作为通信行业相关管理、技术人员的培训用书，还可供通信工程技术人员参考。

图书在版编目(CIP)数据

移动通信室内覆盖系统工程设计与实践/李丽，毕杨主编. —西安：
西安电子科技大学出版社，2018.8(2021.8 重印)
ISBN 978-7-5606-4989-4

Ⅰ. ① 移…　Ⅱ. ① 李…　② 毕…　Ⅲ. ① 移动通信—工程设计　Ⅳ. ① TN929.5

中国版本图书馆 CIP 数据核字(2018)第 162848 号

策　　划　马乐惠　马　琼
责任编辑　于　洋　马乐惠
出版发行　西安电子科技大学出版社(西安市太白南路 2 号)
电　　话　(029)88202421　88201467　　邮　　编　710071
网　　址　www.xduph.com　　电子邮箱　xdupfxb001@163.com
经　　销　新华书店
印刷单位　咸阳华盛印务有限责任公司
版　　次　2018 年 8 月第 1 版　　2021 年 8 月第 3 次印刷
开　　本　787 毫米×1092 毫米　1/16　印　张　12.5
字　　数　291 千字
印　　数　2501～4500 册
定　　价　26.00 元
ISBN 978-7-5606-4989-4/TN
XDUP 5291001-3

前　言

随着移动通信技术的快速发展，移动通信网络规模迅速扩大，电信业务不断推陈出新，手机用户对移动通信网络室内覆盖的要求不断提高。为了培养满足现代电信技术发展要求的高素质技术技能型人才，促进电信业务的发展，我们在总结多年教学实践的基础上，组织湖南邮电职业技术学院专业教师编写了本书。

本书在编写过程中，坚持“以就业为导向，以能力培养为本位”的改革方向，打破传统学科教材编写思路，根据岗位任务合理划分模块，做到“理论够用，突出岗位知识技能，加强实训操作，引入实践活动”，突出高职高专教育特色。全书采用模块化的内容结构，共分为十个模块，内容包括移动通信室内覆盖系统认知、移动通信网络认知、无线电技术基础、移动通信室内覆盖工程认知、移动通信室内覆盖工程勘察、移动通信室内覆盖系统规划设计、移动通信室内覆盖多系统设计、移动通信室内覆盖工程制图与预算、移动通信室内覆盖工程项目管理、移动通信室内覆盖系统工程验收与优化。书中给出了大量的通信企业真实案例，内容全面、新颖、实用性强，各模块均附有参考资料二维码及习题，便于读者自学。

本书由李丽负责全书整体结构及内容的把握，其中，模块一、模块二、模块三、模块六由李丽编写；模块四、模块七、模块十由毕杨编写；模块五、模块八、模块九由于鉴桐编写。在本书的编写过程中，我们得到了湖南邮电规划设计院的大力支持，特此致谢。

由于编者水平有限，书中难免有不妥之处，诚请读者批评指正。

作者：李丽

2018 年 4 月

目　　录

模块一　移动通信室内覆盖系统认知

【内容简介】

本模块介绍了与移动通信室内覆盖系统有关的基本知识，包括移动室内覆盖系统的定义、组成，信号源的种类及引入方式，室内分布系统的类型及信号分布方式。

【重点难点】

重点掌握信号源的引入方式及室内信号分布方式。

【学习要求】

(1) 识记：移动通信室内覆盖系统的定义、组成，信号源的种类，室内分布系统的类型。

(2) 领会：信号源的引入方式及室内信号分布方式。

任务 1　什么是移动通信室内覆盖系统

【学习要求】

(1) 识记：移动通信室内覆盖系统的定义、组成。

(2) 领会：为什么建设移动通信室内覆盖系统。

随着移动通信建设步伐的不断加快，移动用户数飞速增加，大中城市的室外地区已经基本可以做到无缝覆盖。为了提高网络质量、提升用户满意度、增加话务量，室内覆盖越来越成为网络优化的重点。特别是随着第四代移动通信的普及，移动用户在室内使用手机的机会日益增加，迫切要求提供更好的室内移动通信环境。在此背景下，移动通信室内覆盖系统应运而生。

一、移动通信室内覆盖系统定义

在移动通信发展的早期，由于用户数量较少，业务相对简单，移动通信信号对建筑物内部的覆盖主要是通过室外宏蜂窝基站发出的无线电磁波穿透墙体来实现的。但是随着移动通信的迅猛发展，特别是移动数据业务的快速发展，室内移动通信业务量占比

移动通信室内覆盖系统

越来越大，移动通信室内覆盖系统的重要性日益凸显。与此同时，随着人类社会的发展，城市土地资源日趋紧张，使得移动通信室外宏蜂窝基站站址资源的获取变得越来越困难，加上城市地下空间的开发利用，造成了巨大的穿透损耗，使得通过室外基站覆盖室内的方式变得越来越不可能。最有效的解决办法就是建设移动通信室内覆盖系统，从而达到消除室内覆盖盲区、抑制干扰，为室内的移动通信用户提供稳定、可靠的信号，让用户在室内也能享受高质量的个人通信服务的目的。

此外，室内移动通信环境还存在以下问题。

1. 覆盖问题

(1) 由于建筑物自身的屏蔽和吸收作用，造成了无线电波较大的传输衰耗，在地下商场、停车场、高速公路隧道、地铁等地形成了移动信号的弱场强区甚至盲区，需要引入室内覆盖系统解决盲区覆盖问题。地下室盲区覆盖如图 1-1 所示。

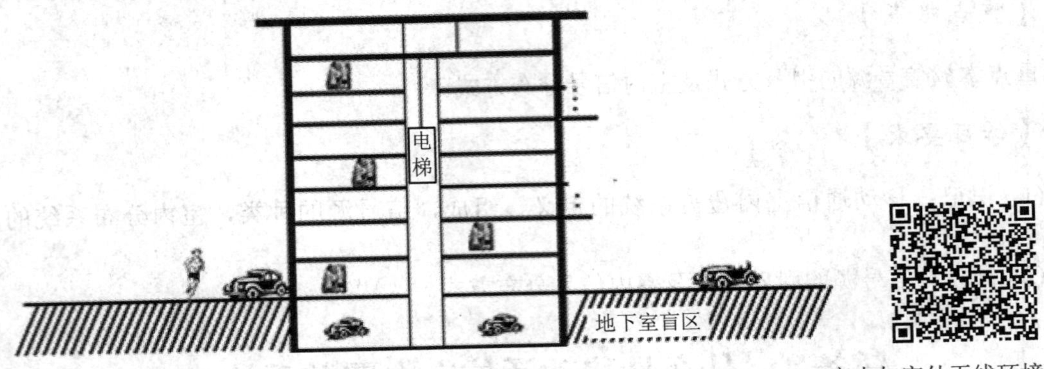

图 1-1　地下室的盲区覆盖

室内与室外无线环境比较

(2) 随着经济的发展，城市中高层建筑越来越常见。而移动通信基站天线覆盖方向是一定的，只能水平覆盖，不会向天空覆盖，这样就导致某些建筑物的高层(主要是 20 层以上)没有信号覆盖，需要引入室内覆盖系统解决盲区覆盖问题。建筑高层的室内盲区覆盖如图 1-2 所示。

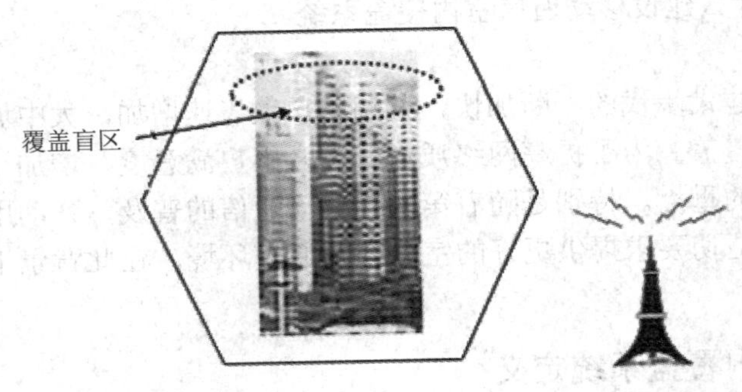

图 1-2　建筑高层(20 层以上)的室内盲区覆盖

2. 容量问题

大型购物商场、会议中心等建筑物室内，由于移动用户密度过大，仅室外移动通信网络容量不能满足用户同时通信的需求，需要引入室内覆盖系统有效吸收室内话务量，进行业务分流，如图 1-3 所示。

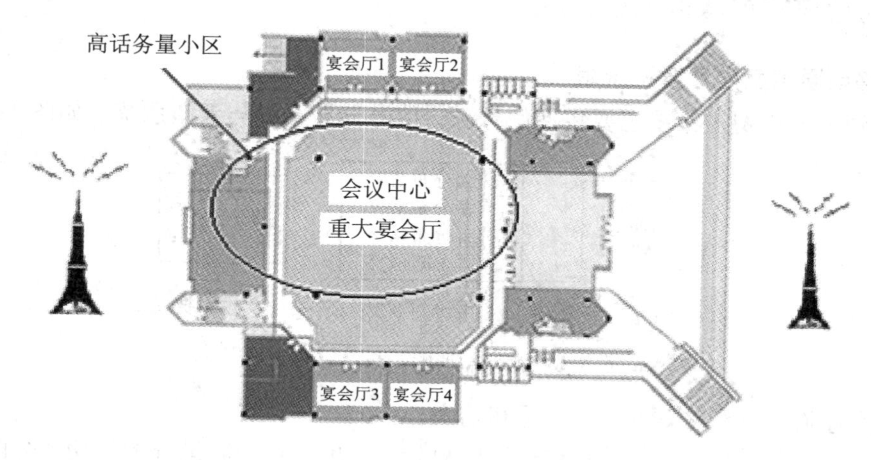

图 1-3　高话务量区的分流覆盖

3．质量问题

建筑物(20 层以下)的高层极易存在无线频率干扰，由于多个信号强度相当的基站重叠覆盖，服务小区信号不稳定，出现“乒乓切换”(如图 1-4 所示)，导致话音质量难以保证，甚至出现掉话现象，需要引入室内覆盖系统避免小区切换。

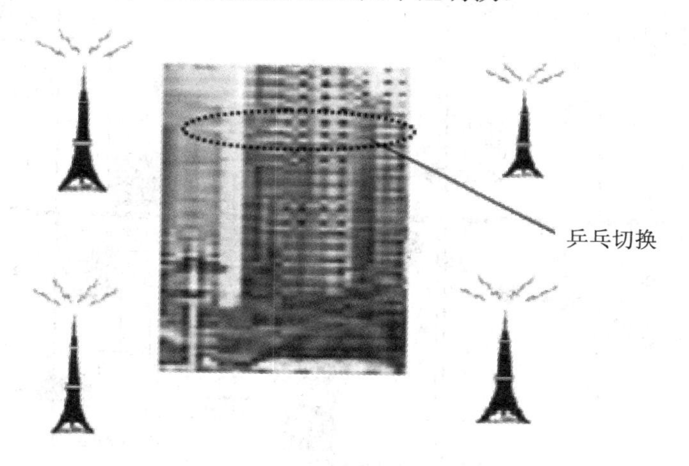

图 1-4　高层乒乓切换区的室内覆盖

知识小拓展：什么是“乒乓切换”？移动通信系统中，如果在一定区域里有两个或多个基站信号强度剧烈变化，手机就会在多个基站间来回切换，产生所谓的“乒乓切换”。

通过以上的分析可以得出，移动通信室内覆盖系统主要用于解决室内盲区、业务量高的大型室内场所以及切换频繁的室内场所的信号问题。

移动通信室内覆盖系统是指通过室内天馈系统将移动通信的无线信号均匀地分布于建筑物室内，用于改善建筑物室内移动通信网络覆盖和网络质量的系统。这一系统实现的不仅仅是对室内盲区的改善，同时也包括对室内移动通信语音质量、网络质量、系统容量的改善。

二、移动通信室内覆盖系统组成

1．移动通信室内覆盖系统组成

移动通信室内覆盖系统主要包括信号源、信号分布系统与天馈系统，如图 1-5 所示。

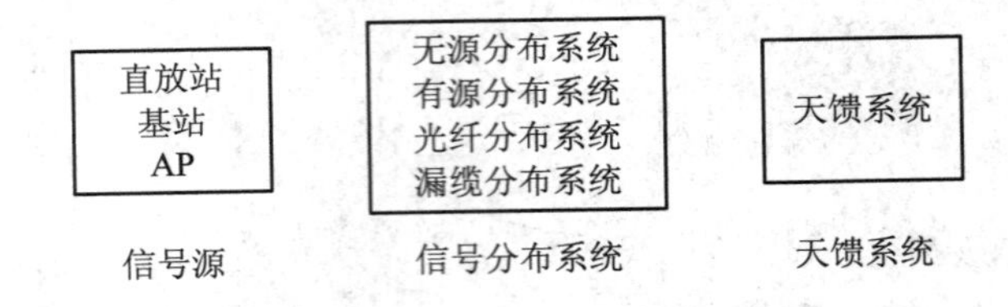

图 1-5　移动通信室内覆盖系统组成

- 信号源：为覆盖系统提供容量和功率。
- 信号分布系统：根据站点结构和用户分布实现站点的容量分配、功率分配。
- 天馈系统：根据站点结构和覆盖要求完成站点的覆盖。

2．移动通信室内覆盖系统逻辑结构

移动通信室内覆盖系统逻辑结构如图 1-6 所示。

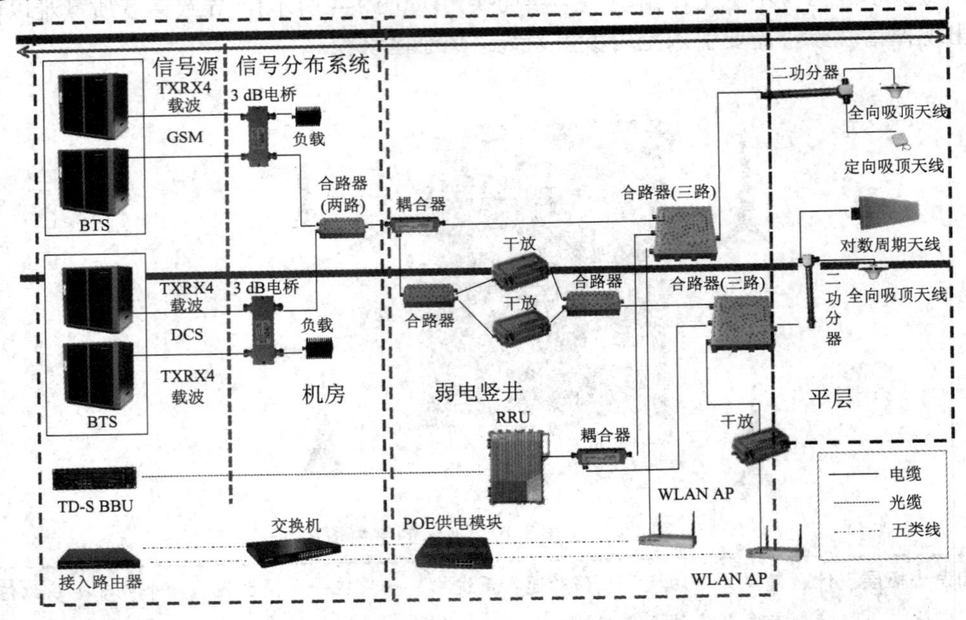

图 1-6　移动通信室内覆盖系统逻辑结构

(1) 信号源。信号源主要包括直放站以及一体式基站、分布式基站、Femto 基站等多种形态的基站，还有无线接入点设备(如 WLAN AP 等)。

(2) 有源器件。有源器件主要包括干线放大器，以及其他用于信号放大、信息汇集或传输扩展等功能的有源设备、模块或单元。

(3) 无源器件。无源器件主要包括 3dB 电桥、耦合器、合路器、功分器、负载、衰减器、滤波器等。功能说明如表 1-1 所示。

表 1-1　无源器件功能说明表

序号	器件名称	功能说明
1	3 dB 电桥	实现相同频段的多载波合路
2	耦合器	从射频通路中通过耦合分配出一部分信号的无源器件，用于覆盖系统延伸链路中接至覆盖天线输出节点的连接器件
3	合路器	把两路或多路信号合并到单个通路上去的无源器件，用于覆盖系统的收发共用射频链路中的节点连接
4	功分器	将功率平均分配到各个分路上去的无源器件，用于覆盖系统链路分支时的节点连接
5	负载	用于覆盖系统延伸链路中的分支节点或检测点口的终结
6	衰减器	具有不同衰减量的无源器件，用于覆盖系统延伸链路尾端与天线辐射输出的额定覆盖功率电平的适配
7	滤波器	用于多系统共存环境条件下独立系统上行或下行单链路分布的收或发隔离及带外杂射抑制

注：室内覆盖系统的器件在模块四的任务 2 中作详细介绍。

(4) 天线。室内分布系统中常用的天线类型包括全向吸顶天线、双极化天线、壁挂天线、GPS 天线等。室分天线在模块三任务 2 中有详细介绍。

(5) 传输介质。传输介质是指将室内覆盖系统信号从功率设备传送至天线的介质，主要包括电缆、光纤、双绞线、CATV 四种。

电缆：包括同轴电缆和泄露电缆。同轴电缆主要指连接 RRU 和末端天线的馈线、GPS 天线跳线和馈线。泄露电缆是传输介质，也是天线，主要适用于地铁、隧道、矿井等特殊环境。

光纤：包括 BBU 和 RRU 间通信的光缆以及用于连接光缆与光纤收发器的尾纤。

双绞线：国际电气工业协会为双绞线电缆定义了五种不同的质量级别。

CATV：可将移动信号转换成 CATV 电缆传输的信号，利用有线电视网络混合传输有线电视信号和移动通信信号。

任务 2　信号源与信号分布系统

【学习要求】

(1) 识记：室内信号分布方式分类。

(2) 领会：信号分布系统方式选取。

一、信号源

1. 信号源类型

移动通信室内覆盖系统的信号源类型有基站、直放站、AP。

1) 基站、直放站类信源

基站、直放站类信源功能说明如表 1-2 所示。

表 1-2　基站、直放站信源功能说明

序号	信源方式	功能说明	优点	缺点
1	一体式基站	指基带处理与射频部分功能合一的传统基站，或者基带处理与射频处理功能分离但不可以光纤分离拉远的基站	可以解决容量需求，便于频率优化，监控维护方便	施工难度相对较大，配套要求高
2	分布式基站	指基带处理单元与射频处理单元属于分离架构，可以通过光纤拉远	可以解决容量需求，便于频率化，监控维护方便，分布组网灵活	施工难度相对大，配套要求高
3	Femto 基站	Femto 基站可以提供住宅内部的移动通信能力，而且不需要安装微蜂窝节点	发射功率小(最大功率 20 mW)、体积小、施工简单，覆盖半径一般为 5～20 m，提供话音和数据业务	需要固定宽带资源作为回传，尚未处于市场化推广的前期阶段
4	直放站	直放站设备主要分为无线宽带直放站、无线频带直放站(也可以进行信道选择)、光纤直放站(光纤直放站又分为模拟光纤直放站及数字光纤直放站)、移频直放站及数字直放站	施工简单、周期短，配套要求不高	不能增加容量，容易引入干扰

2) AP 类信源

AP(接入点)作为无线网络的接入点，通过无线方式，利用无线网卡和 AP 建立数据连接，既可以分享有线网络的信息资源，又可以克服有线布设的繁琐，节约网络末端的施工费用，降低施工复杂程度。如图 1-7 所示，有线宽带网络(如 ADSL、LAN 等)到户后，布放一个 AP，然后在计算机中安装一块无线网卡，就可以使用宽带网络了。

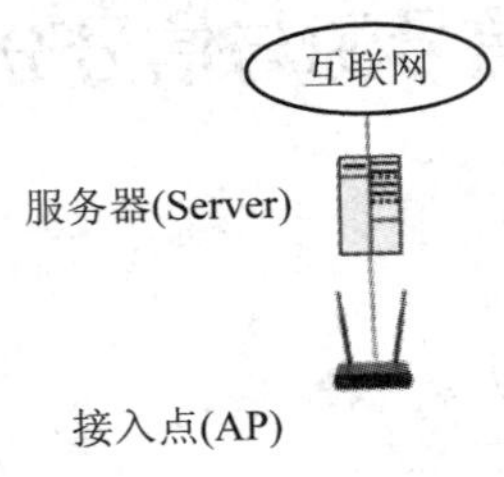

图 1-7　作为接入点的 AP

在室内覆盖系统中，AP 可以作为信源，如图 1-8 所示，可以利用已有的支持 WLAN 频段的室内覆盖系统，或者新建 WLAN 室内覆盖系统。

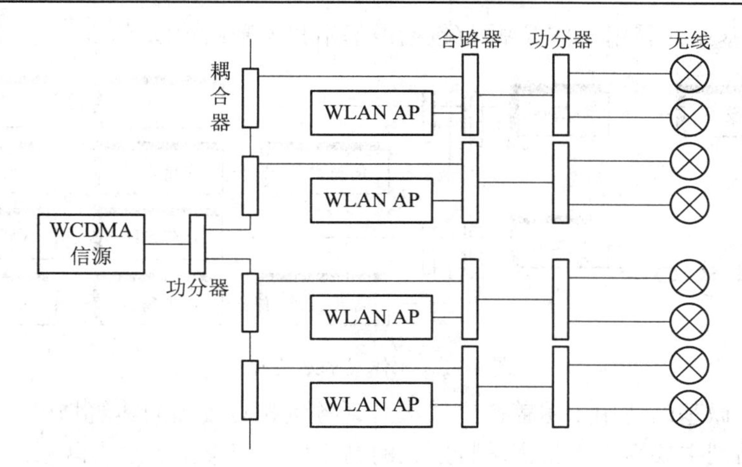

图 1-8　作为 WALN 信源的 AP

2. 信号源引入方式

信号源引入方式是指为室内覆盖系统提供源信号的方式。通常根据站点规模估算容量和功率需求，再结合网络建设成本选择相应信号源。

1) 信号源引入方式——基站

(1) 基站耦合：采用基站耦合方式引入信源，如图 1-9 所示。

使用方法：从附近的基站收、发端口用耦合器或分路器获取一定比例的信号。

适用范围：直接耦合适用于距离基站比较近的室内覆盖系统，这种方式适用于低话务量和较小面积的室内覆盖盲区，其主要优势在于成本低、工程施工方便。

(2) 分布式基站：采用分布式基站引入信源，如图 1-10 所示。

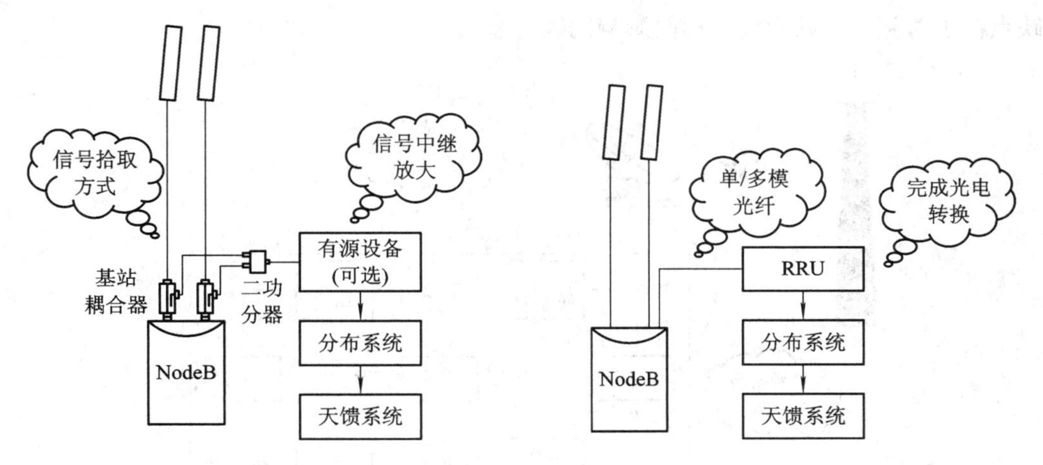

图 1-9　基站耦合式信源　　　图 1-10　分布式基站信源

图 1-10 中，RRU(Radio Remote Unit)为射频拉远模块。

使用方法：采用光纤将基站中的射频模块拉到远端射频单元，分置于所需的室分站点上，同时通过采用大容量基站支持大量的光纤拉远，可实现容量与覆盖之间的转化。

适用范围：主要适合用于覆盖面积较大，话务量高的区域。它具有硬件容量，并且拥有新的扰码和同步码，同时会产生导频污染，使得软切换增加。

(3) 一体式基站：采用一体式基站(包括微基站和宏基站)引入信源，如图 1-11 所示。

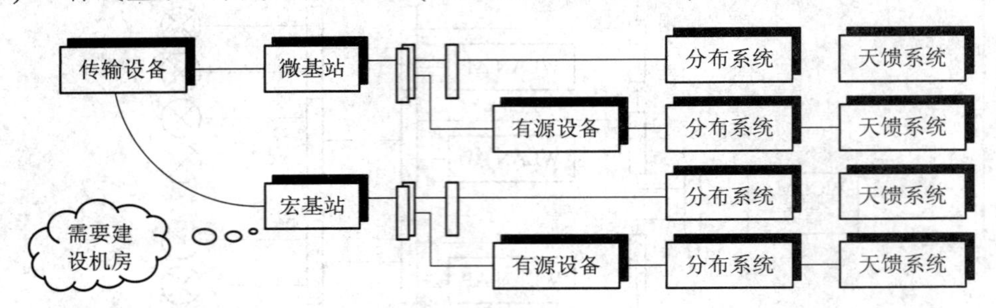

图 1-11　一体式基站信源

适用范围：微基站适用于覆盖范围较大且话务量相对较高的建筑物内，解决覆盖和容量问题。宏基站则主要用于容量需求特别大的高话务量密集型的室内区域。

优缺点：直接采用宏基站/微基站的通话质量比引入室外信号方式要高出许多，对室外网络无线指标的影响甚小，并且具有增加网络容量的效果；但建设成本较为昂贵，需要进行频率规划，增建传输系统，而且宏基站需要机房。

2) 信号源方式——直放站

(1) 无线直放站：采用无线直放站式引入电源，如图 1-12 所示。

直放站简介

常见标称功率：0.5/1/2/5/10/20 W。

原理：利用施主天线空间耦合基站信号，再利用直放站设备对接收到的信号进行放大，为分布系统提供信号源。

适用范围：主要解决中小型站点的覆盖问题。

优缺点：不需要专用传输资源，工程施工方便，并且占地面积小，设备型号丰富多样，其缺点在于对施主基站无线指标的影响比较明显。

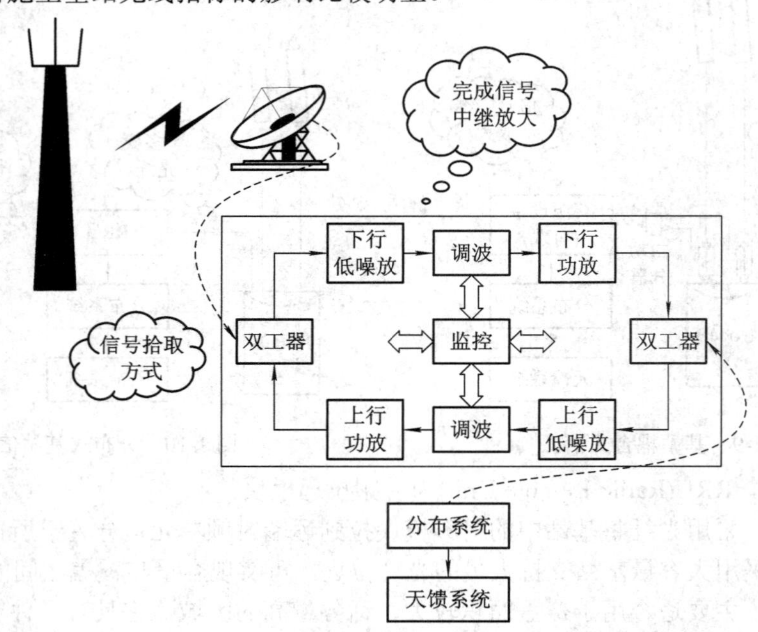

图 1-12　无线直放站式电源

(2) 光纤直放站：采用光纤直放站式引入电源，如图 1-13 所示。

常见标称功率：2/5/10/20 W。

原理：直接耦合基站信号，再利用直放站设备对接收到的信号进行电光转换及传输，再进行光电转换并放大，为分布系统提供信号源。

适用范围：主要适用于覆盖面积较大，但话务量较低的区域。

优缺点：对施主基站的影响相对较小，但需要施主基站与室分站点之间具备光纤连接。

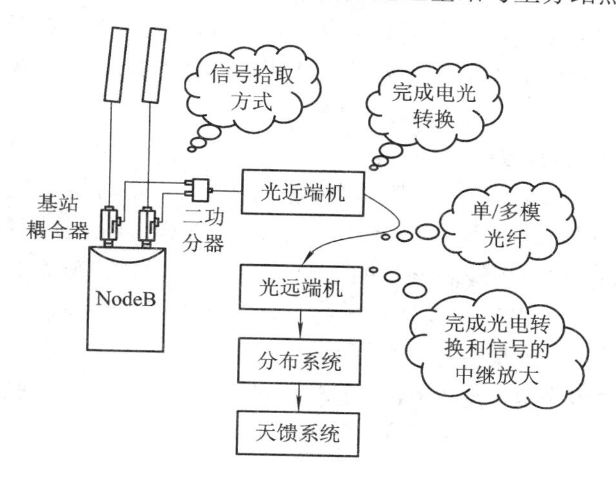

图 1-13　光纤直放站式信源

(3) 微波直放站：采用微波直放站式引入电源，如图 1-14 所示。

常见标称功率：40 W/80 W。

原理：直接耦合基站信号，再利用微波技术将其传送到远端，利用远端射频单元再生、放大，为室内覆盖系统提供信号。

适用范围：主要适用于需快速建站、光纤传输不到位、导频污染严重的站点。

优缺点：对施主基站的影响相对较小，但设备较贵，不适合大面积使用。

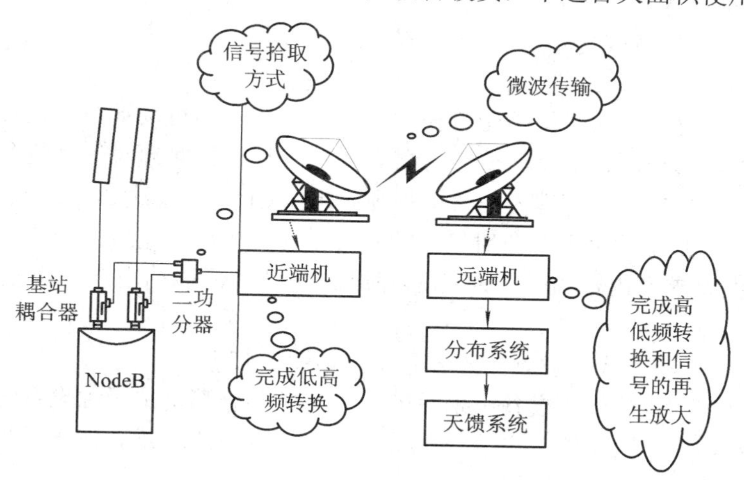

图 1-14　微波直放站式电源

3) 信号源方式——AP

室内型AP可分为室分型AP和室内放装型AP。不管是什么类型的AP，使用时都需要考虑AP的覆盖特性、容量特性和配套特性。

(1) 覆盖特性。作为室分系统信源的AP，都是“电信级”设备。室分型AP的覆盖特性主要指发射功率的大小。不同的发射功率决定了所支持的覆盖系统的天线数目。

一般的室内放装型AP，常见的最大输出功率为100 mW(20 dBm)。考虑到室内无线传播环境的复杂性及WLAN使用的是高频段(2400 MHz)，无线传播损耗较大，AP在室内的覆盖半径一般在30～100 m之间。当然，通过使用支持中继功能的AP，可以增加WLAN覆盖面积。

经验表明，在一般的开放办公环境，一层楼布放一个AP就可以了；而对于学校宿舍、酒店房间等穿墙损耗较大的环境，一般一个AP覆盖5～6个房间。

室外型AP一般应用于校园、步行街、广场等空旷地带。常见的室外型AP最大输出功率为500 mW(27 dBm)。如使用较高增益的定向天线，一个AP的覆盖半径可达200～400 m，大概的覆盖面积在3万平方米左右。

(2) 容量特性。AP的容量特性主要是指一个AP支持的并发用户数。虽然理论上可以支持较多的用户数(如每个AP支持64个用户)，但实际上由于干扰问题较大，数据业务速率难以保证，无法同时接入这么多用户。在一般的办公环境下，可以按照一个AP支持20个用户数来计算。

(3) 配套特性。从配套特性上讲，一般都要求AP体积小、重量轻、安装方便。AP支持的常见供电方式有DC 5 V/12 V/48 V等，还有的AP支持市电(民用AC 220 V)。目前，大多数室内放装型AP支持五类网线供电(Power Over Ethernet，POE)，这也是目前最方便的供电方式。

二、信号分布系统

1．信号分布方式

信号分布方式主要有射频无源分布方式、射频有源分布方式、光纤分布方式和泄漏分布方式。

信号分布方式对覆盖信号电平影响较大，要根据信号分布场景的特点及工程设计中对信号分配的要求，选择合适的信号分布方式。系统工程设计时须对信号的分配进行严密的计算，覆盖信号电平要比原有室内信号电平高6 dB以上，离天线20 m处的边缘场强要高于−85 dBm，或者是由网络运营商对接入的基站设定优先级，用较小的电平作为室内主导信号。同时，也要求室内覆盖信号不能向外泄露，以保证移动用户进出室内外时的正常切换。

(1) 射频无源分布方式。射频无源分布方式如图1-15所示。

射频无源分布方式从信源设备出来后的所有射频部分都是由无源设备组成的。此分布系统不具备信号功率放大功能，主要适用于室内覆盖较小的场景。在该场景中，最远的用户天线离信源设备较近，信号能量损耗较小。

(2) 射频有源分布方式。射频有源分布方式如图1-16所示。

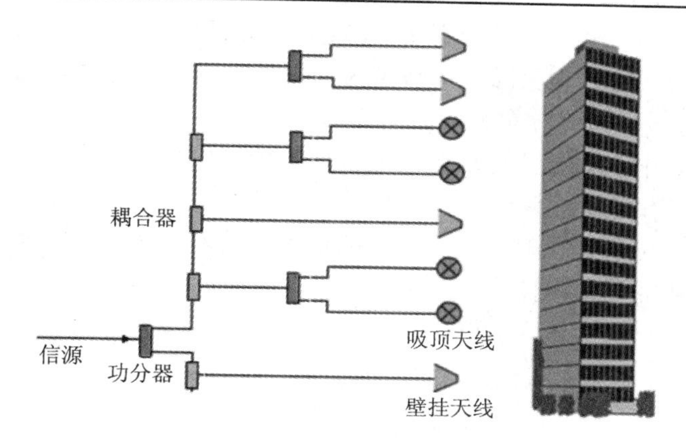

图 1-15　射频无源分布方式示意图

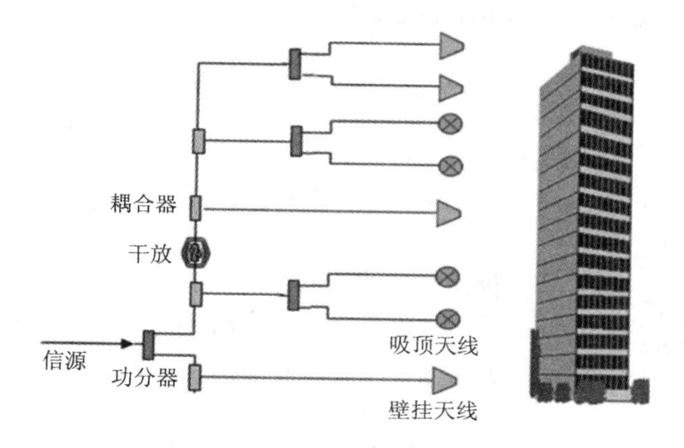

图 1-16　射频有源分布方式示意图

射频有源分布方式与射频无源分布方式的主要区别在于主馈线部分增加了有源器件干线放大器，在信号分布系统中根据需要将耦合出的信号能量进行一定程度的放大，是为了满足较远距离楼层用户天线的功率需要而设计的。此分布方式主要适用于室内覆盖较大的场景，可以将信号进行再次放大，减少天馈损耗带来功率不足的情况。

(3) 光纤分布方式。光纤分布方式如图 1-17 所示。

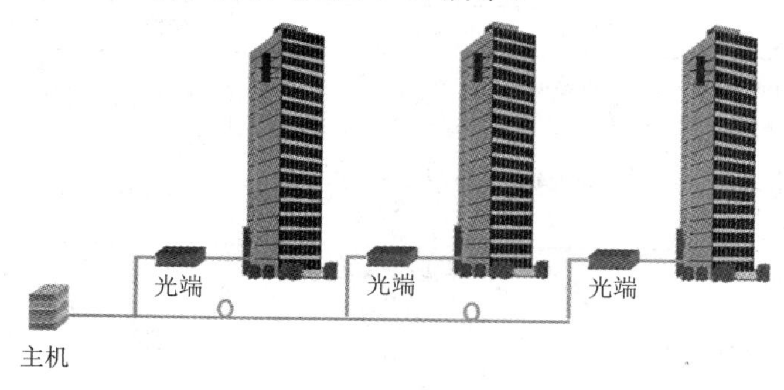

图 1-17　光纤分布方式示意图

光纤分布方式是将信源设备发射出来的电磁信号通过电光转换器转换为光信号，并通过光纤将信号传送到各建筑物底端，再通过光端机将电信号还原出来接入到楼宇分布系统

中的分布方式。此分布方式主要适用于多个楼宇群都需要室内覆盖，而集中使用信源设备的场合。通过光纤方式可以大大减少馈线带来的损耗，布线方便，传输质量好。

(4) 泄漏分布方式。泄漏分布方式如图 1-18 所示。

在泄漏分布方式中，主要信号源通过泄漏电缆传输信号，并通过电缆外导体的一系列开口，在外导体上产生表面电流，从而在电缆开口处横截面上形成电磁场。这些开口就相当于一系列的天线，可起到发射和接收信号的作用。泄漏电缆类似于传输线缆和天线的组合体，可以增强沿线的场强覆盖。

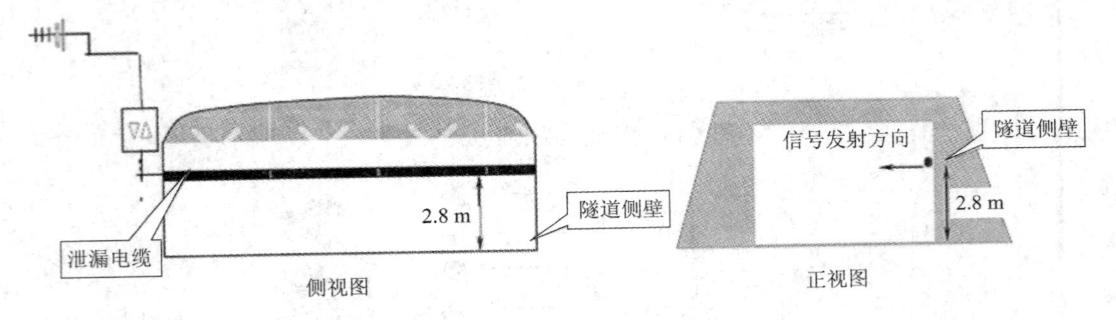

图 1-18　泄漏分布方式示意图

此分布方式主要适用于一般通信天线难以发挥作用的区域，特别是在移动通信系统分立天线无法提供足够的覆盖场强的区域，如山区、丘陵、隧道、地下铁路、矿井、地下建筑物、岩洞、商场和其他狭长电磁场传播的盲区。在这些区域，由于周围环境狭小和被阻挡，天线覆盖受到很大限制，而由于非常接近覆盖对象且信号辐射方向垂直于辐射环境，可以提供均匀的场强，所以在这些环境下对于无线信号接收装置来说泄漏电缆是最佳的无线覆盖的手段。

泄漏分布方式

2. 信号分布方式比较

设计组建的室内分布系统根据需要来选择信号分布方式，下面我们将信号分布方式的优缺点进行一个比较，如表 1-3 所示。

表 1-3　信号分布方式的优缺点比较

信号分布方式	射频无源分布方式	射频有源分布方式	光纤分布方式	漏电缆分布方式
优点	成本低、无源器件、故障率低、无需供电、安装方便、无噪声累积、宽频带	设计简单，布线灵活，场强均匀	传输距离远，布线方便，性能和传输质量好	场强分布均匀，可靠性高；频段宽，多系统兼容性好
缺点	系统设计较为复杂，信号损耗较大时需加干放	频段窄，多系统兼容困难，需要供电，故障率高，有噪声积累，造价高	造价高	造价高，覆盖半径小

注意：干放是指干线放大器。在主干线上接放大器，把信号放大，才能达到手机接收信号的标准。针对不同的覆盖范围，可选择不同的干放。

过 关 训 练

一、填空题

1. 移动通信室内覆盖系统是指通过室内天馈系统将移动通信的无线信号均匀地分布于建筑物室内，用于改善建筑物室内移动通信和__________的系统。

2. 移动通信室内覆盖系统主要包括__________、__________与__________。

3. 信号源主要包括__________、__________、__________、Femto 基站等多种形态的基站，以及其他无线接入点设备。

4. 无源器件主要包括 3dB 电桥、__________、__________、__________、负载、衰减器、滤波器等。

5. 室内分布系统中常用的天线类型包括__________、双极化天线、__________、GPS 天线等。

6. 传输介质是指将室内覆盖系统信号从功率设备传送至天线的介质，主要包括__________、光纤、__________、CATV 四种。

7. 信号分布方式主要有__________、__________、__________和__________。

二、简答题

1. 简述移动通信室内环境存在哪些问题。

2. 简述移动通信室内覆盖系统的组成及各部分的作用。

3. 简述采用基站作为移动室内覆盖信号源的使用方法和适用范围。

4. 简述采用直放站作为移动室内覆盖信号源的原理、使用方法和优缺点。

5. 请将射频无源分布方式、射频有源分布方式、光纤分布方式和泄漏分布方式做对比分析。

过关训练解答

模块二　移动通信网络认知

【内容简介】

本模块介绍与移动通信网络有关的基本知识，包括 2G、3G、4G、WLAN 网络的定义、网络结构、网络参数以及主要技术等。

【重点难点】

重点掌握 2G、3G、4G、WLAN 网络的网络结构及相关参数。

【学习要求】

(1) 识记：2G、3G、4G 网络的定义、网络结构、网络参数；WLAN 网络的定义、网络结构、系统组成。

(2) 领会：2G、3G、4G 网络的网元功能；WLAN 网络的主要技术。

任务 1　移动通信的发展历程

【学习要求】

(1) 识记：移动通信系统的发展历史。

(2) 领会：移动通信技术特征。

移动通信手机发展史

一、移动通信系统的发展

伴随着计算机和微电子技术的飞速发展，移动通信技术和应用也迅猛发展，移动通信已经成为了人类不可缺少的通信方式，并对无线通信领域以及人们的社会生活产生了深远的影响。由于技术变革和人们对移动通信业务需求的共同驱动，移动通信经历了四代发展历程，每一代的发展都伴随着技术的突破和设计理念的创新。移动通信的发展趋势如图 2-1 所示。

第一代(1G)移动通信系统起源于 20 世纪 80 年代中期，从发明蜂窝概念开始，通过频率复用增大了系统容量，实现了语音移动通信。系统主要采用频分多址(FDMA)和模拟技术，但存在容量限制大、安全性差等不足和缺陷。具有代表性的第一代移动通信系统是欧洲的 E-TACS 和美国的 AMPS。

第二代(2G)移动通信系统起源于 20 世纪 90 年代初期，主要是以 GSM 和窄带

CDMA(IS-95)为代表的数字通信系统，采用时分多址(TDMA)和码分多址(CDMA)的方式实现语音和低速数据等业务。与第一代移动通信系统相比，第二代移动通信系统完成了模拟技术向数字技术的变革。

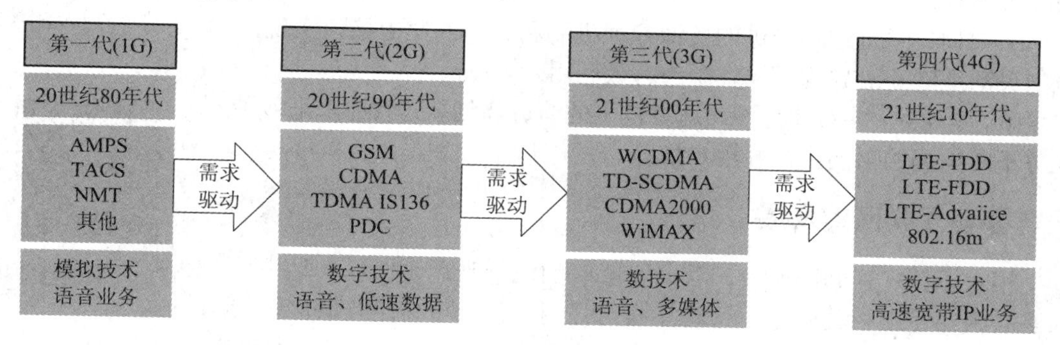

图 2-1　移动通信的发展趋势

第三代(3G)移动通信系统以 TD-SCDMA、WCDMA 和 CDMA2000 三种主流技术为代表，随后来自北美的 WiMAX 也加入了 3G 阵营。与前两代系统相比，3G 可以承载中速多媒体数据业务，如可视电话、高速数据、手机电视和高精度定位等。

第四代(4G)移动通信系统以 LTE(Long Term Evolution，长期演进计划)、LTE-Advanced 和 IEEE802.16m 为主流技术标准，采用全 IP 扁平化网络架构，以及 OFDM、MIMO、64QAM 等先进的物理层技术。第四代移动通信系统大幅度提高了空口宽带和频谱效率，为用户提供了多彩纷呈的宽带流媒体业务。

二、移动通信的技术特征

如图 2-2 所示，移动通信技术发展中呈现出的技术特征如下：

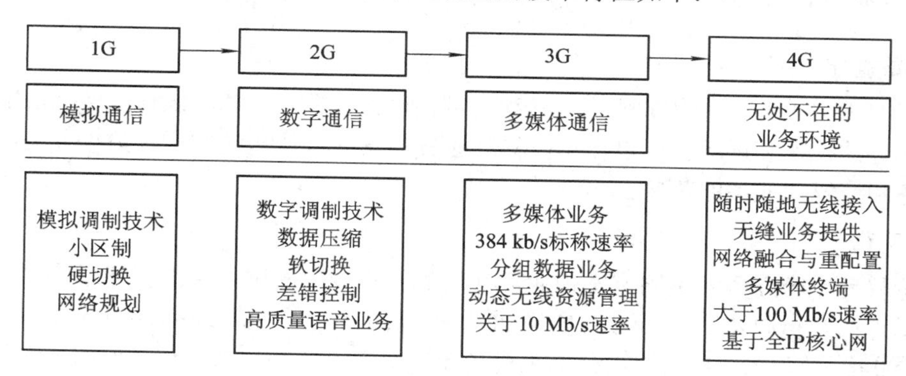

图 2-2　移动通信的技术特征

(1) 从大区制发展到蜂窝小区，通过采用频率复用技术，提高了系统容量和频谱利用率。

(2) 数字技术取代模拟技术，演进到 3G 多媒体和无处不在的 4G 宽带高速数据业务环境。

(3) 采用容量更大、频谱效率更高的多址方式，从 FDMA、TDMA 到 CDMA、SDMA、OFDM 多址方式。

(4) 网络结构向全 IP 扁平化发展。

(5) 软件无线电(SDR)和端到端重配置(EIR)。终端和基站采用软件无线电技术，具有多模、可配置、易升级及开放的特性。EIR 利用 SDR 终端和基站等可重配置实体为基础来定义网络架构，通过结合先进的资源管理机制和灵活的空中接口实现技术，实现了对异构环境的灵活适应和对异构无线资源的有效利用。

(6) 多业务、多技术融合。通过技术的演进和创新，满足未来各种业务不断发展的需要，提升用户体验。

移动互联网的应用

三、移动互联网的发展

相对于传统互联网而言，移动互联网的概念强调可以在移动中接入互联网并使用相关业务。移动互联网强调在移动中使用互联网，特别是在快速移动中使用互联网，常常特指手机终端利用移动通信网络(2G、3G、4G)接入互联网并使用互联网业务。移动互联网目前已经成为了信息产业中发展最快、竞争最激烈、创新最活跃的领域，并给信息产业中的主要领域带来了巨大的影响。

移动数据及互联网业务的快速发展是带动非话音业务收入迅速增长的主要因素。据权威部门的统计数据表明，在电信运营商和互联网企业共同推动以及移动互联网用户规模增长等因素驱动下，丰富多彩的移动互联网业务，如即时通信、手机搜索、手机游戏、手机支付、音乐下载等均取得了良好的市场业绩表现。移动互联网市场快速增长主要取决于两方面因素：一方面，电信运营商大幅度下调手机上网资费和实施积极的市场营销策略，增强了用户手机上网的意愿，提高了手机上网用户的活跃度和使用黏性；另一方面，手机应用服务快速发展，更好地满足了用户多元化和个性化的服务需求。

四、移动业务的发展趋势

1. 数据化

随着 LTE 在全球规模化的应用，移动宽带技术在数据业务和多媒体业务上的潜力和价值得到充分的挖掘和展示。可以预见，移动业务的发展将从传统的话音数据业务拓展到多媒体业务和流媒体业务的范畴。

2. 宽带化

无论移动宽带业务还是固定宽带业务都向宽带化方向演进。目前移动通信网络的建设和运营重点已经转向 4G LTE 网络，实现 20 MHz 系统带宽上空口速率达到下行 100 Mbit/s、上行 50 Mbit/s 的目标。目前国内外不少机构和运营商已公布了未来移动网络计划细节，技术研发重点已经转向 5G。相对 4G 而言，5G 网络将会比 4G 快 100 倍。由于移动宽带与固定宽带两种业务特性不一样，使用场景不同，市场定位差异明显，而且移动业务能够提供随时随地的个性化服务，所以随着资费的不断下调，移动宽带业务发展速度必将超过固定宽带业务。

3. IP 化

无论是宽带化还是移动化，最终目标都是向全 IP 化方向演进。IP 的灵活性和开放性使其成为未来融合网络的基础。基于用户 IP 化的业务需求，推动了网络的 IP 化。业务 IP 化、终端 IP 化与 IP 承载技术相辅相成，共同推动着移动通信向全 IP 网络演进。

任务 2　2G 网络认知

【学习要求】

(1) 识记：2G 网络的定义、组成、网络参数。

(2) 领会：2G 网络的网元功能。

2G 网络号码段

第二代移动通信网络(2G)比较完美地解决了移动中的语音通信问题，是以 GSM 和窄带 CDMA(IS-95)为代表的数字通信系统。

一、GSM 移动通信网络

GSM 移动通信网络是泛欧数字蜂窝移动通信网的简称，是当前发展最成熟的一种数字移动通信网络，后重命名为“Global System for Mobile Communication”，即“全球移动通信系统”。

1. GSM 网络结构

GSM 移动通信网络主要是由交换网络子系统(NSS)、无线基站子系统(BSS)、操作维护子系统(OSS)和移动台(MS)四大部分组成，如图 2-3 所示。

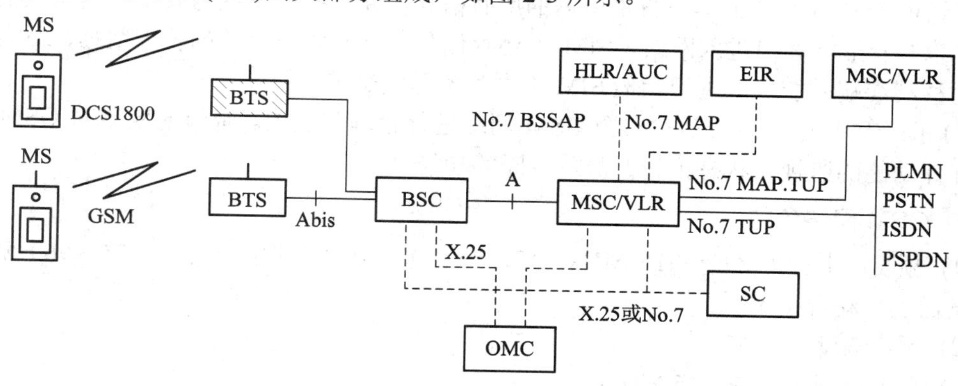

图 2-3　GSM 移动通信网络的组成

(1) 交换网络子系统(NSS)，主要完成交换功能和用于用户数据管理、移动性管理、安全性管理所需的数据库功能。NSS 由一系列功能实体构成，各功能实体介绍如下：

① MSC：是 GSM 网络的核心，是对位于它所覆盖区域中的移动台进行控制和完成话路交换的功能实体，也是移动通信系统与其它公用通信网之间的接口。它可完成网络接口、公共信道信令系统和计费等功能，还可完成 BSS、MSC 之间的切换和辅助性的无线资源管理、移动性管理等。另外，为了建立至移动台的呼叫路由，每个 MSC 还应能完成入口 MSC(GMSC)的功能，即查询位置信息的功能。

② VLR：是一个数据库，是存储 MSC 为了处理所管辖区域中 MS(统称拜访客户)的来话、去话呼叫所需检索的信息，例如客户的号码、所处位置区域的识别，向客户提供的服务等参数。

③ HLR：也是一个数据库，是存储管理部门用于移动客户管理的数据。每个移动客户都应在其归属位置寄存器(HLR)注册登记。它主要存储两类信息：一是有关客户的参数；二是有关客户目前所处位置的信息，以便建立至移动台的呼叫路由，例如 MSC、VLR 地址等。

④ AUC：用于产生为确定移动客户的身份和对呼叫保密所需鉴权、加密的三参数(随机号码 RAND，符号响应 SRES，密钥 Kc)的功能实体。

⑤ EIR：也是一个数据库，存储有关移动台设备参数。主要完成对移动设备的识别、监视、闭锁等功能，以防止非法移动台的使用。

(2) 无线基站子系统(BSS)是在一定的无线覆盖区中由 MSC 控制，与 MS 进行通信的系统设备，它主要负责完成无线发送接收和无线资源管理等功能。功能实体可分为基站控制器(BSC)和基站收发信台(BTS)。

① BSC：具有对一个或多个 BTS 进行控制的功能，它主要负责无线网络资源的管理、小区配置数据管理、功率控制、定位和切换等，是个很强的业务控制点。

② BTS：无线接口设备，它完全由 BSC 控制，主要负责无线传输，完成无线与有线的转换、无线分集、无线信道加密、跳频等功能。

(3) 移动台是移动客户设备部分，它由两部分组成，即移动终端(MS)和客户识别卡(SIM)。移动终端就是“机”，它可以完成话音编码、信道编码、信息加密、信息的调制和解调、信息发射和接收。SIM 卡就是“人”，它类似于我们现在所用的 IC 卡，因此也称作智能卡，IC 卡中存有认证客户身份所需的所有信息，并能执行一些与安全保密有关的重要信息，以防止非法客户进入网络。SIM 卡还存储与网络和客户有关的管理数据，只有插入 SIM 后移动终端才能接入进网，但 SIM 卡本身不是代金卡。

(4) 操作维护中心主要是对整个 GSM 网络进行管理和监控。通过它实现对 GSM 网内各种部件功能的监视、状态报告、故障诊断等功能。

2. GSM 网络参数

(1) 频段：上行为 890～915 MHz，移动台发送，基站接收；下行为 935～960 MHz，基站发送，移动台接收；

(2) 频带宽度：25 MHz；

(3) 上下行频率间隔：45 MHz；

(4) 载频间隔：200 kHz；

(5) 通信方式：全双工；

(6) 信道分配：每载波 8 时隙，包含 8 个全速率信道、16 个半速率信道；

(7) 每个时隙传输比特率：33.8 kb/s；

(8) 信道总速率：270.83 kb/s；

(9) 调制方式：GMSK 调制；

(10) 接入方式：TDMA；

(11) 语音编码：RPE-LTP，13 kb/s 的规则脉冲激励线性预测编码；

(12) 分集接收：跳频每秒 217 跳，交错信道编码，自适应均衡。

二、IS-95 CDMA 移动通信网络

IS-95 CDMA 网络介绍

IS-95 CDMA(又被称为窄带 CDMA，即 N-CDMA)，与 GSM 同属 2G 网络。当然 CDMA 技术一开始并没有什么宽窄带之分，IS-95 CDMA 中的窄带是后来出现了宽带 CDMA 后为了区分方便才加上的定语。

1．IS-95 CDMA 网络结构

IS-95 CDMA 网络结构与 GSM 网络结构有类似之处，如图 2-4 所示，主要由网络子系统 NSS、基站子系统 BSS 和用户终端 MS 三大部分组成。

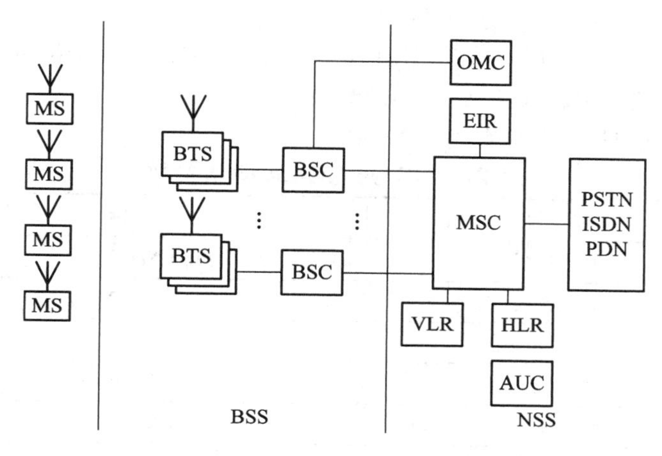

图 2-4　IS-95 CDMA 网络基本结构

(1) 网络子系统 NSS 含有 CDMA 系统的交换功能和用于数据与移动性管理、安全性管理所需的数据库功能。NSS 组成部分包括移动业务交换中心(MSC)、拜访用户位置寄存器(VLR)、归属用户位置寄存器(HLR)、鉴权中心(AUC)和操作维护中心(OMC)。

① MSC 是 CDMA 系统的核心，负责控制 BSS 和完成话路交换，并与其他通信网络连接。与 GSM 网络中的 MSC 相比较，比较特别的是 MSC 具有声码器和选择器，可以同时从几个基站处得到同一用户的信号，从中优选出质量最好的信号，这也是为了实现软交换而必备的。

② VLR 是拜访用户位置寄存器，存储有本地提供服务的移动用户的数据，主要存储两类信息：一类是用户的参数，来自相关 HLR；另外一类是用户目前所处位置的信息。VLR 是动态的数据库，一旦用户离开，其数据将被删除。

③ HLR 存储有存本地注册的移动用户的参数，是静态的数据库。

④ AUC 属于 HLR 的一个功能单元部分，专用于 CDMA 系统的安全性管理。

⑤ OMC 负责网络设备的管理和维护。

(2) 基站系统 BSS(Base Station System)由基站 BTS 和基站控制器 BSC 组成。

① BTS 又称为 BS，是用户终端的接口设备。

② BSC 可以控制多个基站，与 MSC 紧密联系，以完成通信业务，当然也要接受 OMC 的管理。

(3) MS 定义为用户终端(Mobile Station)。

2．IS-95 CDMA 网络参数

由于 IS-95 CDMA 最早要求与模拟移动通信系统 AMPS 兼容，因此频点编号继承了 AMPS 的频点编号，频率描述比较复杂。频点编号 N 与载频 f 之间(单位为 MHz)的关系如下：

$$f_{上行} = 825 + 0.03 \times N$$

$$f_{下行} = 870 + 0.03 \times N$$

如中国电信 CDMA 使用了 283 号和 201 号频点，根据上述公式 283 频点的上行频率为 833.49 MHz，下行频率为 878.49 MHz；201 频点的上行频率为 831.03 MHz，下行频率为 876.03 MHz。上行和下行频率差固定为 45 MHz。

与 GSM 系统相比，CDMA 系统使用的频点数量要少得多。当然，CDMA 系统每个频点占用了 1.23 MHz 的带宽，远超过 GSM 一个频点的带宽。

IS-95 CDMA 空中接口的参数列于表 2-1。

表 2-1　IS-95 CDMA 网络参数

项　目	指　标
下行频段	870～880 MHz
上行频段	825～835 MHz
上、下行间隔	45 MHz
波长	约 36 cm
频点宽度	1230 kHz
多址方式	CDMA
工作方式	FDD
调制方式	QPSK(基站)OQPSK(移动台)
语音编码	CELP
语音编码速率	8 kb/s
传输速率	1.2288 Mb/s
比特时长	0.8 μs
终端最大发射功率	200 mW～1 W

任务 3　3G 移动通信网络认知

【学习要求】

(1) 识记：3G 网络的定义、组成、网络参数。

(2) 领会：3G 网络的网元功能。

国际上目前最具代表性的第三代移动通信网络有三种，它们分别是 WCDMA、CDMA 2000 和 TD-SCDMA，其中，WCDMA 和 CDMA 2000 属于 FDD 方式，TD-SCDMA 属于 TDD 方式，系统的上、下行工作于同一频率。

一、WCDMA 移动通信网络

通用移动通信系统(Universal Mobile Telecommunications System，UMTS)是 IMT-2000 的一种，UMTS 是采用 WCDMA 空中接口技术的第三代移动通信系统，通常也把 UMTS 称为 WCDMA 通信系统。WCDMA 的标准由 3GPP 定义，3GPP 协议版本分为 R99/R4/R5/R6 等多个阶段，其中 R99 协议于 2000 年 3 月冻结功能，R4 协议于 2001 年 3 月冻结功能。

WCDMA 网络介绍

1．WCDMA 网络结构

WCDM 移动通信网络结构由核心网(Core Network，CN)、UMTS 陆地无线接入网(UMTS Terrestrial Radio Access Network，UTRAN)和手机(User Equipment，UE)3 部分组成，3GPP R4 的网络结构如图 2-5 所示。

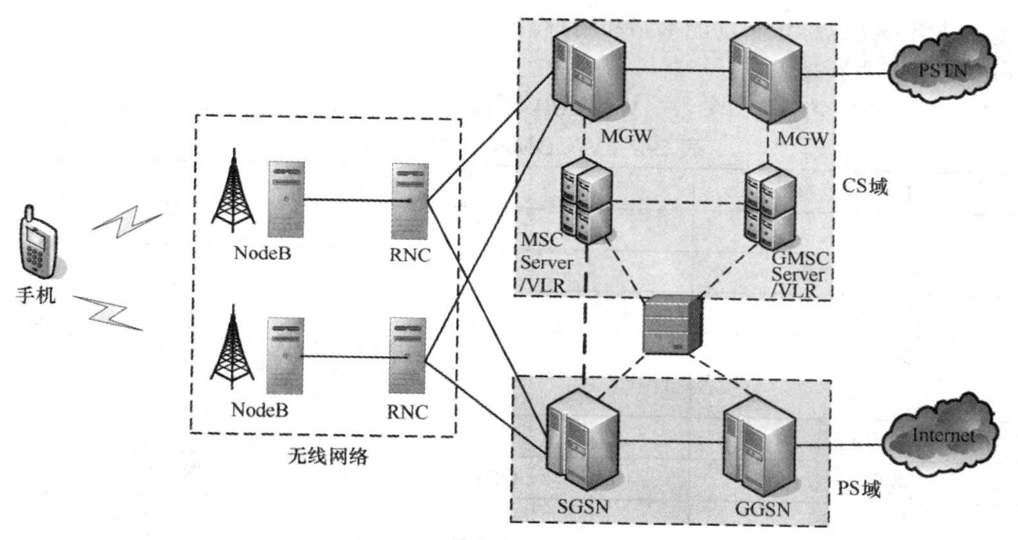

图 2-5　3GPP R4 网络结构

(1) 手机。用户终端设备(手机)包括射频处理单元、基带处理单元、协议栈模块和应用层软件模块，可以分为两个部分：移动设备(ME)和通用用户识别模块(USIM)。

(2) UTRAN。通用陆地无线接入网络(UTRAN)由基站(NodeB)和无线网络控制器(RNC)组成。NodeB 完成扩频解扩、调制解调、信道编解码、基带信号和射频信号转换等功能；RNC 负责连接建立和断开、切换、宏分集合并、无线资源管理等功能的实现。

(3) CN。核心网(CN)处理所有语音呼叫和数据连接，完成对用户终端(UE)的通信和管理和与其他网络的连接等功能。核心网分为 CS 域和 PS 域。

R4 核心网功能实体的 CS 域有移动交换服务器 MSC Server/拜访位置寄存器 VLR、网关移动交换服务器 GMSC Server/VLR。它们负责完成移动性控制、呼叫控制功能，软交换设备的媒体网关接入控制、协议处理、路由、计费功能。MSC Server 通常与 VLR 实体合设。

R4 核心网功能实体的 PS 域有服务 GPRS 支持节点 SGSN、网关 GPRS 支持节点 GGSN 等。SGSN：完成分组型业务的交换功能和信令控制功能，包括位置更新流程、PDP Context

上下文激活、切换控制、短消息控制和采用 GTP 隧道模式的数据包转发功能；GGSN：移动分组网络与 Internet 间的网关设备，主要功能包括 GTP 隧道的管理与激活、GTP 隧道的封装与解封装。

2．WCDMA 网络参数

(1) WCDMA 技术的主要特点。

① 可适应多种传输速率，提供多种业务。

② 采用多种编码技术。

③ 无需 GPS 同步。

④ 分组数据传输。

⑤ 支持与 GSM 及其他载频之间的小区切换。

⑥ 上下行链路采用相干解调技术。

⑦ 快速功率控制。

⑧ 采用复扰码标识不同的基站和用户。

⑨ 支持多种新技术。

(2) WCDMA 空中接口参数。WCDMA 无线空中接口参数如表 2-2 所示。

表 2-2　WCDMA 空中接口参数

空中接口规范参数	参 数 内 容
复用方式	FDD
每载波时隙数	15
基本带宽	5 MHz
码片速率	3.84 Mchip/s
帧长	10 ms
信道编码	卷积编码、Turbo 编码等
数据调制	QPSK(下行链路)，HPSK(上行链路)
扩频方式	QPSK
扩频因子	4～512
功率控制	开环+闭环功率控制，控制步长为 0.5、1、2 或 3 dB
分集接收方式	RAKE 接收技术
基站间同步关系	同步或异步
核心网	GSM-MAP

二、TD-SCDMA 移动通信网络

1．TD-SCDMA 网络结构

TD-SCDMA 是世界上第一个采用时分双工(TDD)方式和智能天线技术的公众陆地移动通信系统，也是唯一采用同步 CDMA(SCDMA)技术和低码片速率(LCR)的第三代移动通信系统。

TD-SCDMA 网络介绍

同时，TD-SCDMA 采用了多用户检测、软件无线电、接力切换等一系列高新技术。TD-SCDMA 系统由 3GPP 组织制定、维护标准，与 WCDMA 具有一致的网络架构。

2. TD-SCDMA 网络参数

(1) TD-SCDMA 技术的主要特点。

① 时分双工方式。

② 无需成对的频率资源、上下行采用相同的频率资源。

③ 适应于不对称的上下行数据传输。

④ 采用上行同步。

⑤ 采用直扩 CDMA 技术。

⑥ 适合采用智能天线、软件无线电等新技术。

⑦ 采用接力切换、联合检测等先进技术。

⑧ 设备成本较低。

(2) TD-SCDMA 空中接口参数。TD-SCDMA 的无线接口参数如表 2-3 所示。

表 2-3　TD-SCDMA 空中接口参数

空中接口规范参数	参 数 内 容
复用方式	TDD
基本带宽	1.6 MHz
每载波时隙数	10(其中 7 个时隙被用作业务时隙)
码片速率	1.28 Mchip/s
无线帧长	10 ms(每个 10 ms 的无线帧被分为 2 个 5 ms 的子帧)
信道编码	卷积编码、Turbo 码等
数据调制	QPSK 和 8PSK(高速率)
扩频方式	QPSK
功率控制	开环+闭环功率控制，控制步长 1、2 或 3 dB
功率控制速率	200 次/s
智能天线	在基站端由 8 个天线组成的天线阵
基站间同步关系	同步
多用户检测	使用
业务特性	对称和非对称
支持的核心网	GSM-MAP

三、CDMA 2000 移动通信网络

1. CDMA 2000 移动网络结构

CDMA 2000 是北美提出的标准，由 3GPP2 组织制订、维护标准。

CDMA 2000 网络介绍

(1) CDMA 2000 1X。

CDMA 2000 1X 是在 IS-95 的基础上升级空中接口，可支持

语音业务，也可支持数据业务，其系统结构如图 2-6 所示。

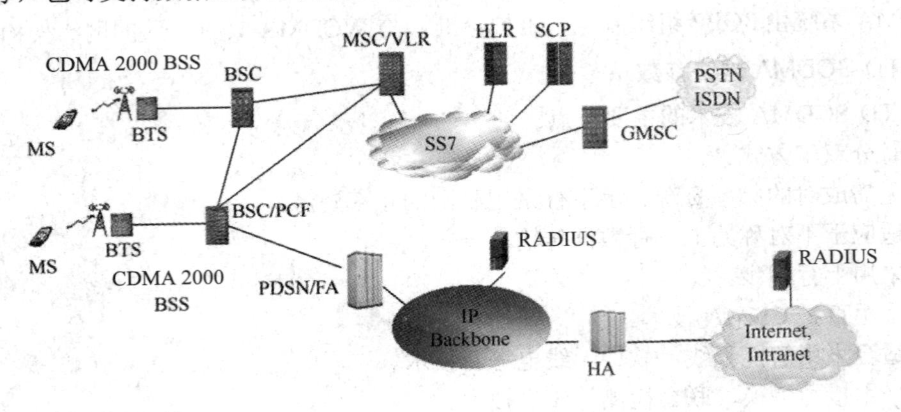

图 2-6　CDMA 2000 1X 系统基本结构

与 IS-95 系统相比，CDMA 2000 1X 系统的网络模型中新增的主要功能实体如下。

分组控制功能模块(PCF)：PCF 负责与基站控制器 BSC 配合，完成与分组数据有关的无线信道控制功能。PCF 与 BSC 间的接口为 A8/A9 接口，又称为 R-P 接口。

分组数据服务节点(PDSN)：PDSN 负责管理用户通信状态(点对点连接的管理)，转发用户数据。当采用移动 IP 技术时，PDSN 中还应增加外部代理 FA 功能。FA 负责提供隧道出口，并将数据解封装后发往 MS。PDSN 与 PCF 间的接口为 A10/A11 接口。

鉴权、认证和计费模块(AAA)：AAA 负责管理用户，其中包括用户的权限、开通的业务、认证信息、计费数据等内容。目前，AAA 采用的主要协议为远程鉴权拨号用户业务 RADIUS 协议，所以 AAA 也可直接叫 RADIUS 服务器。这部分功能与固定网使用的 RADIUS 服务器基本相同，仅增加了与无线部分有关的计费信息。

本地代理(HA)：HA 负责将分组数据通过隧道技术发送给移动用户，并实现 PDSN 之间的移动管理。

(2) CDMA 2000 1X EV。

CDMA 2000 1X EV 是增强型的 1X，包括 CDMA 2000 1X EV-DO 和 CDMA 2000 1X EV-DV。2005 年高通公司暂停 EV-DV 芯片的研制后，大多数厂家停止了 EV-DV 的研发计划。CDMA 2000 1X EV-DO 是在 CDMA 2000 1X 基础上进一步提高速率的增强体制，与 CDMA 2000 网络结构相比，其核心网不包括电路域部分，其余部分基本一致。所以将 CDMA 2000 1X 网络中核心网的电路域部分去掉，就是 CDMA 2000 1X EV-DO 系统的网络结构。

2．CDMA 2000 网络参数

(1) CDMA 2000 技术的主要特点。

① 采用直扩或多载波技术。

② 实现完全的后向兼容、平滑过渡。

③ 空中接口标准兼容、载频重合。

④ 频分双工方式。

⑤ 灵活帧长结构。

⑥ 可提供更高的数据速率、频谱利用率高。

⑦ 技术、标准成熟，商用化最快。

(2) CDMA 2000 空中接口参数。CDMA 2000 的空中接口参数如表 2-4 所示。

表 2-4　CDMA 2000 空中接口参数

空中接口规范参数	参 数 内 容
复用方式	FDD/TDD
基本带宽	1.25 MHz 或 3.75 MHz
码片速率	1.2288 Mchip/s 或 3.6864 Mchip/s
帧长	支持 5 ms、10 ms、20 ms、40 ms、80 ms 和 160 ms 等多种帧长
信道编码	卷积编码，Turbo 码等
数据调制	QPSK(下行链路)，BPSK(上行链路)
扩频方式	QPSK
扩频因子数目	4～256
功率控制	开环+闭环功率控制，控制步长为 1 dB，可选 0.5 dB 或 0.25 dB
分集接收方式	RAKE 接收技术
基站间同步关系	需要 GPS 同步
核心网	ANSI-41

任务 4　4G 网络认知

【学习要求】

(1) 识记：4G 网络的定义、组成。

(2) 领会：4G 网络的网元功能、网络特点。

LTE 作为全球唯一的第四代移动通信网络(4G)标准，支持 FDD(频分双工)和 TDD(时分双工)模式。FDD 用于成对频谱，TDD 用于非成对频谱，两者共同性超过 90%，只在物理层有微小差异。3GPP 要求 LTE 标准中的 FDD 模式和 TDD 模式从一开始在功能提供和演进增强方面就需要保持同步发展。

一、LTE 移动通信网络结构

1. LTE 移动通信网络结构

LTE 网络分为两个部分：EPC 和 E-UTRAN。

E-UTRAN：Evolved UTRAN，演进的通用陆地无线接入网。

EPC：Evolved Packet Core network，演进型分组核心网。网络架构如图 2-7 所示。

UTRAN：UMTS Terrestrial Radio Access Network，UMTS，即陆地无线接入网。

EPS：演进型分组系统。

eNode B：evolved Node B，即演进 Node B；具有 3GPP NodeB 全部和 RNC 大部分功能，包括：物理层功能，MAC、RLC、PDCP 功能，RRC 功能，资源调度和无线资源管理、无线接入控制、移动性管理功能。

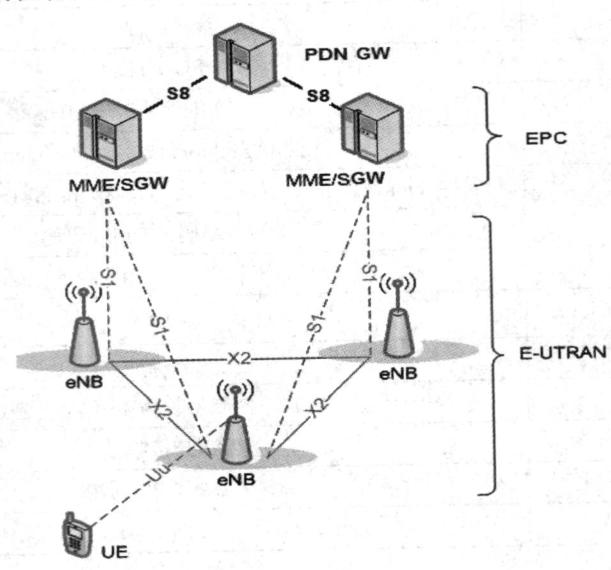

图 2-7　LTE 网络架构

MME：Mobile Management Entity，即移动管理实体；NAS 信令以及安全性功能、3GPP 接入网络移动性导致的 CN 节点间信令、空闲模式下 UE 跟踪和可达性、漫游、鉴权、承载管理功能(包括专用承载的建立)。

S-GW：Serving Gateway，即服务网关。支持 UE 的移动性切换用户面数据的功能、E-UTRAN 空闲模式下行分组数据缓存和寻呼支持、数据包路由和转发、上下行传输层数据包标记。

PDN GW：基于用户的包过滤、合法监听、IP 地址分配、上下行传输层数据包标记、DHCPv4 和 DHCPv6。

2．LTE 网络特点

LTE 网络具有如下特点：

(1) 基于 ALL IP 的网络扁平化，网络扁平化使得系统延时减少，从而改善用户体验，可开展更多业务。

(2) 网元数目减少，使得网络部署更为简单，网络的维护更加容易。

(3) 取消了 RNC 的集中控制，避免单点故障，有利于提高网络稳定性。

(4) 真正的网络控制和承载分离。

(5) 支持 2G/3G/LTE/WIMAX/CDMA 多种制式共同接入。

(6) 网络控制的 QoS 策略控制和计费体系。

LTE 网络业务介绍

二、LTE 网络主要技术特征

3GPP 要求 LTE 支持的主要指标和需求如图 2-8 所示。

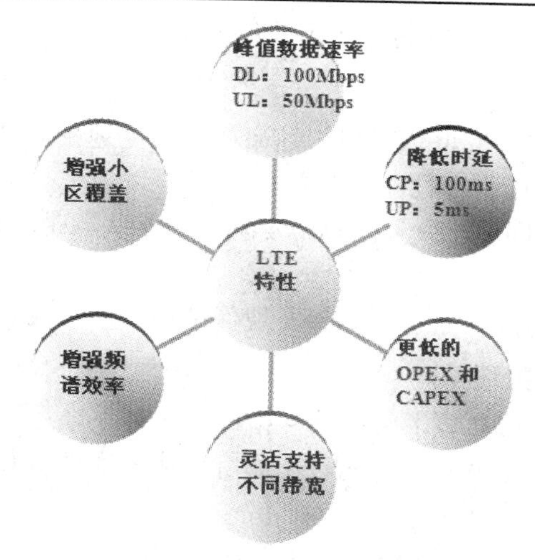

图 2-8　3GPP 要求 LTE 支持的主要指标和需求

1．峰值数据速率

下行链路的立即峰值数据速率在 20 MHz 下行链路频谱分配的条件下，可以达到 100 Mb/s (5 bps/Hz)(网络侧 2 发射天线，UE 侧 2 接收天线条件下)；上行链路的立即峰值数据速率在 20 MHz 上行链路频谱分配的条件下，可以达到 50 Mb/s(2.5 bps/Hz) (UE 侧一发射天线情况下)。

2．控制面延迟时间

从驻留状态到激活状态，也就是类似于从 Release 6 的空闲模式到 CELL_DCH 状态，控制面的传输延迟时间小于 100 ms，这个时间不包括寻呼延迟时间和 NAS 延迟时间；

从睡眠状态到激活状态，也就是类似于从 Release 6 的 CELL_PCH 状态到 Release 6 的 CELL_DCH 状态，控制面传输延迟时间小于 50 ms。

3．控制面容量

控制面容量频谱分配是 5 MHz 的情况下，期望每小区至少支持 200 个激活状态的用户。在更高的频谱分配情况下，期望每小区至少支持 400 个激状态的用户。

4．用户面延迟时间

空载条件即单用户单个数据流情况下，小的 IP 包传输时间延迟小于 5 ms。

5．用户面流量

下行链路：与 Release 6 HSDPA 的用户面流量相比，每 MHz 的下行链路平均用户流量要提升 3 到 4 倍。此时 HSDPA 是指 1 发 1 收，而 LTE 是 2 发 2 收。

上行链路：与 Release 6 增强的上行链路用户流量相比，每 MHz 的上行链路平均用户流量要提升 2 到 3 倍。此时增强的上行链路 UE 侧是一发一收，LTE 是 1 发 2 收。

6．频谱效率

下行链路：在满负荷的网络中，LTE 频谱效率(用每站址、每 Hz、每秒的比特数衡量)的目标是 Release 6 HSPDA 的 3 到 4 倍。

上行链路：在满负荷的网络中，LTE 的频谱效率(用每站址、每 Hz、每秒的比特数衡

量)的目标是 Release 6 增强上行链路的 2 到 3 倍。

7. 移动性

E-UTRAN 可以优化 15 km/h 以及以下速率的低移动速率时移动用户的系统特性。能为 15～120 km/h 的移动用户提供高性能的服务。

可以支持蜂窝网络之间以 120～350 km/h(甚至在某些频带下，可以达到 500 km/h)速率移动的移动用户的服务。

对高于 350 km/h 的情况，系统要尽量实现保持用户不掉网。

8. 覆盖(小区边界比特速率)

吞吐量、频谱效率和 LTE 要求的移动性指标在 5 公里半径覆盖的小区内将得到充分保证，当小区半径增大到 30 公里时，只对以上指标带来轻微的弱化。同时需要支持小区覆盖在 100 公里以上的移动用户业务。

9. 多媒体广播多播业务(MBMS)

与单播业务比较，MBMS 可以使用同样的调制、编码和多址接入方法和用户宽带，同时可以降低终端复杂性。

可以同时提供专用语音业务和 MBMS 业务给用户。

可利用成对或非成对的频谱分配。

10. 多带宽支持

E-UTRA 可以应用到不同大小的频谱分配、上下行链路中，可应用的频谱包括 1.25 MHz、1.6 MHz、2.5 MHz、5 MHz、10 MHz、15 MHz 以及 20 MHz。支持成对或非成对的频谱分配情况。

11. 与已有 3GPP 无线接入技术的共存和交互

尽量保持和 3GPP Release 6 的兼容，但是要注重平衡整个系统的性能和容量。可接受的系统和终端的复杂性、价格和功率消耗；降低空中接口和网络架构的成本。

在 Release 6 中使用 CS 域支持的一些实时业务，如语音业务时，在 LTE 里应该能在 PS 域里实现(整个速度区间)，且质量不能下降。在 E-UTRAN 和 UTRAN(或者 GERAN)之间进行实时业务在切换时，中断时间不超过 300 ms。

12. 无线资源管理需求

增强支持端到端的服务质量。有效支持高层传输。支持负荷共享和不同无线接入技术之间的策略管理。

13. 减小 CAPEX 和 OPEX

体系结构的扁平化和中间结点的减少使得设备成本和维护成本显著降低。

LTE 网络号段

三、LTE 频谱划分

1. E-UTRA 的频谱划分

E-UTRA 的频谱划分如表 2-5 所示。

表 2-5　E-UTRA 频段范围

E-UTRA 工作频带	上行链路工作频带 BS 接收 UE 传输			下行链路工作频带 BS 传输 UE 接收			双工模式
	$F_{UL\_low}-F_{UL\_high}$			$F_{DL\_low}-F_{DL\_high}$			
1	1920 MHz	—	1980 MHz	2110 MHz	—	2170 MHz	FDD
2	1850 MHz	—	1910 MHz	1930 MHz	—	1990 MHz	FDD
3	1710 MHz	—	1785 MHz	1805 MHz	—	1880 MHz	FDD
4	1710 MHz	—	1755 MHz	2110 MHz	—	2155 MHz	FDD
5	824 MHz	—	849 MHz	869 MHz	—	894 MHz	FDD
6	830 MHz	—	840 MHz	875 MHz	—	885 MHz	FDD
7	2500 MHz	—	2570 MHz	2620 MHz	—	2690 MHz	FDD
8	880 MHz	—	915 MHz	925 MHz	—	960 MHz	FDD
9	1749.9 MHz	—	1784.9 MHz	1844.9 MHz	—	1879.9 MHz	FDD
10	1710 MHz	—	1770 MHz	2110 MHz	—	2170 MHz	FDD
11	1427.9 MHz	—	1452.9 MHz	1475.9 MHz	—	1500.9 MHz	FDD
12	698 MHz	—	716 MHz	728 MHz	—	746 MHz	FDD
13	777 MHz	—	787 MHz	746 MHz	—	756 MHz	FDD
14	788 MHz	—	798 MHz	758 MHz	—	768 MHz	FDD
…							
17	704 MHz	—	716 MHz	734 MHz	—	746 MHz	FDD
…							
33	1900 MHz	—	1920 MHz	1900 MHz	—	1920 MHz	TDD
34	2010 MHz	—	2025 MHz	2010 MHz	—	2025 MHz	TDD
35	1850 MHz	—	1910 MHz	1850 MHz	—	1910 MHz	TDD
36	1930 MHz	—	1990 MHz	1930 MHz	—	1990 MHz	TDD
37	1910 MHz	—	1930 MHz	1910 MHz	—	1930 MHz	TDD
38	2570 MHz	—	2620 MHz	2570 MHz	—	2620 MHz	TDD
39	1880 MHz	—	1920 MHz	1880 MHz	—	1920 MHz	TDD
40	2300 MHz	—	2400 MHz	2300 MHz	—	2400 MHz	TDD

2．中国 LTE 频谱规划

(1) TDD-LTE 频谱划分。

2013 年 12 月 4 日，工信部颁发 TDD-LTE 牌照。中国移动获得 130 MHz 频谱资源，分别为 1880～1900 MHz、2320～2370 MHz、2575～2635 MHz；中国电信获得 40 MHz 频谱资源，分别为 2370～2390 MHz、2635～2655 MHz；中国联通获得 40 MHz 的频谱资源，分别为 2300～2320 MHz、2555～2575 MHz。总的来看，分配的频谱主要集中在 2.3 GHz 和 2.6 GHz，这与国际 TD-LTE 划分的整体情况吻合。中国移动获得了 130 M 频谱，其中包括 D 频段(2500 MHz 至 2690 MHz)的 60 M 频谱。中国电信和中国联通分别获得了 40 M TD-LTE 频谱，其中用于室内覆盖的 E 频段 20 M，D 频段 20 M。

(2) FDD-LTE 频谱划分。2015 年 2 月 27 日，工信部向中国电信、中国联通发放了 FDD-LTE 牌照。中国电信获得 1800 MHz 频段上的 60 MHz FDD 频谱资源，中国联通则获得 2.1 GHz 频段上的 60 MHz FDD 频谱资源。

任务 5 WLAN 网络认知

【学习要求】

(1) 识记：WLAN 定义、协议、网络结构、系统组成。

(2) 领会：WLAN 主要技术。

WLAN 网络结构

一、WLAN 网络结构

1. 什么是 WLAN

在无线局域网发明之前，人们要想通过网络进行联络和通信，必须先用物理线缆——铜绞线组建一个电子运行通路。为了提高效率和速度，后来又发明了光纤。当网络发展到一定规模后，人们又发现，这种有线网络无论组建、拆装还是在原有基础上进行重新布局和改建，都非常困难，且成本和代价也非常高，于是 WLAN 的组网方式应运而生。

WLAN 是 Wireless Local Area Network 的缩写，指应用无线通信技术将计算机设备互联起来，构成可以互相通信和实现资源共享的网络体系。无线局域网本质的特点是不再使用通信电缆将计算机与网络连接起来，而是通过无线的方式连接，从而使网络的构建和终端的移动更加灵活。

2. WLAN 协议

无线局域网与有线局域网的区别是标准不统一，不同的标准有不同的应用。目前，最具代表性的 WLAN 协议是美国 IEEE 的 802.11 系列标准。

802.11 协议家族包括 IEEE 802.11a 协议、IEEE 802.11b 协议、IEEE 802.11g 协议、IEEE 802.11e 协议、IEEE 802.11i 协议、无线应用协议(WAP)。802.11 协议对比如表 2-6 所示。随着 WLAN 标准不断完善，其可运营、可管理性稳步增强，802.11n 已成为主流。

表 2-6 802.11 协议比较

标准号	IEEE 802.11b	IEEE 802.11a	IEEE 802.11g	IEEE 802.11n
标准发布时间	1999 年 9 月	1999 年 9 月	2003 年 6 月	2009 年 9 月
工作频率范围	2.4～2.4835 GHz	5.15～5.350 GHz 5.47～5.725 GHz 5.72～5.850 GHz	2.4～2.4835 GHz	2.4～2.4835 GHz 5.150～5.850 GHz
非重叠信道数	3	24	3	15
物理速率(Mb/s)	11	54	54	600
实际吞吐量(Mb/s)	6	24	24	100 以上
频宽	20 MHz	20 MHz	20 MHz	20 MHz/40 MHz
调制方式	CCK/DSSS	OFDM	CCK/DSSS/OFDM	MIMO-OFDM/DSSS/CCK
兼容性	802.11b	802.11a	802.11b/g	802.11a/b/g/n

3. WLAN 网络结构

根据不同的应用环境和业务需求，WLAN 可通过无线电，采取不同网络结构来实现互连，通常将相互连接的设备称为站，将无线电波覆盖的范围成为服务区。WLAN 中的站有 3 类：固定站、移动站、半移动站；WLAN 中的服务区分为两类：基本服务区(BSA)和扩展服务区(ESA)，BSA 是 WLAN 中最小的服务区，又称为小区。

(1) 无中心拓扑结构。

无中心拓扑结构是最简单的对等互连结构，基于这种结构建立的自组织型 WLAN 至少有两个站，在每个站(STA)的计算机终端均配置无线网卡，终端可以通过无线网卡直接进行相互通信，这些终端的集合称为基本服务集(BSS)。

特点：无须布线，建网容易，稳定性好，但容量有限，只适用于个人用户站之间互连通信，不能用来开展公众无线接入业务。

(2) 有中心拓扑结构。

有中心拓扑结构是 WLAN 的基本结构，至少包含一个访问接入点(AP)作为中心站构成星型结构。在 AP 覆盖范围内的所有站点之间的通信和接入 Internet 均由 AP 控制，AP 与有线以太网中的 Hub 类似，一个 AP 一般有两个接口，即支持 IEEE802.3 协议的有线以太网接口和支持 IEEE 802.11 协议的 WLAN 接口。

在基本结构中，不同站点之间不能直接进行相互通信，只能通过访问接入点(AP)建立连接，而在 Ad hoc 网络的 BSS 中，任一站点均可与其它站点直接进行相互通信。一个 BSS 可配置一个 AP，多个 BSS 就组成了一个更大的网络，称为扩展服务集(ESS)。

特点：无须布线、建网容易、扩容方便，但网络稳定性差，一旦中心站点出现故障，网络将陷入瘫痪，AP 的引入增加了网络成本。

4. WLAN 系统组成

一个典型的 WLAN 系统由无线网卡、无线接入点(AP)、接入控制器(AC)、PC 机和有关设备组成。

(1) 无线网卡：用户站的收发设备，实现计算机终端与无线局域网的连接。

由网络接口卡(NIC)、扩频通信机和天线组成，NIC 在数据链路层负责建立主机与物理层之间的连接，扩频通信机通过天线实现无线电信号的发射与接收。

一般有 USB、PCI 和 PCMCIA 无线网卡。

无线网卡的安装：

① 将无线网卡插入到计算机的扩展槽内；

② 在操作系统中安装该无线网卡的设备驱动程序；

③ 对无线网卡进行参数设置，如网络类型、ESSID、加密方式及密码等。

(2) 无线接入点(AP)：称为无线 Hub，是 WLAN 的小型无线基站，也是 WLAN 的管理控制中心，负责以无线方式将用户站相互连接起来，并可将用户站接入有线网络，连接到 Internet，使用以太网接口，提供无线工作站与有线以太网的物理连接。部分无线 AP 还支持点对点和点对多点的无线桥接以及无线中继功能。

(3) 接入控制器：面向宽带网络应用的新型网关，可以实现 WLAN 用户 IP/ATM 接入，其主要功能是对用户身份进行认证、计费等，将来自不同 AP 的数据进行汇聚，并支持用

户安全控制、业务控制、计费信息采集及对网络的监控。

WLAN 网络应用

二、WLAN 主要技术

1．扩频技术

WLAN 采用的扩频技术是跳频扩频(FHSS)和直接序列扩频(DSSS)，其中直接序列扩频技术因发射功率低于自然的背景噪声，具有很强的抗干扰和抗衰落能力，同时，它将传输信号与伪随机码进行异或运算，具有很高的安全性。

2．无线频谱规划

在 ISM 频段上，可使用的频段包括 902～928 MHz(可用带宽为 26 MHz)、2.4～2.4835 GHz (可用带宽为 83.5 MHz)、5.725～5.850 GHz (可用带宽为 125 MHz)，由此可见，可用频段主要集中在 2.4 GHz 频段和 5 GHz 频段。

3．安全技术

(1) 扩展服务集标识号(ESSID)。WLAN 对无线 AP 设置不同的 SSID，只有当用户站给出的 SSID 与无线 AP 的 SSID 相匹配，才能访问该 AP，从而为无线局域网提供一定的安全性。

(2) MAC 地址过滤。WLAN 每个用户站网卡都由唯一的物理地址(MAC 地址)标识，因此可以在无线 AP 中设置一组允许访问的 MAC 地址列表，实现物理地址过滤，控制用户站无线网卡的访问。

(3) 有线对等加密(WEP)。WLAN 在链路层采用 RC4 对称加密技术，用户的加密钥匙与 AP 的密钥相同才能获准存取网络的资源。

(4) 用户认证。在无线 AP 中，增加了用户认证功能，只有通过认证的用户才能访问无线网络。

4．覆盖与天线技术

WLAN 覆盖包括室外覆盖和室内覆盖。AP 的无线覆盖能力与发射功率、应用环境和传输速率有关，在国家无线电管理委员会规定无线 AP 的发射功率小于 100 mW 条件下，要求无线 AP 的室外覆盖范围达到 100～300 m，室内覆盖范围达到 30～80 m。

(1) 室外覆盖。室外覆盖一般采用微蜂窝覆盖方式，微蜂窝覆盖适用于在城市或城郊进行网络覆盖，一般可设在建筑物顶部或在专门搭建的发射塔上。

(2) 室内覆盖。室内通常要采用微蜂窝、室内分布式天线和泄漏电缆的组合以覆盖盲区。

在发射功率受到限制的情况下，天线技术成为提高覆盖的重要手段，在室外应使用高增益的全向天线，在室内应使用定向天线，并采用分集接收和智能天线技术，同时应尽量避免频率干扰和电磁干扰。

5．无线漫游技术

WLAN 中的无线漫游是指在不同的无线 AP(SSID)之间，用户站与新的无线 AP 建立新的连接，并切断与原来无线 AP 连接的接续过程。无线用户站可以在整个 WLAN 覆盖区内移动，无线网卡能够自动发现附近信号强度最大的无线 AP，并通过这个无线 AP 收发数据，保持不间断的网络连接。

过 关 训 练

一、填空题

1．第二代移动通信网络(2G)比较完美地解决了移动中的语音通信问题，是以______和______为代表的数字通信系统。

2．GSM 上行频段，移动台发送，基站接收；GSM 下行频段，基站发送，移动台接收。

3．IS-95 CDMA 上行频段为_______；下行频段为_______。

4．国际上目前最具代表性的第三代移动通信网络有三种，它们分别是_______，_______CDMA 2000 和_______，其中，WCDMA 和 CDMA 2000 属于_______方式，TD-SCDMA 属于_____________方式，系统的上、下行工作于同一频率。

5．2013 年 12 月 4 日，工信部颁发 TDD-LTE 牌照，中国移动获得 130 MHz 频谱资源，分别为 1880～1900 MHz、_______、_______；中国电信获得 40 MHz 频谱资源，分别为_______、_______；中国联通获得 40 MHz 的频谱资源，分别为 2300～2320 MHz、2555～2575 MHz。

6．2015 年 2 月 27 日，工信部向中国电信、中国联通发放了 FDD-LTE 牌照。中国电信获得 1800 MHz 频段上的 60 MHz FDD 频谱资源，中国联通则是_______频段上的 60 MHz FDD 频谱资源。

二、简答题

1．简述移动通信系统的发展过程。

2．简述 4G 网络的结构。

3．简述中国 LTE(包括 TD-LTE 与 FDD-LTE)的频谱划分。

4．简述 WLAN 系统组成。

过关训练解答

模块三　无线电技术基础

【内容简介】

本模块介绍与移动通信室内覆盖系统相关的无线电技术基础，包括室内电磁波传播模型、室分天线及室分传输介质。

【重点难点】

重点掌握室内电磁波传播模型、室分天线及室分传输介质的选用。

【学习要求】

(1) 识记：室内电磁波传播模型公式、室内天线种类、室分传输介质种类。

(2) 领会：室内电磁波传播模型、室分天线及室分传输介质的选用。

任务 1　室内电磁波传播模型认知

【学习要求】

(1) 识记：无线电磁波的基本传播方式、室内电磁波传播模型公式。

(2) 领会：室内电磁波传播模型的选用。

无线电磁波的基本传播方式有三种：直射、反射和绕射，如图 3-1 所示。无线电磁波在室内传播时受到的影响因素很多，如墙体、天花板、地面、人和室内物体等都会引起电磁波的直射、反射、绕射及它们的组合，电磁场分布十分复杂。

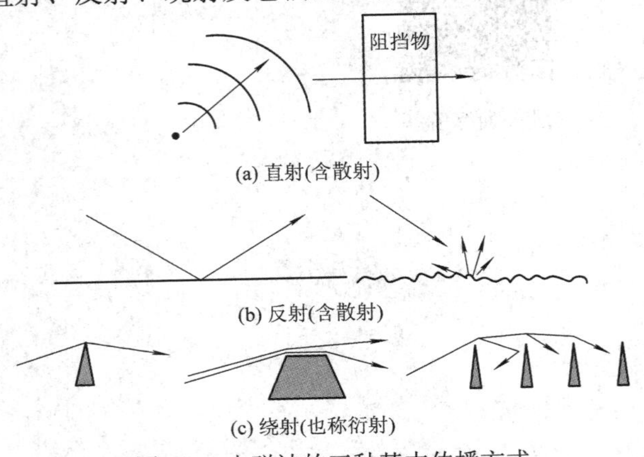

图 3-1　电磁波的三种基本传播方式

电磁波的传播方式

描述电磁波室内传播的模型有很多，但都大同小异，下面着重介绍三种室内传播模型，供移动通信室内覆盖预测参考使用。

自由空间传播模型

一、自由空间传播模型

一个理想点源以球面的形式向外发射无线电波，发射功率为 P_t(单位为 W)，距离点源 d(单位为 m)处单位面积的功率为

$$P_S = \frac{P_t}{4\pi d^2} \tag{3-1}$$

接收天线的有效接收面积为 S，它的大小和无线电波的波长 λ 有直接的关系，即：

$$S = \frac{\lambda^2}{4\pi} \tag{3-2}$$

则接收端接收到的功率 P_r 为

$$P_r = P_S \times S = \frac{P_t}{4\pi d^2} \times \frac{\lambda^2}{4\pi} \tag{3-3}$$

自由空间中路损 L 表示为

$$L = -10\lg\left(\frac{P_r}{P_t}\right) = 20\lg\left(\frac{4\pi d}{\lambda}\right)$$

$$= 32.45 + 20\lg d + 20\lg f \tag{3-4}$$

其中：L 的单位为 dB，d 的单位为 km；f 的单位为 MHz。

由式(3-4)可以得出，在自由空间中，无线电磁波的频率增加 1 倍，路径传播损耗将增加 6 dB；距离增加 1 倍，传播损耗增加 6 dB。

距发射源 1 m、10 m 和 100 m 处的传播损耗如表 3-1 所示。

表 3-1　自由空间传播损耗表

f/MHz	900	1800	2000	2400
1 m	31.55	37.55	38.45	40.05
10 m	51.55	57.55	58.45	60.05
100 m	71.55	77.55	78.45	80.05

在现实中，无线环境的传播模型都是以自由空间传播模型为理论基础发展起来的，下面将分别介绍几种模型。

二、Keenan-Motley 模型

影响室内传播损耗的主要因素是建筑物的布局、建筑材料和建筑类型等。和室外环境相比，室内无线环境相对封闭，空间有限，无线电波传播规律复杂。适用于室外的 Cost231-Hata 传播模型，不再适用于室内传播环境。

Keenan-Motley 是室内无线环境比较常用的传播模型，是自由空间传播模型在较为空旷的室内环境如大型场馆、体育馆等场景下的变形，公式如下：

$$L = L_0 + 10n\lg d_{(m)} \tag{3-5}$$

式中，L 为室内环境下距离无线电波发射端 d 米处的路损；L_0 是无线电磁波在距离室内电波发射端 1 m 处的路损；n 为环境因子，也叫衰减系数，一般取值在 2.5～5，如表 3-2 所示。

表 3-2　室内场景环境因子参考值

场景	一般室内场景	同层	隔层	隔两层
环境因子(n)	3.14	2.76	4.19	5.04

在常见的办公大楼、住宅和商用等实际场景中，室内传播模型的 Keenan-Motley 公式可以修正如下：

$$L = L_0 + 10n\lg d_{(\mathrm{m})} + \delta \tag{3-6}$$

式中，δ 是由于不同室内无线环境的特殊性会引起相应的传播损耗误差而增加的修正值，可以看作是阴影衰落余量。阴影衰落余量由边缘覆盖概率要求和室内环境地物标准差决定。

在室内环境中，和发射端距离相同的不同地点，无线信号电平大小差别很大，这时由于不同的环境结构和不同的物理特性使得室内无线电波大小随时随地波动，存在一定的地物标准差。有时候，室内人员走动一下，都会引起无线电波的较大变化。地物标准差在不同的室内环境和不同制式的无线网络中差别较大，要根据实际室内环境确定具体数值，表 3-3 仅供参考。

表 3-3　室内场景标准差参考

场景	一般场景	同层	隔层	隔两层
标准差	16.3	12.9	5.1	6.5

三、ITU-RP.1238 传播模型

ITU-RP.1238 推荐的室内传播模型分视距(LOS)和非视距(nLOS)两种情况。

在室内视距传播条件下，有

$$L_{\mathrm{LOS}} = 20\lg f + 20\lg d - 28\,\mathrm{dB} + \delta \tag{3-7}$$

在室内非视距的情况下，有

$$L_{\mathrm{nLOS}} = 20\lg(f) + 10n\lg(d) + L_{f(n)} - 28\,\mathrm{dB} + \delta \tag{3-8}$$

式中，n 表示环境因子，取值可参考表 3-1；f 表示频率，单位是 MHz；d 表示移动台距发射机的距离，单位是 m，$d > 1$ m；$L_{f(n)}$表示楼层穿透损耗系数，取值参考表 3-4 和表 3-5；δ 表示阴影衰落余量。

该模型公式的适用范围为：

(1) 频率为 1800～2000 MHz。

(2) 移动台距基站的距离为 $d>1$ m。

表 3-4　楼层穿透损耗取值

适用频率范围	住宅	办公室	商场
1800~2000 MHz	$4n$	$15+4(n-1)$	$6+3(n-1)$

注：n 表示要穿透的楼层，$n\geqslant1$。

表 3-5　不同材料的穿透损耗取值

材料类型	损耗/dB
普通砖混隔墙(<30 cm)	10～15
混凝土墙体	20～30
混凝土楼板	25～30
天花板管道	1～8
电梯箱体桥顶	30
人体	3
木质家具	3～6
玻璃	0

任务 2　室分天线认知

【学习要求】

(1) 识记：室分天线种类。
(2) 领会：室分天线的选用。

1897 年意大利无线电工程师、企业家马可尼发明了天线，并首次实现了远距离无线通信。由于天线在军事领域的重要应用，各国政府非常重视，天线技术发展迅猛。

在移动通信室内覆盖系统中，室分天线可以把信源传出的射频信号发射到无线环境中(下行方向)；也可以从无线环境中收集电磁波信号，回传给信源(上行方向)。

一、天线的基本原理

1. 电磁波的传播

电磁波的传播如图 3-2 所示。

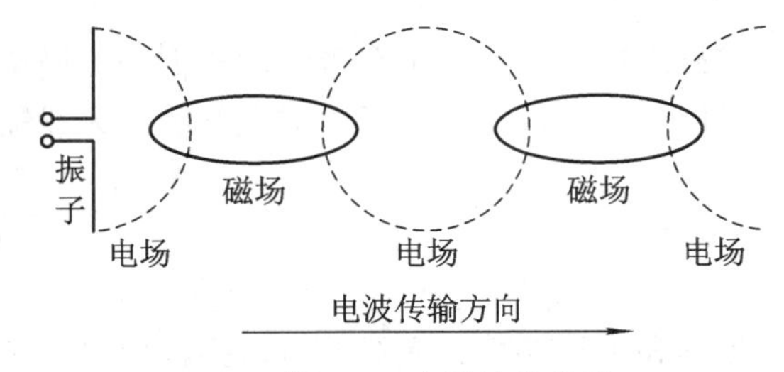

图 3-2　电磁波的传播

天线的基本原理

无线电波的波长、频率和传播速度的关系。可用式 $\lambda=V/f$ 表示。在公式中，V 为速度，单位为米/秒；f 为频率，单位为赫兹；λ 为波长，单位为米。由上述关系式不难看出，同一频率的无线电波在不同的媒质中传播时，速度是不同的，因此波长也不一样。

2．天线和辐射电磁波的基本原理

天线是将传输线中的电磁能转化成自由空间的电磁波或将空间电磁波转化成传输线中的电磁能的设备。因为天线是无源器件，所以仅仅起的是转化作用而不能放大信号。

导线载有交变电流时，就可以形成电磁波的辐射，辐射的能力与导线的长短和形状有关。当导线的长度增大到可与波长相比拟时，导线上的电流就大大增加，因而就能形成较强的辐射。通常将上述能产生显著辐射的直导线称为振子。如果两导线的距离很近，那么两导线所产生的感应电动势几乎可以抵消，辐射便会很微弱。如果将两导线张开，这时由于两导线的电流方向相同，两导线所产生的感应电动势方向相同，辐射便会较强。振子的角度与电磁波辐射能力的关系如图 3-3 所示。

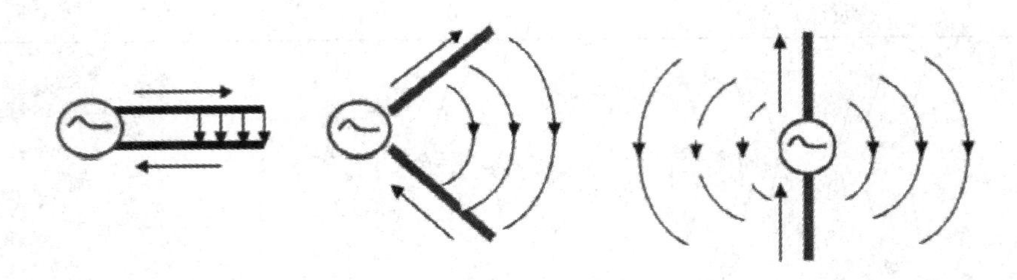

图 3-3　振子的角度与电磁波辐射能力的关系

3．半波对称振子

两臂长度相等的振子叫做对称振子，也叫半波振子。每臂长度为四分之一波长、全长为二分之一波长的振子，称为半波对称振子，如图 3-4 所示。

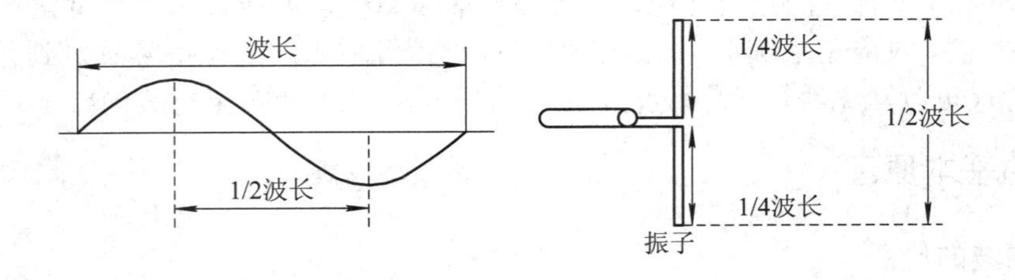

图 3-4　半波对称振子

对称振子是一种经典的、迄今为止使用最广泛的天线，单个半波对称振子可简单、独立地使用或作为抛物面天线的馈源，也可采用多个半波对称振子组成天线阵。天线需要多个半波对称振子组阵以得到更大的增益。

二、天线的指标参数

天线的指标参数包括机械指标、电气指标和工程参数。天线的机械指标和电气指标是在出厂之前已经确定的天线参数，它们共同决定了天线的覆盖范围和覆盖区域的信号质量。天线的工程参数则是在设计和规划过程中根据无线环境的情况确定的。它决定了天线的安装方式。

天线的机械指标、电气指标和工程参数具体内容如表 3-6 所示。

表 3-6　天线指标参数

机械指标		电气指标		工程参数	
	接口形式		频率范围 / MHz		方向角
	天线尺寸(长)		天线增益 / dBi		下倾角
	天线重量		半功率波束宽度/度		高度
	天线罩材质		前后比 / dB		安装位置
	风阻抗		驻波比		
	安装方式		极化方式		
			最大功率 / W		
			输入阻抗 / Ω		

在室内环境使用天线时，更关注的是天线的电气指标。

1．频率

天线总是在一定的频率范围内工作，为某一制式的网络服务。从降低带外干扰信号的角度考虑，只要天线的带宽满足频带要求即可。

2．增益

天线本身不增加所辐射信号的能量，它只是通过天线振子的组合并改变其馈电方式的方法来把能量集中到某一个方向上。天线增益是指天线将发射功率向某一指定方向集中辐射的能力。

增益是指在输入功率相等的条件下，实际天线与理想的辐射单元在空间同一点处所产生的场强的平方之比，即功率之比(功率与场强的平方成正比)。增益一般与天线方向图有关，方向图主瓣越窄，后瓣、副瓣越小，增益越高。

天线增益一般用 dBi 和 dBd 两种单位表示。dBi 用于表示天线的最大辐射方向的场强相对于点辐射源在同一地方的辐射场强的大小。

点辐射源是全向的。它的辐射是以球面的方式向外扩散的，没有辐射信号的集中能力。太阳在宇宙中，可以认为是点辐射源，没有能量的集中能力，或者说其增益为 0 dBi。

天线的辐射是有方向性的。同样的信号功率，在天线的最大辐射方向的空间某一点，肯定比点辐射源在空间某一点的场强大。

dBd 用于表示天线的最大辐射方向的场强相对于偶极子辐射源在同一地方的辐射场强的大小。

偶极子辐射不是全向的。它对辐射的能量有一定的集中能力，在最大辐射方向上的辐射能力，比点辐射源要大 2.15 dB，如图 3-5 所示。也就是说，0 dBd 等于 2.15 dB，即用 dBi 表示的天线增益数值比用 dBd 表示的天线增益数值大 2.15。

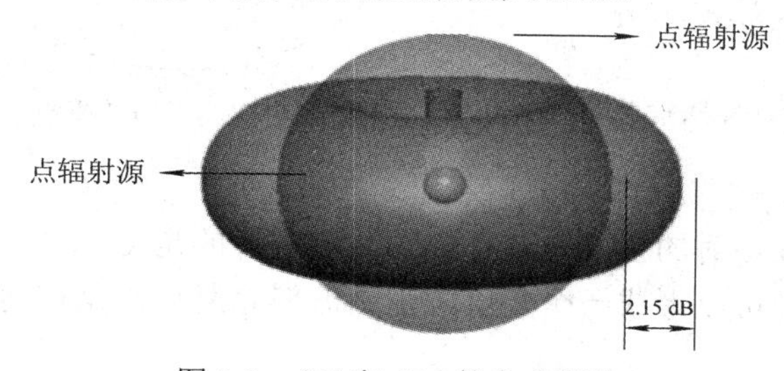

图 3-5　dBi 和 dBd 的参考基准

目前常见的天线增益从 0～20 dBi。增益为 0～8 dBi 的天线用于室内，全向天线增益从 9～12 dBi，定向天线增益从 15.5～18.5 dBi，增益超过 20 dBi 的天线仅用于道路覆盖。

3. 方向性

天线的方向性是指天线向一定方向辐射电磁波的能力。对于接收天线而言，方向性表示天线对不同方向传来的电波所具有的接收能力。天线的方向性的特性曲线通常用方向图来表示。方向图可用来说明天线在空间各个方向上所具有的发射或接收电磁波的能力。

所谓的全向天线，是指一种在水平方向图上表现为 360°都均匀辐射，也就是平常所说的无方向性，在垂直方向图上表现为有一定宽度的波束。一般情况下波瓣宽度越小，增益越大。如图 3-6 所示。

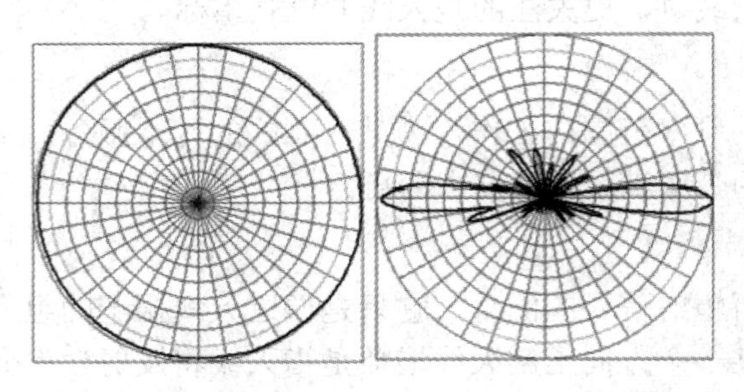

图 3-6　全向天线的水平方向图和垂直方向图

定向天线在水平方向图上表现为一定角度范围辐射，也就是平常所说的有方向性，如图 3-7 所示。在垂直方向图上表现为有一定宽度的波束，同全向天线一样，波瓣宽度越小，增益越大。波瓣图一般包括主瓣和旁瓣。主瓣是辐射强度最大方向的波束；旁瓣是主瓣之外的沿其他方向的波束，与主瓣相背方向上的也可能存在电磁波泄漏形成的波束，叫做背瓣或后瓣，如图 3-8 所示。

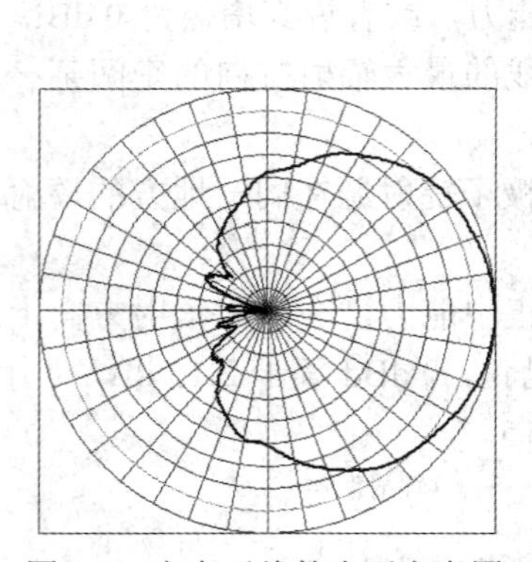

图 3-7　定向天线的水平方向图

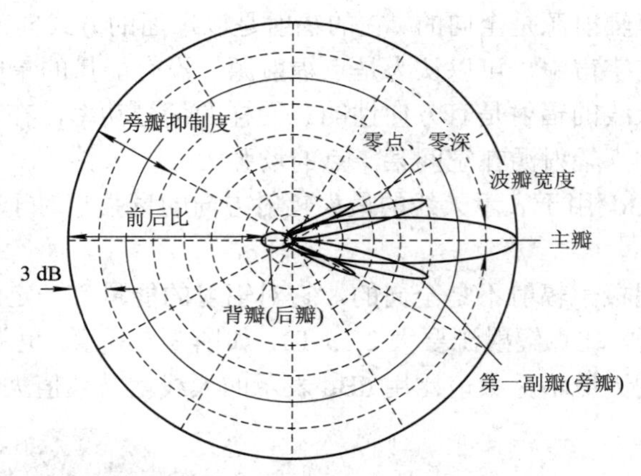

图 3-8　定向天线的垂直方向图

4. 波瓣宽度

波瓣宽度是指天线辐射的主要方向形成的波束张开的角度。因为波瓣图形上的任何两点和辐射源点的连线都可以形成一个角度，那么波瓣宽度可以是任何一个值，据此定义了 3 dB 波瓣宽度。

3 dB 波瓣宽度就是信号功率比天线辐射最强方向的功率差 3 dB 的两条线的夹角，如图 3-9 所示。

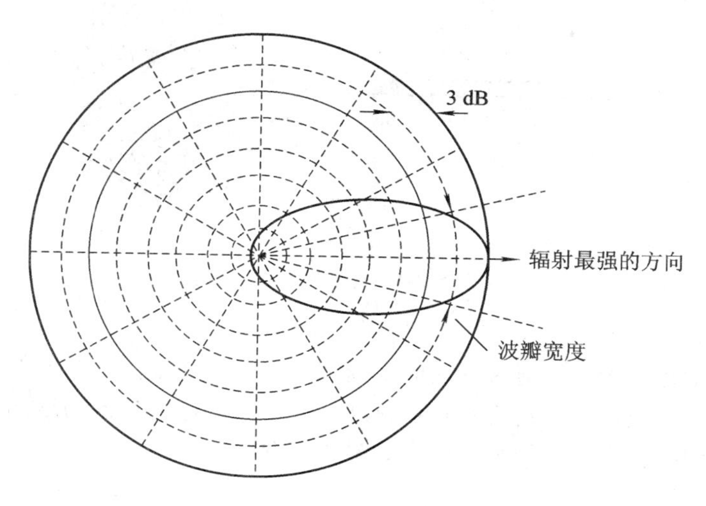

图 3-9　天线的波瓣宽度

一般来说，天线的波瓣宽度越窄，它的方向性越好，辐射的无线电磁波的传播距离越远，抗干扰能力越强。

波瓣宽度也有垂直和水平之分，全向天线的水平波瓣宽度为 360°，而定向天线的常见 3 dB 水平波瓣宽度有 20°、30°、65°、90°、105°、120°、180° 等。

天线的 3 dB 垂直波瓣宽度与天线的增益、3dB 水平波瓣宽度相互影响。在增益不变的情况下，水平波瓣宽度越大，垂直波瓣宽度就越小。一般定向天线的 3 dB 垂直波瓣宽度在 10° 左右。

如果 3 dB 垂直波瓣宽度变窄，会出现“塔下黑”的问题，即在天线下方会有较多的覆盖盲区。在天线选型时，为了保证对服务区的良好覆盖，减少死区，在同等增益条件下，所选天线的 3 dB 垂直波瓣宽度应尽量宽一些。

5．前后比

前后比是主瓣最大值与后瓣最大值之比，表明了天线对后瓣抑制的好坏。

选用前后比低的天线，天线的后瓣有可能产生越区覆盖，导致切换关系混乱，产生掉话现象。一般在 25～30 dB 之间，应优先选用前后比为 30 dB 的天线。

6．驻波比

天线驻波比(Voltage Standing Wave Ratio，VSWR)是表示天馈线与基站匹配程度的指标。它是由于入射波能量传输到天线输入端后未被全部辐射出去，产生反射波，叠加形成的。一般要求天线的驻波比小于 1.5，驻波比越小越好，但工程上没有必要追求过小的驻波比。

如图 3-10 所示，假设基站发射功率是 10 W，反射回 0.5 W，由此可算出回波损耗(Return Loss，RL)，$RL = 10\ \lg(10/0.5) = 13\ dB$。计算反射系数：$RL = -20\ \lg \Gamma$，$\Gamma = 0.2238$。故，$VSWR = (1+\Gamma)/(1-\Gamma) = 1.57$。

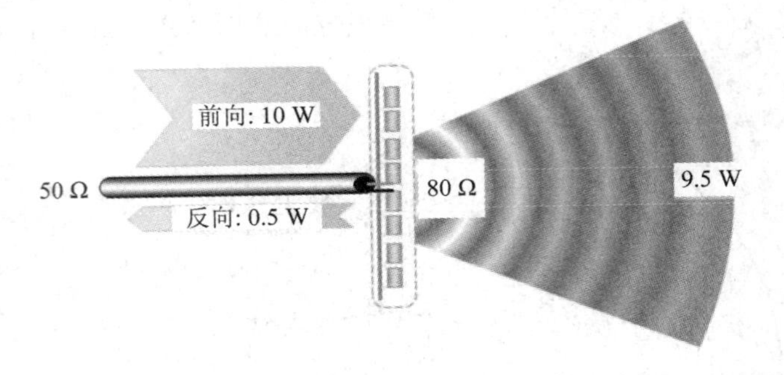

图 3-10　回波损耗

7. 极化方式

天线的极化就是指天线辐射时形成的电场强度方向。将地面视为入射面，若电波的电场方向垂直于地面，我们就称它为垂直极化波。若电波的电场方向与地面平行，则称它为水平极化波。天线的垂直极化和水平极化如图 3-11 所示。

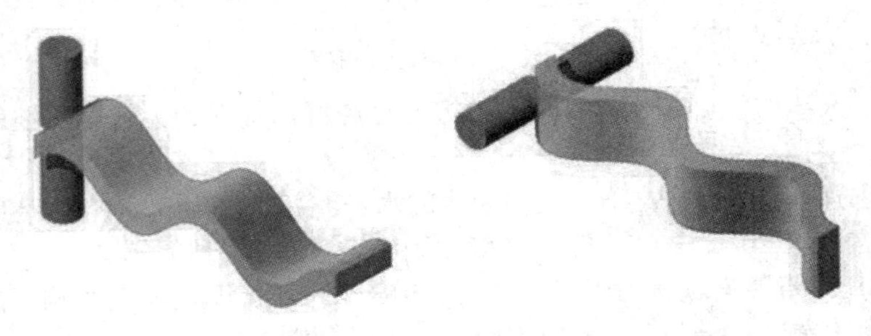

图 3-11　垂直极化(Vertical)和水平极化(Horizontal)

双极化天线是由极化彼此正交的两根天线封装在同一天线罩中组成的，采用双线极化天线，可以大大减少天线数目，简化天线工程安装，降低成本，减少了天线占地空间。在双极化天线中，通常使用+45°和−45°正交双极化天线，如图 3-12 所示。

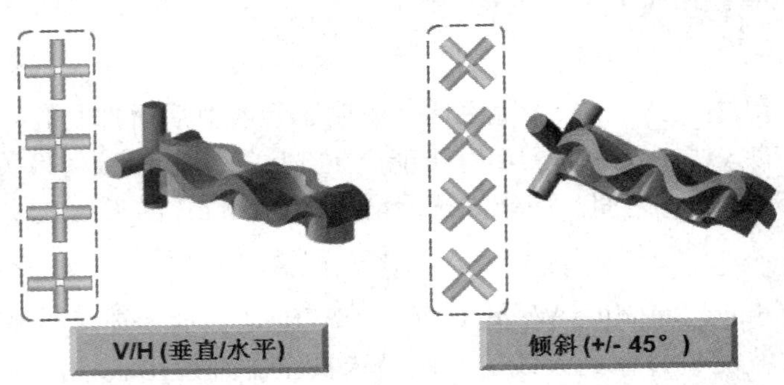

图 3-12　双极化天线

实际工程中，一般单极化天线多采用垂直线极化；双极化天线多采用±45°双线极化。两种极化天线可通过外观识别，双极化天线有两个端口，单极化天线仅有一个端口。实际工程中，采用空间分集需要多个单极化天线，而采用极化分集则只需要一副双极化天线，如图 3-13 所示。

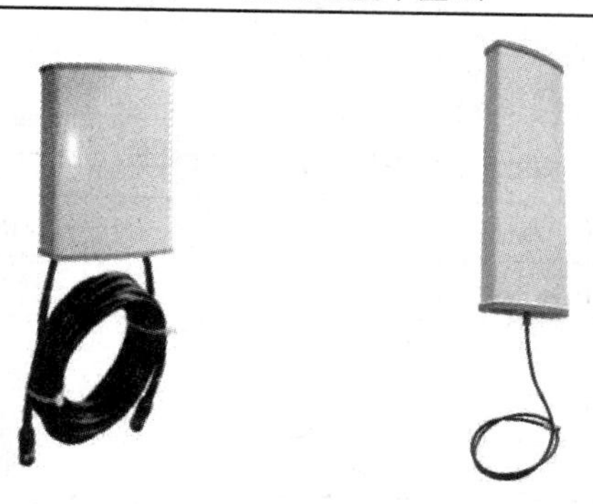

图 3-13　双极化天线和单极化天线

8. 阻抗

天线可以看做是一个谐振回路。一个谐振回路当然有其阻抗，对阻抗的要求就是匹配，和天线相连的电路必须具有与天线一样的阻抗。和天线相连的是馈线，天线的阻抗和馈线阻抗必须一样，才能达到最佳效果，如图 3-14 所示，移动通信系统目前使用的天线阻抗全部是 50 欧姆。

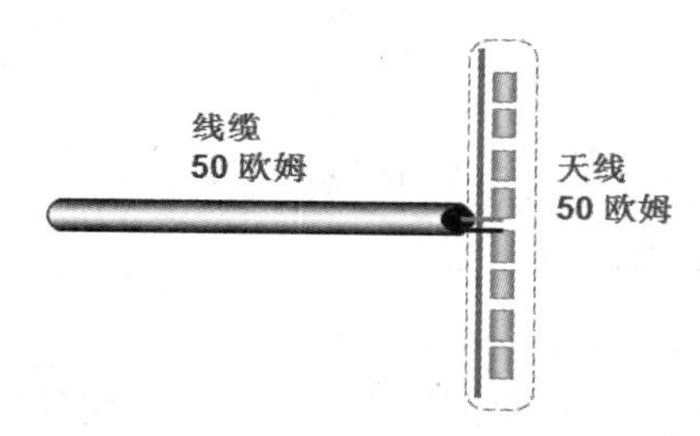

图 3-14　最佳匹配效果

三、室内天线选型

室内天线的选型主要基于以下两个原则：

(1) 室内天线的选用要考虑室内环境的特点，选用的天线尽量美观，天线形状、颜色、尺寸、大小要与室内环境协调。室内覆盖系统使用的天线和室外环境下使用的天线，在外形方面会有很大的不同。一般室内天线形状小、重量轻、便于安装。

(2) 天线的选用要考虑覆盖的有效性，既要满足室内覆盖区域的覆盖效果，又要减轻信号在室外的泄漏，避免对室外造成干扰。室内天线的增益一般比室外天线小，覆盖范围较室外天线小很多。在选用室内天线的时候，增益不能过大，过大容易导致信号外泄；增益也不能过小，过小无法保证室内的覆盖。

常用的室内天线有 4 种：全向吸顶天线、壁挂式板状定向天线、高增益定向天线和泄漏天线。

1. 全向吸顶天线

全向吸顶天线(见图 3-15)的主要特点集中在“全向”和“吸顶”。“全向”是指天线的水平波瓣宽度为 360°(垂直波瓣宽度为 65°)；“吸顶”是指天线一般安装在房间、大厅、走廊等场所的天花板上，应尽量安装在天花板的正中间，避免安装在窗户、大门等信号比

较容易泄漏的地方。

全向吸顶天线的增益较小，一般都在 2～5 dBi 之间，其基本指标见表 3-7。

表 3-7 室内覆盖系统全向吸顶天线的基本指标

天线工作频率/MHz	800～2500
增益/dBi	2
水平波瓣宽度/(°)	360
垂直波瓣宽度/(°)	65
极化	垂直极化
前后比	无
驻波比	<1.5
天线下倾	无

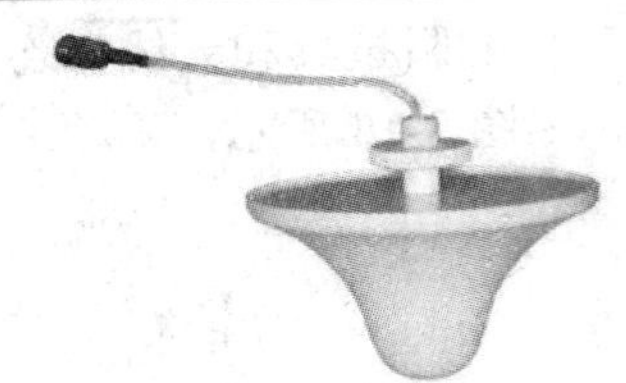

图 3-15 全向吸顶天线

2. 壁挂式板状定向天线

室内覆盖系统中的壁挂式板状定向天线(见图 3-16)，多用在一些比较狭长的室内空间，安装在房间、大厅、走廊、电梯等场所的墙壁上。天线安装时前方较近区域不能有物体遮挡。如果在窗口处安装，注意保证天线的方向角冲着室内，避免室内信号泄漏到室外。

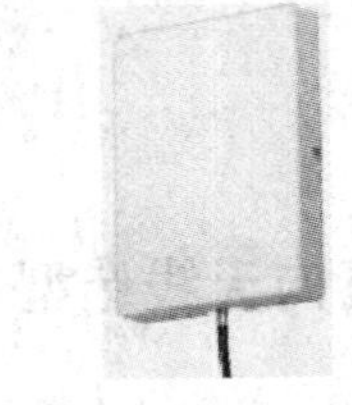

图 3-16 壁挂式板状定向天线

壁挂天线的增益比全向天线的增益要高，一般在 6～10 dBi 之间，水平波瓣宽度有 90°、65°、45° 等多种，垂直波瓣宽度在 60° 左右。

室内覆盖系统的壁挂式板状定向天线的基本指标如表 3-8 所示。

表 3-8 室内覆盖系统壁挂式板状定向天线的基本指标

天线工作频率/MHz	800～2200
增益/dBi	7
水平波瓣宽度/(°)	90
垂直波瓣宽度/(°)	60
极化	垂直单极化
前后比	>20
驻波比	<1.5
天线下倾	无

3．高增益定向天线(以八木天线为例)

八木天线(Yagi antenna)，又名雅奇天线，是 20 世纪 20 年代日本东北大学的八木秀次等人发明的。八木天线是高增益定向天线的一种。

八木天线至少由 3 对振子，一个横梁组成。最简单的八木天线外形结构呈“王”字。“王”字的中间一横是与馈线相连接的有源振子，也叫主振子。“王”字的另外两横，一个是反射器，另一个是引向器。反射器是比有源振子长的振子，它的作用是削弱从这个方向传来或向这个方向发射去的电波；引向器比有源振子短，它的作用是增强从这个方向传来或向这个方向发射出去的电波。引向器可以有一个或多个，离有源振子越远，其长度就越短。八木天线的外形如图 3-17 所示。

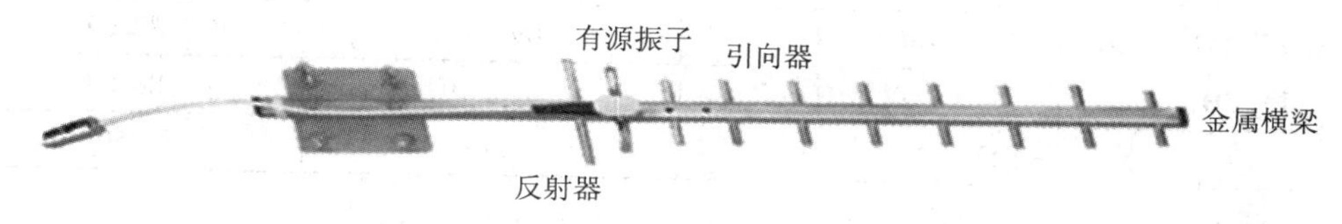

图 3-17　八木天线

引向器越多，方向性越好、增益越高。当引向器增加到四五个之后，增益的增加达到极限，而体积大、重量增加、安装不便，成本攀升的缺点却越来越明显。

八木天线的最大特点在于方向性好，有较高的增益，一般在 9～14 dBi 之间。其缺点是工作频段较窄，不适合 2G 和 3G 多系统和路的场景使用。

从八木天线的特点可以看出，它非常适合在狭长封闭空间如电梯井、隧道等场景中使用。室内覆盖系统中八木天线的基本指标如表 3-9 所示。

表 3-9　室内覆盖系统八木天线的基本指标

天线工作频率/MHz	1700～2170
增益/dBi	11.5
水平波瓣宽度/(°)	50
垂直波瓣宽度/(°)	45
极化	垂直单极化
前后比	>15
驻波比	<1.5
天线下倾	无

4．泄漏电缆

泄漏电缆，是指外导体部分开孔的同轴电缆。通过电缆上的一系列开孔，可以把无线信号沿电缆均匀地发射出去，也可以把沿电缆纵向分布的无线信号接收回来，因此泄漏电缆也可以看成是一种天线，如图 3-18 所示。

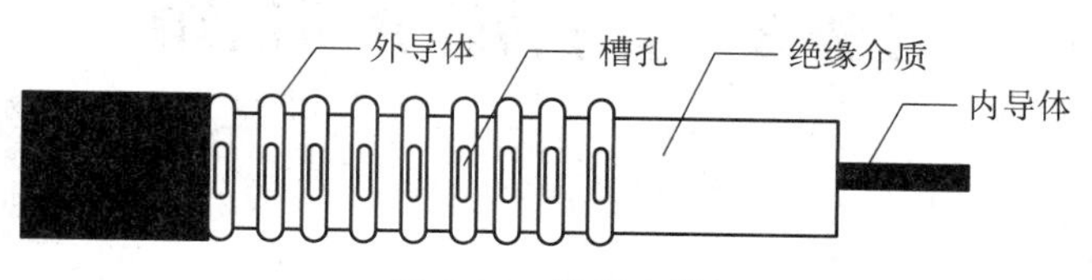

图 3-18　泄漏电缆

泄漏电缆非常适合在隧道、地铁等狭长的无线环境中使用，缺点是成本高、安装不便。

泄漏电缆的基本技术指标包括百米损耗和馈线损耗(一般是指距泄漏电缆开孔 2 m 的损耗)，具体如表 3-10 所示。

表 3-10　泄漏电缆的基本技术指标

泄漏电缆规格		7/8″	5/4″
百米损耗/dB	900 MHz	4.6	3.5
	1800 MHz	6.9	5
	2400 MHz	8.6	6.5
馈线损耗(一般是指距泄漏电缆开孔 2 m 的损耗)/dB	900 MHz	87 ± 10	86 ± 10
	1800 MHz	89 ± 10	87 ± 10
	2400 MHz	89 ± 10	88 ± 10
特性阻抗/Ω		50	50

综上所述，室内覆盖系统选用天线的时候应注意以下几点：

(1) 尽量选用宽频天线。

在选择室分天线的过程中，天线的频段应包括 GSM、CDMA、WCDMA、TD-SCDMA、WLAN、LTE 等无线制式工作频段，即 800～2500 MHz 的所有频段。

选用宽频带，可以避免增加新的无线系统时对天馈线的改造，也可以避免重复进站，重复施工的问题。

(2) 不考虑分集和波束赋型。

于室内环境空间狭小、穿透损耗大，使用分集技术和波束赋型对形态性能的提高不明显，却增加了系统的成本。虽然 TD-SCDMA 支持智能天线波束赋型，但在室内环境中，也没有使用波束赋型的功能。

(3) 选用垂直极化天线。

水平极化的无线电磁波，在贴近地物表面传播时，会产生极化电流，受地物阻抗的影响可产生热能，从而使无线电磁波信号迅速衰减；而垂直极化的无线电磁波则不容易在地物表面产生极化电流，可以避免能量的大幅度衰减，确保无线信号在复杂的室内环境中有效传播。因此，在室内环境中，天线一般均采用垂直极化方式。

(4) 天线选用要适用场景特点。

全向吸顶天线在室内的房间中心使用；壁挂式板状定向天线在矩形环境的墙面挂装；高增益定向天线和泄漏电缆一般应用在电梯井、隧道、地铁等狭长的封闭空间。八木天线适合只有一个系统的环境使用；如果多系统合路，需要使用宽频高增益天线，如宽频对数周期天线。

任务 3　室分传输介质认知

【学习要求】

(1) 识记：室分传输介质的种类。

(2) 领会：室分传输介质的选用。

传输介质是指将室内覆盖系统信号从功率设备传送至天线的介质，主要包括电缆、光纤、双绞线、CATV 四种。

同轴电缆

一、射频同轴电缆

射频同轴电缆基本上由内导体、介质、外导体和护套等组成，内外导体呈同心圆，如图 3-19 所示。

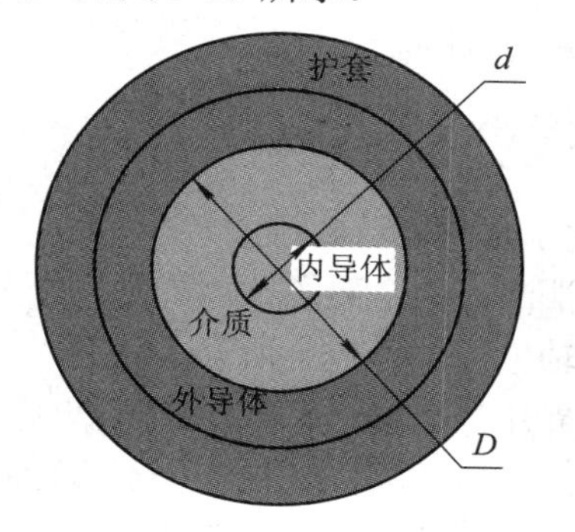

图 3-19　射频同轴电缆的结构和实体图

同轴电缆的特性阻抗(Z_0)与其内外导体的尺寸之比有关。由于射频能量传输的趋肤效应，与阻抗相关的重要尺寸是电缆内导体的外径(d)与外导体的内径(D)。同轴电缆的特性阻抗计算公式如下：

$$Z_0 = \frac{138}{\sqrt{\varepsilon_r}}\lg\left(\frac{D}{d}\right) \tag{3-9}$$

如果同轴电缆某一段发生比较大的挤压或者是扭曲变形，那么内外导体半径间的关系就会发生变化，从而形成该段同轴电缆阻抗失配，造成失配损耗，因此每种电缆都有最小弯曲半径的要求。

同轴电缆的基模为 TEM 模，即电场和磁场的方向均与传播方向垂直。在信号通过同轴电缆时，所建立的电磁场是封闭的，电磁场能量局限在内外导体之间的介质内传播，在导体的横切面周围没有电磁场。电缆内部电场建立在中心导体和外导体之间，方向呈放射状；而磁场则是以中心导体为圆心，呈多个同心圆状，如图 3-20 所示。

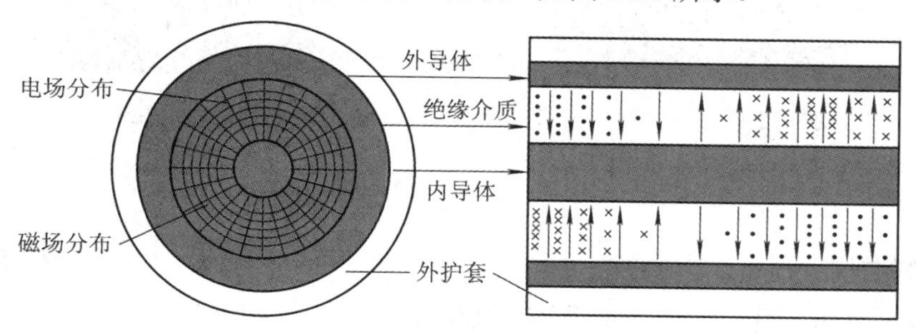

图 3-20　同轴电缆的内部电磁场分布

同轴电缆的衰减也是由介质损耗、导体(铜)损耗和辐射损耗三部分组成的。大部分的

损耗转换为热能。导体的尺寸越大，导体损耗越小；频率越高，介质损耗越大。

二、泄漏同轴电缆

泄漏同轴电缆通常又称为泄漏电缆，其结构与普通的同轴电缆相近，由内导体、绝缘介质、开有一系列槽孔的外导体和护套四部分组成，如图 3-21 所示。泄漏同轴电缆既具有信号传输作用，又具有天线功能。电磁波在泄漏电缆中纵向传输的同时通过槽孔向外界辐射电磁波，外界的电磁场也可通过槽孔感应到泄漏电缆内部并传送到接收端。

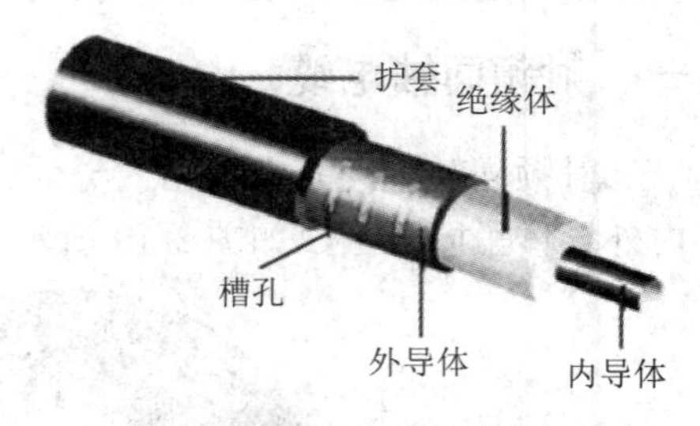

图 3-21　泄漏电缆的组成结构

当同轴电缆外导体完全封闭时，电缆内部传输的信号与外界是完全屏蔽的，电缆外没有其泄漏出的电磁场；同样地，外界的电磁场也不会对电缆内部的信号造成影响。然而通过同轴电缆外导体上所开的槽孔，电缆内部传输的一部分电磁能量发送至外界环境。同样，外界能量也能传输入电缆内部。外导体上的槽孔使电缆内部电磁场和外界电波之间产生耦合，具体的耦合机制取决于槽孔的排列形式。

根据信号与外界的耦合机制不同，泄漏电缆主要分为辐射型(RMC)和耦合型(CMC)两种基本类型。

辐射型泄漏电缆(如图 3-22 所示)的电磁场由电缆外导体上周期性排列的槽孔产生，槽孔间距(d)与工作波长(λ)相当。

耦合型泄漏电缆(如图 3-23 所示)有许多不同的结构形式，如在外导体上开一长条形槽，或开一组间距远远小于工作波长的小孔，或两侧开缝。电磁场通过小孔衍射激发电缆外导体外部电磁场。电流沿外导体外部传输，电缆像一个可移动的长天线向外辐射电磁波。因此，耦合型电缆等同于一根长的电子天线。

图 3-22 辐射型泄漏电缆

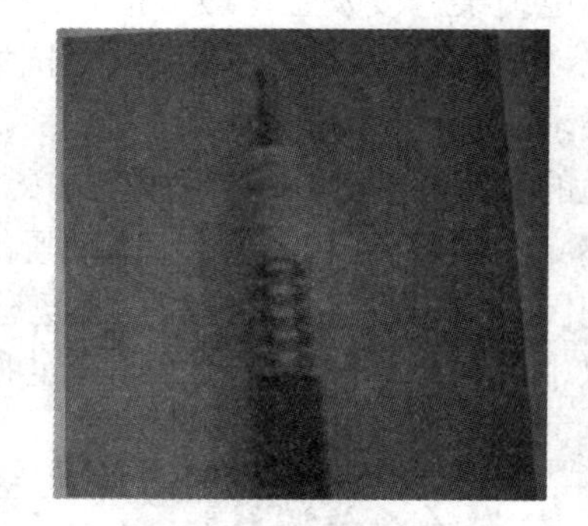

图 3-23 耦合型泄漏电缆

三、光纤

光纤

1. 光纤结构

目前通信用的光纤大多采用石英玻璃(SiO_2)制成的横截面很小的双层同心圆柱体，未经涂覆和套塑时称为裸光纤，如图 3-24 所示。

光缆中的光纤一般是指经过两次涂覆后的光纤芯线，它的剖面结构如

图 3-25 所示，包括纤芯、包层、涂覆层。纤芯位于光纤的中心部位(直径约为 5～80 μm)。包层位于纤芯的周围包层可做成单层，也可做成多层。光纤的最外是涂敷层，其作用是增加光纤的机械强度与可弯曲性。涂覆层一般分为一次涂覆和二次涂覆层。

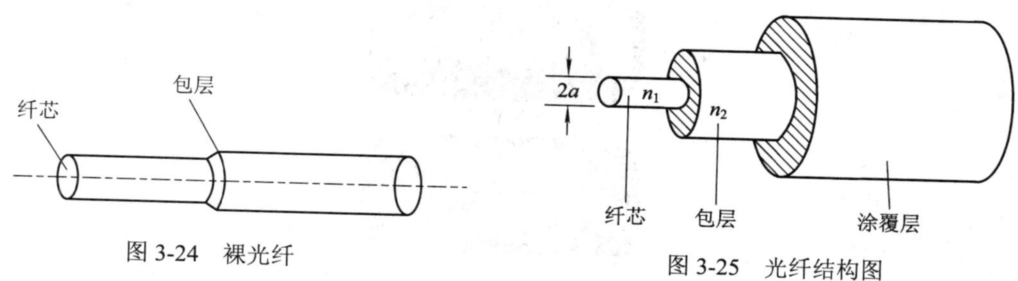

图 3-24　裸光纤

图 3-25　光纤结构图

纤芯由石英等制成，其折射率通常用 n_1 表示，它是光波的主要通道。包层也由石英等制成，其折射率为 n_2，且 $n_1 > n_2$，其作用是构成全内反射的条件。涂敷层由聚乙烯等制成，其作用是增加光纤的机械强度。

2. 光纤分类

1) 按光纤剖面折射率分布分类——阶跃型光纤与渐变型光纤

阶跃型光纤：是指在纤芯与包层区域内，其折射率分布分别是均匀的，其值分别为 n_1 与 n_2，但在纤芯与包层的分界处，其折射率的变化是阶跃的。阶跃光纤的折射率分布如图 3-26 所示。

渐变型光纤：是指光纤轴心处的折射率最大(n_1)，而沿剖面径向的增加而逐渐变小，其变化规律一般符合抛物线规律，到了纤芯与包层的分界处，正好降到与包层区域的折射率 n_2 相等的数值；在包层区域中其折射率的分布是均匀的，即为 n_2。渐变光纤的折射率分布如图 3-27 所示。

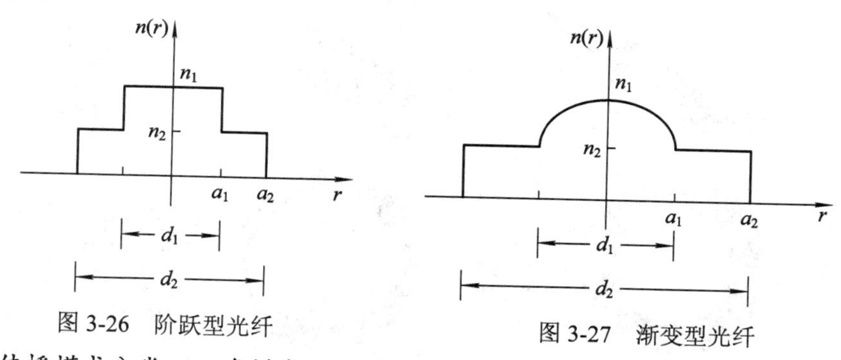

图 3-26　阶跃型光纤

图 3-27　渐变型光纤

2) 按传播模式分类——多模光纤与单模光纤

多模光纤：在工作波长一定的情况下，光纤中存在有多个传输模式。多模光纤的横截面折射率分布有均匀的和非均匀两种。前者也叫阶跃型多模光纤，后者称为渐变型多模光纤。多模光纤的传输特性较差、带宽较窄、传输容量较小。

单模光纤：在工作波长一定的情况下，光纤中只有一种传输模式的光纤。单模光纤只能传输基模(最低阶模)，不存在模间的传输时延差，具有比多模光纤大得多的带宽，这对于高速传输是非常重要的。

单模光纤与多模光纤的结构如图 3-28 所示。

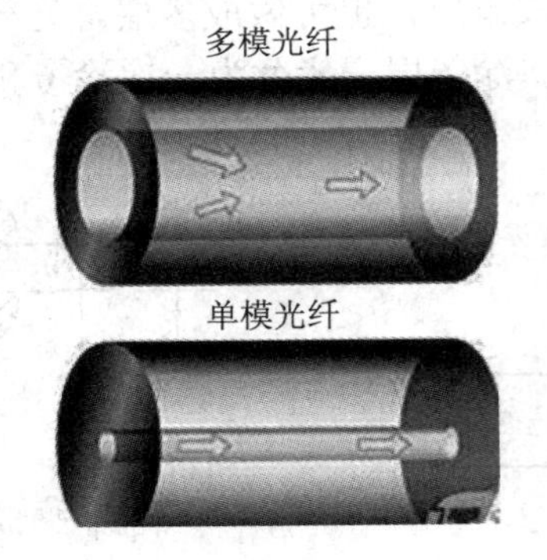

图 3-28　单模与多模光纤

3) 按套塑类型分类——紧套光纤与松套光纤

紧套光纤：是指二次、三次涂敷层与予涂敷层及光纤的纤芯，包层等紧密地结合在一起的光纤。目前此类光纤居多。未经套塑的光纤，其温度特性本是十分优良的，但经过套塑之后其温度特性下降。这是因为套塑材料的膨胀系数比石英高得多，在低温时收缩较厉害，压迫光纤发生微弯曲，增加了光纤的损耗。

松套光纤：是指经过予涂敷后的光纤松散地放置在一塑料管之内，不再进行二次、三次涂敷。松套光纤的制造工艺简单，其温度特性与机械性能也比紧套光纤好，因此越来越受到人们的重视。

紧套光纤与松套光纤的结构如图 3-29 所示。

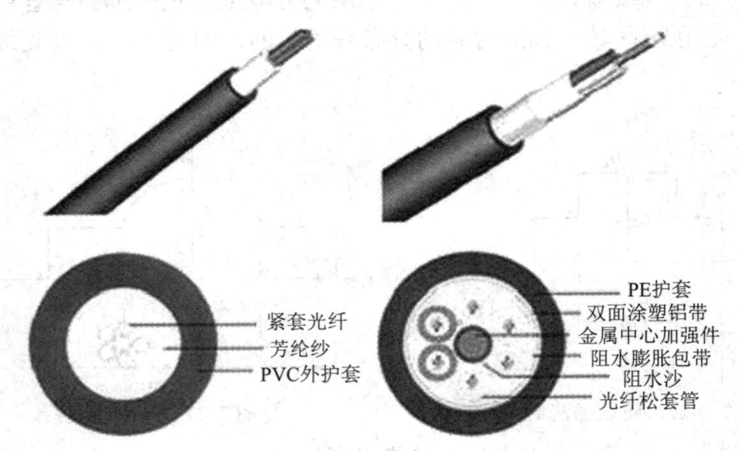

图 3-29　紧套光纤与松套光纤

4) 按工作波长分类——短波长光纤与长波长光纤

短波长光纤：习惯上把工作在 0.6～0.9 μm 范围内呈现低衰耗的光纤称作短波长光纤。短波长光纤属早期产品，目前很少采用。

长波长光纤：习惯上把工作在 1.0～2.0 μm 波长范围的光纤称之为长波长光纤。长波长光纤因具有衰耗低、带宽宽等优点，特别适用于长距离、大容量的光纤通信。

四、双绞线

双绞线按电气性能通常划分为：三类、四类、五类、超五类、六类等类型，原则上数字越大，版本越新，技术越先进，带宽也越宽，价格也越贵。

三、四类双绞线一般使用在 10 Mb/s 的以太网中，五类双绞线(见图 3-30)能满足 100 Mb/s 的以太网，超五类双绞线主要用于千兆网上，但现在也普通应用于局域网中，六类线一般用于 ATM 网络中，公司局域网中暂时还不推荐采用。目前在一般局域网中常见的是五类、超五类或者六类非屏蔽双绞线，特别是目前的超五类和六类非屏蔽双绞线可以轻松提供 155 Mb/s 的通信带宽，并拥有升级至千兆的带宽潜力，成为布线的首选线缆。

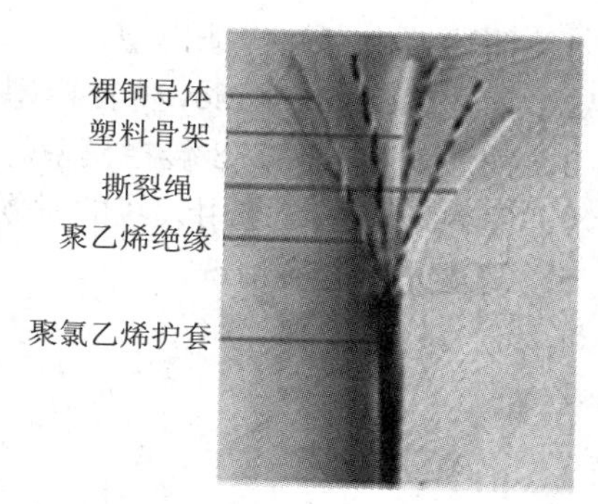

图 3-30　五类双绞线

而双绞线还可分为屏蔽双绞线和非屏蔽双绞线，大多数局域网使用非屏蔽双绞线(Unshielded Twisted Pair，UTP)作为布线的传输介质来组网，网线由一定距离长的双绞线与 RJ-45 头组成。

过 关 训 练

一、填空题

1. 无线电磁波的基本传播方式有三种：________、________和________。

2. 在移动通信室内覆盖系统中，室分天线可以把信源传出的射频信号发射到________；也可以从无线环境中收集电磁波信号，回传给________。

3. 无线电波的波长、频率和传播速度的关系。可用________表示。在公式中，________为速度，单位为米/秒；________为频率，单位为赫兹；________为波长，单位为米。

4. 天线是将传输线中的________转化成自由空间的________或将空间转化成传输线中的________的设备。因为天线是无源器件，所以仅仅起得是________作用而不能________。

5. 两臂长度相等的振子叫做________，也叫________。每臂长度为四分之一波长、全长为二分之一波长的振子，称________。

6. 天线的指标参数包括机械指标、电气指标和工程参数。天线的________和________是在出厂之前已经确定的天线参数，它们共同决定了天线的覆盖范围和覆盖区域的信号质量。天线的________则是在设计和规划过程中根据无线环境的情况确定的。它决定了天线的安装方式。

7. 常用的室内天线有 4 种：________、壁挂式板状定向天线、________和泄漏天线。

8. 射频同轴电缆基本上由________、介质、外导体和________等组成，内外导体呈同心圆。

9. 泄漏同轴电缆通常又称为泄漏电缆，其结构与普通的同轴电缆相近，由内导体、绝

缘介质、________和护套四部分组成。

二、简答题

1．简述自由空间传播模型。

2．简述 Keenan-Motley 传播模型。

3．简述 ITU-RP.1238 传播模型。

4．室内覆盖系统选用天线的时候应注意哪几点，请详细描述。

5．简述光纤分类情况。

过关训练解答

模块四　移动通信室内覆盖工程认知

【内容简介】

本模块首先介绍移动通信室内覆盖工程项目的工作流程；其次介绍了移动通信室内覆盖工程的设计指标，包括 GSM、WCDMA、CDMA 2000、LTE 的室内覆盖指标要求，天线口的功率等；最后介绍了移动通信室内覆盖工程中的常用器件及其性能。

【重点难点】

重点掌握室内覆盖工程的设计指标及常用的室分器件。

【学习要求】

(1) 识记：移动通信室内覆盖工程项目的基本概念及流程、移动通信室内覆盖工程的设计指标，尤其是目前主流商用的 4G 网络室分设计相关要求。
(2) 领会：移动通信室内覆盖工程中的常用器件性能及作用。

任务 1　移动通信室内覆盖工程概述

【学习要求】

(1) 识记：移动通信室内覆盖工程基本概念。
(2) 领会：移动通信室内覆盖工程项目的基本流程。

一、移动通信室内覆盖工程概述

1. 移动通信室内覆盖工程概述

网络规划设计部门协助运营商和设计院，完成室内覆盖改造设计组网方案、设计报告模板、评审模板的制定。室内分布系统厂家根据以上规则，进行室内分布系统的详细设计。

网络规划设计部门协助运营商和设计院，依据已制定好的评审原则，完成对室内分布系统设计报告的评审，室内分布系统厂家根据评审意见进行修改。

评审通过的设计报告，交给运营商备案，由运营商通知进行工程实施。

二、移动通信室内覆盖工程的主要流程

如图 4-1 所示，室内分布系统工程项目过程中的关键阶段是室分系统方案设计，它决

定了能否以最低的成本建设出性能最优的网络系统。但实际的无线外环境等各种情况决定了室分系统的网络规划设计只是预估计，和实际建成的网络效果是有不同的，因此工程后期的验收和网络优化是必不可少的。室内分布系统规划设计是工程建设的核心，网络优化是对网络性能提升的补充和扩容升级的基础。

移动室内覆盖工程前期规划与后期优化的关系

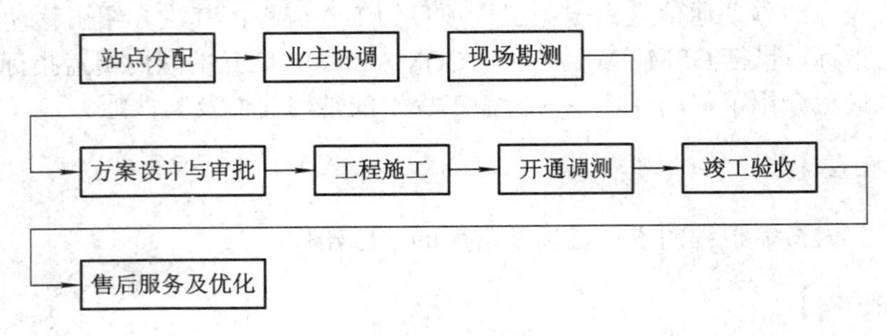

图 4-1　室内分布系统项目流程图

1. 站点分配

一般由运营商收集管辖区内所有需要做室分覆盖的站点，以招标的方式分配给各集成商。

2. 业主协调

首先了解谈点信息，掌握站点情况并获取业主联系方式；其次初步接触，谈点人员在得到运营商授权后(需运营商开具相关证明)，谈点人员与业主初步接触，了解业主信息，确定是否需要付费；然后谈点工作需要销售人员与工程技术人员密切配合，在与业主协调过程中，需要把工程的技术需求提供给业主。成功完成业主协调后，即可进场进行详细的工程勘测、方案设计及后续的工程施工。要注意在与业主的协调过程中，争取尽早拿到室分站点的详细建筑物平面图电子档，以便于方案的设计。

3. 现场勘测

与业主协调好后，进行现场勘测，为方案设计提供基础资料。勘测工作要正确反映工程现场的实际情况，每一个勘测任务都需要反复确认，据实填写勘测记录。情况收集需尽可能准确、可靠、全面。勘测工作的详细、准确与否关系到整个工程的成败。

勘测的主要内容包括：站点位置、楼高、层数、面积、楼层功能、大楼物业负责人及联系方式、大楼内部机构、墙体构造等基础资料，同时进行场强测试，记录大楼内各测试区的信号场强值，为覆盖设计提供技术基础。勘测员还需估算工程材料用量，为方案设计提供依据。

4. 方案设计与审批

方案设计是每个室内覆盖工程项目的重要任务，它指导着整个工程的建设，是保证工程质量的关键。方案设计的依据主要有：勘测记录，应标书，与室内覆盖系统相关的标准规范和国家法规，市场人员、工程人员、业主的建议等。一般以谁勘测谁设计为原则，即勘测和设计由一人负责。方案设计要满足建设单位标书要求，合理控制性价比。且方案设计完成后需由技术主管负责内部审核，内部审核通过后，提交运营商审批，运营商审批通过后即可进行项目工程施工。

移动通信室内覆盖工程规范样表

5. 工程施工

严格按照设计方案以及施工规范要求进行施工。工程施工是保证每项工程建设质量的关键阶段，它对工程最终效果具有决定性的影响，因此必须对工程施工进行合理组织，对施工过程中每道程序进行严格把关。工程施工程序如下：接到建设单位的开工料单后，由项目经理调配施工队，确立施工队长；然后制定施工进度计划，准备工程物料和施工器械，联络业主商谈进场时间及办理相关手续，召开本公司与业主、监理单位三方参与的现场开工会；之后就可以让设备施工队、物料进场，进行工程实施、天馈布放和器件安装。完工后调试人员进场测试驻波比，检查工程质量，施工人员及时对不合格的地方进行整改。最后进行现场清理，清点记录工程实际安装数量及工程余料，填写相关的安装工作量总表等文件资料，配合监理公司对站点进行检查验收，配合基站安装、传输安装、传输调测等工作。在以上整个过程中，工程督导必须严格把关，控制工程质量，及时督促施工人员解决问题，不符合施工规范的必须要求施工人员及时整改，同时把握工程进度，以满足运营商对进度的要求。

6. 开通调测

设备的开通调测可通过匹配的操作软件来完成，即通过相关软件进入设备参数设置，根据设计方案要求设置主设备相关参数，以达到运营商的覆盖目标。若运营商有监控要求，则应准确设置相关的设备监控信息，包括站点编号、监控中心查询设置号码等信息，并进行开站上报操作。完成开通调测后，工程督导填写完成《完工自检报告》等资料。

7. 竣工验收

从系统开通到验收之间有一段时间，称为系统试运行阶段。经此阶段的运行，站点的无线环境、设备参数可能发生变化。为确保验收的效果，在验收前必须对室内覆盖工程进行自检，核对覆盖效果。试运行阶段结束后，工程督导向运营商申请初验，验收合格后填写《竣工文件》，即完成了项目的初验；初验完成后，系统再稳定运行一段时间后进行终验。

8. 售后服务及优化

在项目完成终验后，售后服务包括日常巡检和工程维护。根据运营商要求，一般每月对重点站点进行 CQT 测试、维护用户投诉、监控信息、处理系统故障、升级软件版本及设

备、排查干扰等优化工作。

知识小拓展：1. 在信号场强测试过程中，不同的网络信号场强参数名称是不一样的，但信号场强的单位都是 dBm。

2. Call Quality Test —— 呼叫质量拨打测试，用于在固定的地点测试无线数据网络性能。这种测试方式也比较常用，就是使用终端在一些地点进行拨叫，主叫、被叫各占一定比例，最后对测试结果进行统计分析，以便对网络运行的情况有直观的了解。

任务 2　移动通信室内覆盖工程设计指标

【学习要求】

(1) 识记：了解移动通信室内覆盖系统的类型。

(2) 领会：掌握移动通信室内覆盖工程中不同网络类型的设计指标要求。

一、移动通信室内覆盖系统分类介绍

移动通信室内覆盖系统类型应用介绍

移动通信室内分布系统按系统网络复杂程度主要分为以下三大类：

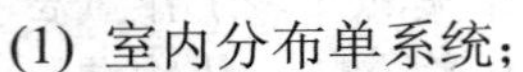

(1) 室内分布单系统；

(2) 同一运营商的室内分布多系统；

(3) 不同运营商间的室内分布多系统。

室内分布单系统是指在同一个建筑物或建筑物群内，某种网络的室分系统的信源部分与信号分布系统部分都是单独存在的，与其他的网络系统不存在共信源机房、共天馈的情况。如某建筑物内现有两套室分系统，分别是中国移动的 GSM 室分系统与中国联通的 GSM 室分系统，此两套系统之间没有任何公共部分，都是单独设计信源部分与信号分布系统部分。

在模块二中我们已介绍，我国目前移动通信网络是 2G、3G、4G 网络共存的现状，各种网络用户都有。因此在室分系统中除了单系统外，还有多系统的存在。同一运营商的室分多系统可能有以下情况：中国电信运营的 CDMA 网络与 FDD-LTE 网络共系统；中国联通运营的 GSM 网络、WCDMA 网络、FDD-LTE 网络共系统；中国移动运营的 GSM 网络、TD-SCDMA(简写为 TD-S)网络(已逐渐退市)、TD-LTE(简写为 TD-L)网络共系统等。如图 4-2 所示，在中国移动 4G 室分系统网络建设初期，通过改造完成 TD-SCDMA 与 TD-LTE 网络的室分多系统共建。

不同运营商间的室内分布多系统更为复杂，指的是在同一个室内场景，三家全业务运营商的室内分布系统共用部分天馈系统。室分多系统共用机房及天馈系统可以达到节约成本的目的，但同时也带来了系统间干扰和管理协调的难度。此类多系统一般在特殊的室内场景存在，如地铁等交通枢纽。

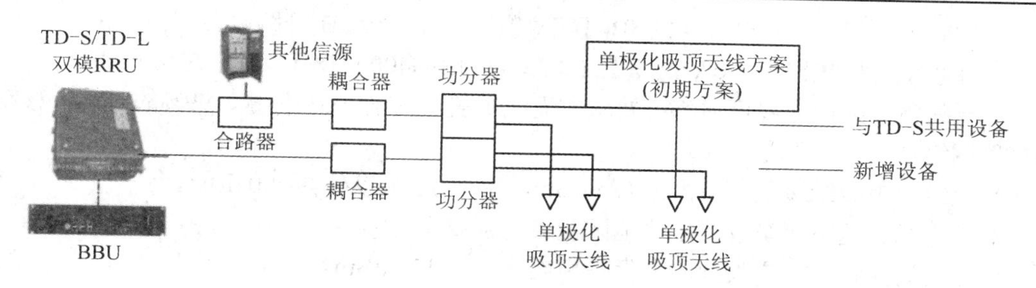

图 4-2　TD-LTE 与 TD-S 室内分布多系统图

二、移动通信室内覆盖工程设计指标

室内分布系统规划在不同阶段的关键点不同。在建网初期，设计目标为建筑物内部边缘覆盖区域的信号强度。在网络验收期，验收目标为建筑物内部小区主导频信号的载干比(如中国电信 CDMA 网络中的 E_c/I_o)值，不同的网络此指标名称略有不同。在网络割接后运营期，优化目标为建筑物室内外或电梯内外等区域的切换成功率。

不同的网络导致室分系统设计的具体指标也有区别。在移动通信室内覆盖系统规划设计过程中包括容量估算与覆盖估算两种思路。在容量估算中，网络类型不同带来的设计差异变化较小。如预测建网的室内用户总数=建筑面积×人口密度×渗透率，只需根据不同的网络用户选取不同的渗透率即可。因此本小节主要介绍在覆盖估算中不同的网络类型带来的不同的覆盖指标要求。

1. GSM 系统技术性能要求

(1) 中国移动 GSM 900：890～909 MHz(上行)，935～954 MHz(下行)，频道号 1～94；相邻频道间隔为 200 kHz；双工收发频率间隔为 45 MHz。

(2) 中国移动 GSM 1800：1710～1725 MHz(上行)，1805～1820 MHz(下行)，频道号 512～586；相邻频道间隔为 200 kHz；双工收发频率间隔为 95 MHz。

设计指标如下：

- 移动用户的忙时话务量：0.025 Erl。
- 信号电平大于−80 dBm 的区域达到总覆盖区域的 95%以上。
- 室内外小区之间、室内各小区之间的切换成功率大于 95%。
- 室内下行信号在室外的溢出电平应低于−90 dBm(在建筑物周围 10 m 处的测量值)。
- 同频干扰保护比：$C/I \geqslant 12$ dB(不开跳频)；$C/I \geqslant 9$ dB(开跳频)。
- 邻频干扰保护比：200 kHz 下为 $C/I \geqslant -6$ dB；400 kHz 下为 $C/I \geqslant -38$ dB。

(3) 中国联通 GSM 900：909～915 MHz(上行)，954～960 MHz(下行)，频道号 96～124；相邻频道间隔为 200 kHz；双工收发频率间隔为 45 MHz。

(4) 中国联通 GSM 1800：1740～1755 MHz(上行)，1835～1850 MHz(下行)，频道号 662～736；相邻频道间隔为 200 kHz；双工收发频率间隔为 95 MHz。

设计指标如下：

- 移动用户的忙时话务量：0.02 Erl。
- 无线信道呼损率：2%。

• 同频干扰保护比：$C/I \geq 12$ dB(不开跳频)；$C/I \geq 9$ dB(开跳频)。

• 邻频干扰保护比：200 kHz 下为 $C/I \geq -6$ dB；400 kHz 下为 $C/I \geq -38$ dB。

• 无线覆盖区内无线可通率：要求在无线覆盖区内的 95%位置、99%的时间，移动台可接入网络；

• 无线覆盖边缘场强：室内≥–85 dBm，室外 10 米以外≤–90 dBm。

对于电梯、地下停车场等边缘地区覆盖场强要求：>–90dBm。

• 在基站接收端位置收到的上行噪声电平：<–120 dBm。

• 室内天线的发射功率：<15 dBm/每载波。

2. CDMA 系统技术性能要求

(1) 电信 CDMA 800 系统：工作频段为 825～835 MHz(上行)，870～880 MHz(下行)。

(2) 电信 CDMA 2000 系统：工作频段为 1920～1935 MHz(上行)，2110～2125 MHz (下行)。

设计指标如下：

• CDMA 2000 1X：载波前向接收信号功率大于–82 dBm，对于 EVDO 系统，载波前向接收信号功率大于–80 dBm；主导频信号 E_c/I_o 应大于–7 dB(下行业务信道轻载)，对于 EVDO 系统，C/I 应大于–5 dB(边缘速率大于 153.6 kb/s)；反向终端发射功率应小于 5 dBm；FER 小于 1%；系统范围内 MOS≥4。

• 导频污染区控制要求：室内覆盖设计范围内，导频污染区域应小于 5%。定义进入激活集导频个数为 3 个以上的覆盖区域为导频污染区。

• 目标覆盖区域内的 98%位置、99%的时间，移动台可接入网络。

• 忙时话务统计：掉话率<1%(以蜂窝基站为信号源)，掉话率<2%(以直放站为信号源)。

• 室内天线的发射功率须≤15 dBm。

• 闲时室分系统对信号源基站低噪的抬升<2 dB。

• 切换成功率要求：覆盖区与周围各小区之间有良好的无间断切换；室内外小区和室内各小区之间的切换成功率>94%。

• 信号外泄要求：出入口泄漏到外的信号强度在出入口各个方向 10 m 处覆盖系统电平低于–95 dBm。

3. WCDMA 系统技术性能要求

中国联通 WCDMA：工作频段使用 1920～1980 MHz(上行)，2110～2170 MHz(下行)。

设计指标如下：

• 无线覆盖区内可接通率要求：在无线覆盖区内的 90%位置、99%的时间，移动台可接入网络；

• 导频功率场强要求：无线覆盖边缘导频(CPICH)功率场强(下行 75%，上行 50%)在高速数据密集区域，导频功率≥－85dBm，导频 $E_c/I_o \geq -8$ dB；低速数据区域，导频功率≥－90 dBm，导频 $E_c/I_o \geq -10$ dB；可视电话、语音电话区域，导频功率≥－95 dBm，导频 $E_c/I_o \geq -12$ dB。

• 通话效果：对于 12.2 kb/s 的语音业务，BLER≤1%；对于 64 kb/s 的 CS 数据业务，BLER≤0.1%；对于 PS 数据业务，BLER≤10%。覆盖区域内通话应清晰，无断续、回声等现象。

• 室内信号的外泄电平原则上要尽量小，一般情况下，室内导频信号泄漏到室外 10 m 处，小于室外导频强度 10 dB 以上。

• 室内天线最大发射总功率≤15 dBm；WCDMA 天线口发射功率≤6.5 dBm。

• 电路呼损：无线信道呼损率 GOS 小于 2%；中继电路呼损不大于 0.5%。

• 传输质量指标——块差错率目标值(BLER Target)：话音业务≤1%；CS64K 数据业务(如可视电话业务)≤0.1%；PS 数据业务≤10%。

• QOS 见表 4-1，表中“*X*% < *Y*S”表示 *X*%的业务时延不超过 *Y* 秒。

表 4-1　QoS 指标及分配表

业务类型	指标类型	分配项目及分配值		
		信道(CE)	Iub 接口	Iu-PS 接口
PS64	QOS	90%<0.3S	95%<0.3S	9%<0.01S
PS128	QOS	90%<0.3S	95%<0.3S	9%<0.01S
PS384	QOS	90%<0.3S	95%<0.3S	9%<0.01S

• 软切换率指标：市区、县城应控制在 30%～40%左右，其他地区应低于 30%。

• 覆盖速率指标：覆盖区内达到 CS64 kb/s 业务连续覆盖，同时提供 HSDPA 业务覆盖，数据业务热点提供 HSUPA 业务覆盖。

重要楼宇或区域：导频覆盖边缘场强≥−85 dBm，E_c / I_o≥−8 dB；

次重要楼宇或区域：导频覆盖边缘场强≥−90 dBm，E_c / I_o≥−10 dB；

一般性楼宇或区域：导频覆盖边缘场强≥−95 dBm，E_c / I_o≥−12 dB。

• 室外泄漏电平：室内导频信号泄漏到室外 10 m 处，小于室外导频强度 10 dB 以上。

• 天线口输出功率：天线口导频功率≤5 dBm。

各楼层天线口功率尽量平均，原则上相差不超过 3 dB。

4．WLAN 系统技术性能要求

WLAN 的 IEEE 802.11b/g 工作频段为 2.4～2.4835 GHz，其中共有 13 个子信道，这 13 个子信道是互相重叠的，只有三个信道是相互之间没有重叠，可以同时使用的，就是一般的 1、6、11 信道。802.11a 工作在 5.725～5.850 GHz 频段，共 125 M 带宽，每个信道 20 MHz 带宽，共 26 个信道号，可用的有五个，一般选择 149、153、157、161、165 五个互不干扰的点。

设计指标如下：

• 在设计目标覆盖区域内 95%以上位置，接收信号强度大于等于−75 dBm。

• 在设计目标覆盖区域内 95%以上位置，用户终端无线网卡接收到的信噪比(SNR)大于 20 dB。

• 用户接入认证失败次数小于或等于 1 次；认证接入时延不大于 5 秒。

• Ping 包时延不大于 10 ms；Ping 包的丢包率不大于 3%。

• 用户下线认证失败次数不大于 1 次。

• 同 AP 下用户隔离要求，两个终端 Ping 不通。

• AP 间切换成功率不小于 90%。

• 要求单用户接入时，在信号强度大于−70 dBm 的区域，802.11a 和 802.11g 模式终端

平均速率不低于 18 Mb/s。

5. LTE 系统技术性能要求

移动 4G 支持 TDD-LTE B38/41 B39 B40，联通 4G 支持 FDD-LTE B3 B1、TDD B41，电信 4G 支持 FDD-LTE B3 B1、TDD B41。其中移动 B40、联通电信 B41 频段为室内补充频段。

设计指标如下：

• 普通平层下载速率：单流平均速率>35 Mb/s。如有速率不达标，小于 35 Mb/s 的覆盖区域占比不大于 10%；双流平均速率>45 Mb/s，小于 45 Mb/s 的覆盖区域占比不大于 10%。

• RSRP：平层 RSRP 指标正常值在−55～−65 dbm 之间，整体在−100～−95 dbm 的覆盖区域占比小于 10%。

• SINR：等于信号强度与噪声和干扰强度之和的比值，也就是 SINR = $C/(N+I)$。SINR 在 LTE 中主要用于评估业务信道的性能。平层 SINR 指标正常值要求大于 15 dB。

• 电梯内的下载平均速率>20 Mb/s，RSRP>−100 dbm，SINR > 6 dB。

知识小拓展： 目前 WLAN 网络有 2.4 GHz 和 5 GHz 两个频段，想一想室内哪些物品或设备可能会对 WLAN 造成干扰？

移动通信各类网络指标对比

任务 3　移动通信室内覆盖工程常用器件

【学习要求】

(1) 识记：移动通信室内覆盖工程常用的有源器件和无源器件。

(2) 领会：无源器件的性能及用途。

在室内分布系统中，有源器件(部件)主要包括：宏蜂窝主设备、微蜂窝主设备、BBU/RRU、直放站、干线放大器等；无源部件主要包括：电桥、功分器、耦合器、合路器、天线、馈线、转接头(接头)、负载、衰减器、尾纤、光法兰盘、光衰减速器等。

一、功分器

1. 概念

功分器(全称为功率分配器)是一种将一路输入信号能量分成两路或多路输出相等能量的器件，也可反过来将多路信号能量合成一路输出，此时也可称为合路器。一个功分器的输出端口之间应保证一定的隔离度。基本分配路数为 2 路、3 路和 4 路，通过它们的级联可以形成多路功率分配。使用功分器时，若某一输出口不接输出信号，必须接匹配负载，不应空载。

功分器实物图如图 4-3 所示，示意图如图 4-4 所示。

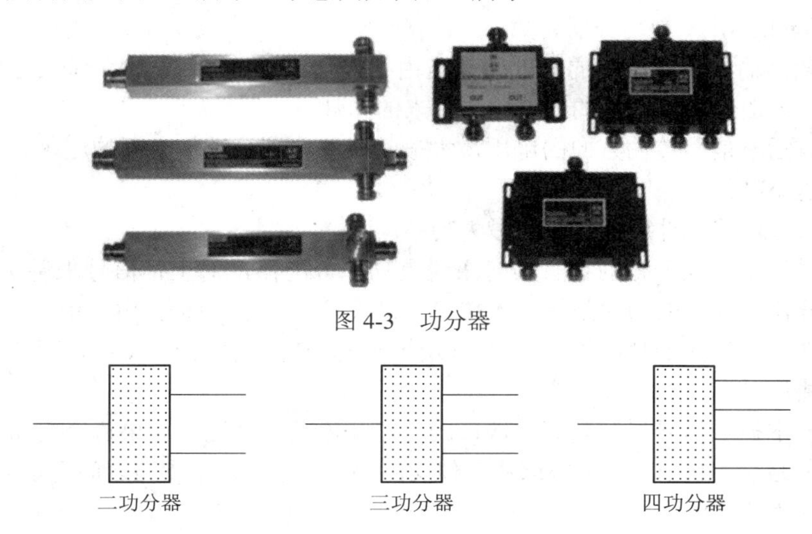

图 4-3　功分器

二功分器　三功分器　四功分器

图 4-4　功分器示意图

2. 主要指标

功分器的主要技术参数有插入损耗、分配损耗、驻波比、功率分配端口间的隔离度、功率容量和频带宽度等。宽频腔体功分器的一些典型指标(参考)如表 4-2 所示。

表 4-2　宽频腔体功分器典型指标

型　号		SWSP-02	SWSP-03	SWSP-04
名　称		二功分	三功分	四功分
频率范围		800～2500 MHz		
分配比		3.01 dB	4.77 dB	6.02 dB
插入损耗	800～2000 MHz	0.15 dB		
	2000～2500 MHz	0.15 dB		
输入回波损耗	800～2200 MHz	20 dB		20 dB
	2200～2500 MHz	15 dB		20 dB
功率容量		200 W		
阻抗		50 Ω		
互调		−140 dBc(+43 dBm × 2)		
幅度平衡度		0.30 dB		
连接方式		N 型母头		
尺寸		195 × 70 × 16	254 × 83 × 16	276 × 63 × 45

频率范围：功分器的设计结构与工作频率密切相关，必须首先明确功分器的工作频率，

才能进行下面的设计。

功率损耗：分为分配损耗和插入损耗。

分配损耗：主路到支路的分配损耗实质上与功分器的功率分配比有关，其计算公式为所有路数的输出功率之和与输入功率的比值。一般理想分配损耗由公式获得：理想分配损耗(dB)＝10 log(1/N)，N 为功分器路数。

插入损耗：输入、输出间的插入损耗是由于传输线(如微带线)的介质或导体不理想等因素产生的，一般考虑输入端的驻波比所带来的损耗。

驻波比：沿着信号传输方向的电压最大值和相邻电压最小值之间的比率。每个端口的电压驻波比越小越好。

功率容量：电路元件所能承受的最大功率。

在分布系统中，功分器对下行信号来说是功率分配器，对上行信号来讲又是(小信号)合路器。功分器上标注的功率是指输入端口的最大输入功率，而作为(小信号)合路器来讲，不能在输出端口按标注的功率输入信号。功分器不宜作大功率合成使用，两个大功率的载波信号合成建议采用 3 dB 电桥。

隔离度：本振或信号泄漏到其他端口的功率和原功率之比。如果每个支路端口的输入功率只能从主路端口输出，而不应该从其他支路输出，这就要求支路之间有足够的隔离度。隔离度一般大于 20 dB。

3．应用示例

以二功分器为例，假设输入为 10 dBm，插入损耗为 0.5 dB，分配损耗为 3 dB($10\lg\frac{1}{2}$)，则根据功分器的输出计算公式：输出＝输入－分配损耗－插入损耗，可得输出为 6.5 dBm，如图 4-5 所示。

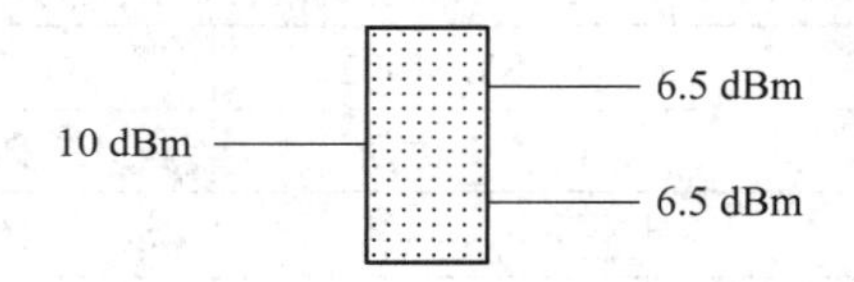

图 4-5　二功分器输出计算

练习：如图 4-6 所示，输入为 17.3 dBm，插入损耗为 0.5 dB，线路损耗见标注，计算每个天线处的功率大小。

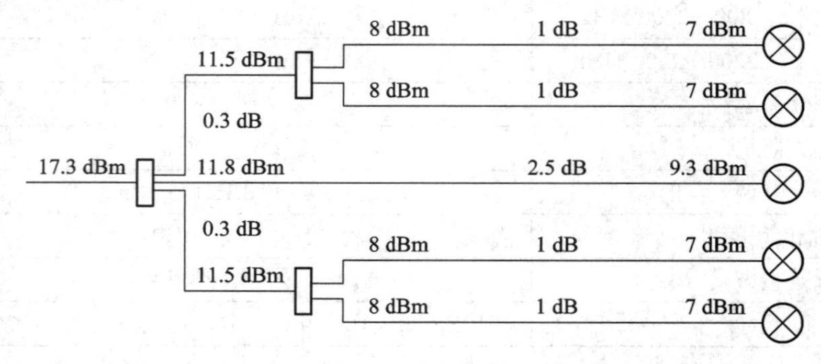

图 4-6　应用示例

二、耦合器

常见室分器件之耦合器

1. 概念

耦合器常用于对规定流向微波信号进行取样。在无内负载时，定向耦合器往往是一个四端口网络，如图 4-7、4-8、4-9 所示。

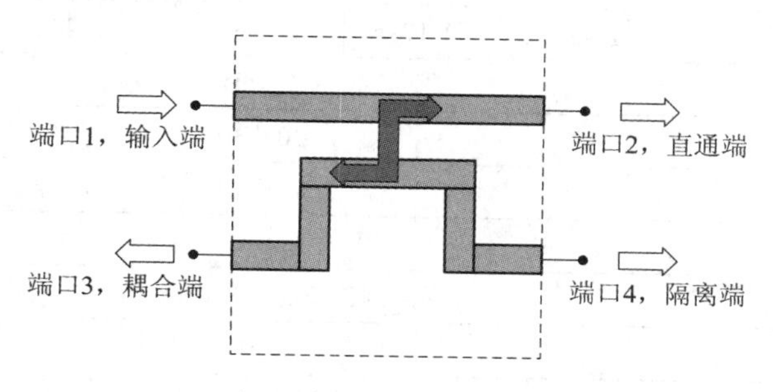

图 4-7　耦合器原理图

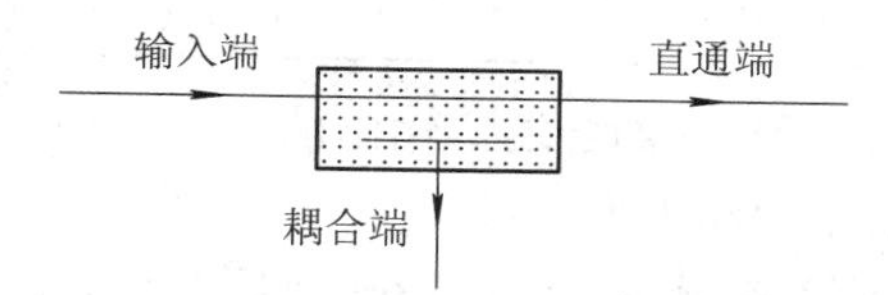

图 4-8　耦合器示意图

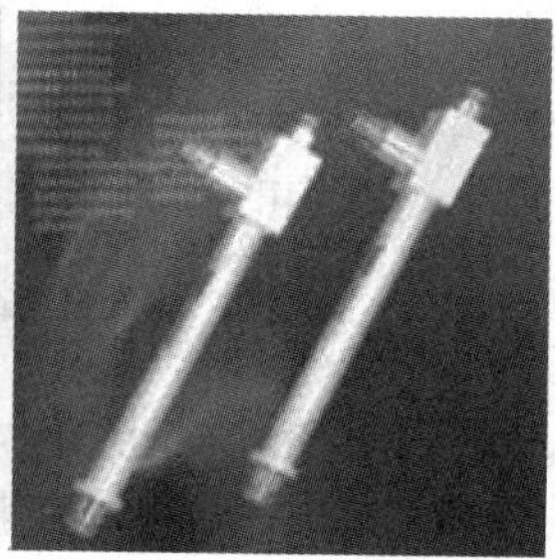

图 4-9　耦合器实物图

定向耦合器是一种低损耗的器件，它接收一路输入信号，输出两路信号，在理论上输出信号具有下列特性：

(1) 输出的幅度不相等。主线输出端为较大的信号，基本上可以看作直通，耦合线输出端为较小信号。

(2) 主线上的理论损耗决定于耦合线的信号电平，即决定于耦合度。

(3) 主线和耦合线之间具有高隔离度。

换句话说就是：耦合器的作用是将信号不均匀地分成两份(称为直通端和耦合端)。

2. 主要指标

主要指标：耦合度、功率损耗、隔离度、方向性、输入输出驻波比、功率容限、频段范围、带内平坦度等。宽频腔体耦合器的典型指标(参考)如表 4-3 所示。

表 4-3　宽频腔体耦合器指标

频率范围	800～2500 MHz						
耦合度	5 dB	6 dB	7 dB	10 dB	15 dB	20 dB	30 dB
分配损耗(dB)	1.65	1.26	0.97	0.46	0.14	0.04	0.004
波动范围	5.0 ± 0.5	6.0 ± 0.5	6.0 ± 0.5	10.0 ± 0.5	15.0 ± 1.0	20.0 ± 1.0	30.0 ± 1.0
插损	0.1 dBmax						
主干损耗	1.85	1.46	1.17	0.66	0.34	0.24	0.2
回波损耗(dB)	20 dB						
方向性(dB)	20 dBm						
功率容量	200 W						
阻抗	50 Ω						
互调	−140 dBc(+43 dBm × 2)						
阻抗(Ω)	50						
连接方式	标准 N 型接头						
温度	−40～+70						

耦合度：信号经过耦合器后，从耦合端口输出的功率和输入信号功率之间的差值(一般都是理论值，如 6 dB、10 dB、30 dB 等)。

耦合度的计算方法：若输入信号 A 为 30 dBm 而耦合端输出信号 C 为 24 dBm，则耦合度 = A − C = 30 − 24 = 6 dB，所以此耦合器为 6 dB 耦合器。实际耦合度可能在 5.5～6.5 之间波动。

功率损耗：分为耦合损耗和插入损耗(简称插损)。

耦合损耗：理想的耦合器输入信号为 A，耦合一部分到 B，则输出端口 C 必定就要有所减少。

计算方法：将所有端口的“dBm”功率转换成以“毫瓦”为单位表示，比如 A 输入端的功率原来是 30 dBm，转换成“毫瓦”是 1000 mW，而耦合端的输出是 25.5 dBm (先假设用的是 6 dB 耦合器，并且 6 dB 耦合器的实际耦合度是 6.5 dB)，将 25.5 dBm 转换成毫瓦是 316.23 mW。再假设此耦合器没有其它损耗，那么剩下的功率应该是 1000－316.23 = 683.77 mW，全部由输出端输出。将 683.77 mW 转换成“dBm”，即为 28.349，则耦合器的耦合损耗 = 输入端的功率(dBm) − 输出端的功率(dBm) = 30 dBm − 28.349 dBm = 1.651 dB，这个值指的是耦合器没有额外损耗(器件损耗)的情况下的耦合损耗。

插入损耗：指的是信号经过耦合器至输出端出来的功率减小的值再减去耦合损耗所得的数值。

计算方法：以 6 dB 耦合器为例，在实际测试中假设输入 A 是 30 dBm，耦合度实测是 6.5 dB，输出端的理想值是 28.349 dBm，再实测输出端的信号，假设是 27.849 dBm，那么插损＝理论输出功率－实测输出功率 = 28.349 − 27.849 = 0.5 dB；

隔离度：指的是输出端口和耦合端口之间的隔离；一般此指标仅用于衡量微带耦合器。并且根据耦合度的不同而不同：如：耦合度为 5～10 dB 耦合器要求隔离度为 18～23 dB，耦合度为 15 dB 的耦合器要求隔离度为 20～25 dB，耦合度为 20 dB(含以上)耦合器要求隔

离度为 25～30 dB。腔体耦合器的隔离度非常好所以没有此指标要求。

计算方法：当输入端接匹配负载时，将信号由输出端输入，则耦合端减小的量即为隔离度。

方向性：输出端口和耦合端口之间的隔离度的值再减去耦合度的值所得的值，即：方向性＝隔离度－耦合度。由于微带的方向性随着耦合度的增加逐渐减小，最后 30 dB 以上基本没有方向性，所以微带耦合器没有此指标要求。腔体耦合器的方向性一般在频率为 1700～2200 MHz 时为 17～19 dB，在 824～960 MHz 时为 18～22 dB。

例如，6 dB 的隔离度是 38 dB，耦合度实测是 6.5 dB，则方向性＝隔离度－耦合度＝38－6.5＝31.5 dB。

驻波比：输入/输出端口的匹配情况，各端口一般要求为 1.2～1.4。

功率容限：可以在此耦合器上长期(不损坏的)通过的最大工作功率容限，一般微带耦合器为 30～70 W 平均功率，腔体的则为 100～200 W 平均功率。在耦合器上标注的功率同样是指输入端口的最大输入功率，输出口和耦合端口不能用标注的最大功率输入。

频率范围：一般标称为 800～2200 MHz，实际上要求的频段是 824～960 MHz 加上 1710～2200 MHz，中间频段不可用。有些功分器还存在 800～2000 MHz 和 800～2500 MHz 频段。

带内平坦度：在整个可用频段，耦合度的最大值和最小值之间的差值。

基站耦合器：是耦合器中特殊的一种，主要用在耦合基站信号的时候，如图 4-10 所示。

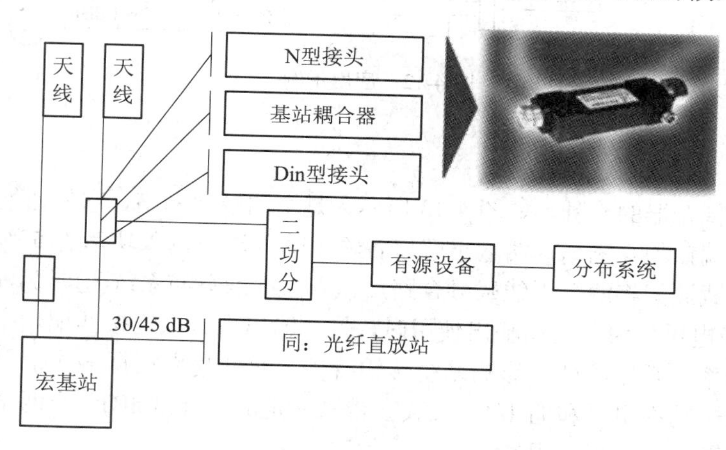

图 4-10　基站耦合器

可以看出基站耦合器比一般耦合器的功率大、插损小，而在接头上它的三个口分别为 L29J、L29K 和 NK，而普通的耦合器三个口均为 NK。

3．应用示例

以 10dB 耦合器为例，假设输入为 20 dBm，插入损耗为 0.7 dB，则根据耦合器的耦合端输出计算公式：耦合端输出＝输入－耦合度，可得耦合端输出为 10 dBm，根据耦合器直通端输出计算公式：直通端输出＝输入－插入损耗，可得直通端输出为 19.3 dBm，如图 4-11 所示。

练习：如图 4-12 所示，输入为 18.5 dBm，二功分器插入损耗为 0.5 dB，三功分器插入

损耗为 0.7 dB，耦合器耦合度为 5 dB，耦合器损耗为 2.5 dB，线路损耗见标注，计算每个天线处的功率大小。

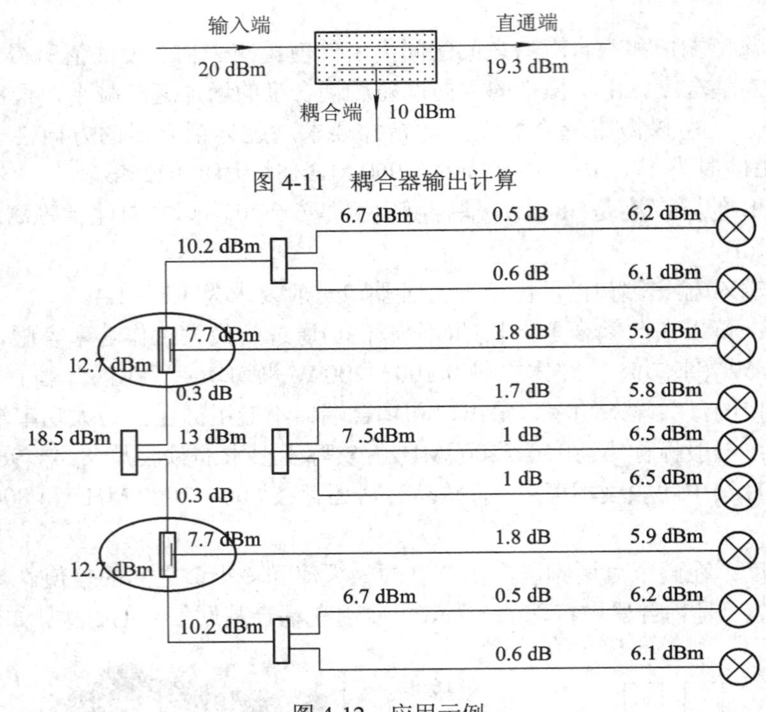

图 4-11　耦合器输出计算

图 4-12　应用示例

三、电桥

电桥是定向耦合器的一种，如图 4-13 所示，是个四端口网络，它的特性是两口输入两口输出。两输入端口相互隔离，两输出端口各输出输入端口输入功率的 50%。其作用是，在同频段内不同载波间将两个无线载频合路后馈入天线或分布系统(通常为 Rx 和 Tx)，如图 4-14 所示。当电桥作为单端口输出使用时，另一输出端必须连接匹配功率负载，以吸收该端口的输出功率，否则将严重影响系统传输特性。负载功率根据输入信号的功率来定，不能小于两个信号功率电平和的 1/2。负载会带来一定的损耗(3 dB)。当两个输出端口都要用到时，就不需要负载，也无损耗。

图 4-13　电桥实物图

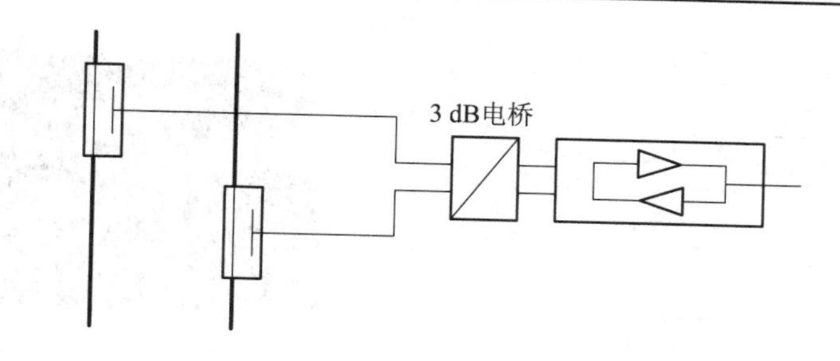

图 4-14　电桥在室内分布系统中

电桥技术指标见表 4-4。

表 4-4　电桥技术指标(典型值)

参　数	指　标
工作频段	800～2500 MHz
插入损耗	<0.5 dB
隔离度	>25 dB
互调损耗	−110 dBm
回波损耗	20 dB
接口阻抗	50 Ω
驻波比	≤1.3
功率容量	100 W
接口形式	N 型阴头 N-Female

由于电路和加工装配上的离散性，电桥耦合器输入端口的隔离度比较低，不建议应用在不同频段间的合路。异频合路时建议选用双工 / 多工合路器以改善系统的性能指标，增加可靠性。

四、合路器

在介绍合路器前，先介绍下滤波器的概念。滤波器是一种双端口网络，它最基本的应用就是抑制不需要的频率信号，让需要的频率信号通过，起频率选择的作用。在实际应用中，把两个或两个以上的滤波器组合到一起，就成了双工器或合路器，如图 4-15 所示。

无源器件合路功能应用对比

合路器是由多个滤波器组成的单元，是多端口网络，所有端口均为输入/输出双功能端口。合路器的电性能指标和滤波器指标基本相同。

合路器将来自收发系统的多个信号源如 GSM、CDMA、DCS 等经过合路器合路输出。合路器至少有两个输入口和一个输出口，输入口分别用于不同频段信号的输入，可将多路输入信号合成后由输出口输出。它还具有相反工作模式。它的特点是合分路损耗小、频段间抑制度高、功率容量大、温度稳定性好等特点。合路器分为同频合路器和异频合路器两种。

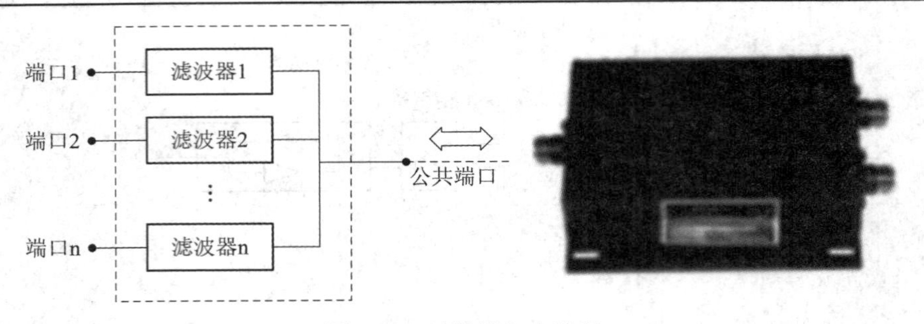

图 4-15　滤波器与合路器

五、衰减器

衰减器是由电阻元件组成的二端网络。在相当宽的频段范围内其相移为零，衰减和特性阻抗均与频率无关，用于直放站输入端，控制直放站输入信号强度在正常范围内，以免输入过大，造成直放站前级拥塞。同时，衰减器可以让直放站工作在高增益状态下，以获得更好的噪声系数表现。衰减器还可以用于干线放大器输入前端。

衰减器可以分为两种类型：固定的和可变的。通常工程上多采用固定衰减器。目前多采用的有 5 dB、10 dB、15 dB、20 dB、30 dB、40 dB 等。衰减器最重要的指标是衰减大小、功率容量大小等，如表 4-5 所示。需要注意的是，输入信号功率小于衰减器的功率容量。

表 4-5　衰减器技术指标

型号	6 dB、10 dB、15 dB、20 dB、30 dB	30 dB、50 dB
示意图		
插入损耗	6 ± 0.5；10 ± 0.8；15 ± 1.0；20 ± 1.0；30 ± 1.0	30 ± 1.0；50 ± 1.0
频率范围	800～2500 MHz	800～2500 MHz
回波损耗	≥20 dB	≥20 dB
功率容量	2 W，峰值功率 0.5 kW	50 W max
温度范围	−40～+70	−40～+70
端口类型	N 型	N 型
尺寸	20 mm × 50 mm	80 mm × 52 mm × 52 mm

负载是一种特殊的衰减器，其衰减度为无限大。终端在某一电路或电器输出端口，接收电功率的元器件、部件或装置统称为负载。负载的作用，一是防止驻波告警，二是防止驻波烧毁功放。负载一般功率有 2W、50W 几种类型，其主要性能指标如表 4-6 所示。

表 4-6　负载技术指标

项　目	负载 1 性能指标	负载 2 性能指标
负载示意图		
频率范围	800～2500 MHz	800～2500 MHz
回波损耗	≥20 dB	≥20 dB
功率容量	2W max	50 W max
温度范围	−40～+70	−40～+70
端口类型	N 型	N 型
尺寸	23 mm × 23 mm × 31 mm	80 mm × 52 mm × 52 mm
应用场合	室内分布系统具备开通条件，而局部地方暂时不具备施工条件和开通条件时，需要用负载封堵预留功率	50 W 负载用于 CDMA 室内覆盖基站在一定场景下的封堵

六、接头

1. 馈线接头

馈线与器件、设备以及不同类型线缆之间一般采用可拆卸的射频连接器进行连接。连接器俗称接头。

常见的射频连接器有 DIN 型连接器、N 型连接器、BNC/TNC 连接器、SMA 连接器、反型连接器等，DIN 型连接器一般用于宏基站射频输出口。连接器可分为阴头和阳头，阴头用 K 表示，阳头用 J 表示。如图 4-16 所示。

DIN 型连接器一般用于宏基站射频输出口。

7/16-K7/8

7/16-K5/4

7/16-J7/8

7/16-J1/2

图 4-16　DIN 连接器示意图

N 型连接器是室内分布中应用最为广泛的一种连接器，具备良好的力学性能，可以配合大部分的馈线使用。馈线和器件相连，接头按馈线的线径分为 7/8 接头和 1/2 接头(常用)。7/8 接头一端比另一端明显大，大的那一端是接 7/8 馈线，而小的一端接各种器件(比如功分器)。1/2 接头两端一样大，哪端接 1/2 馈线或各种器件则要看接头内部的形状。如图 4-17 所示的一端为接 1/2 馈线。

图 4-17 N 型连接器示意图

2. 转换头

连接器与连接器之间的连接头，对连接器起转接作用。常见的有双阳头、双阴头、直角转接头等，如图 4-18 所示。

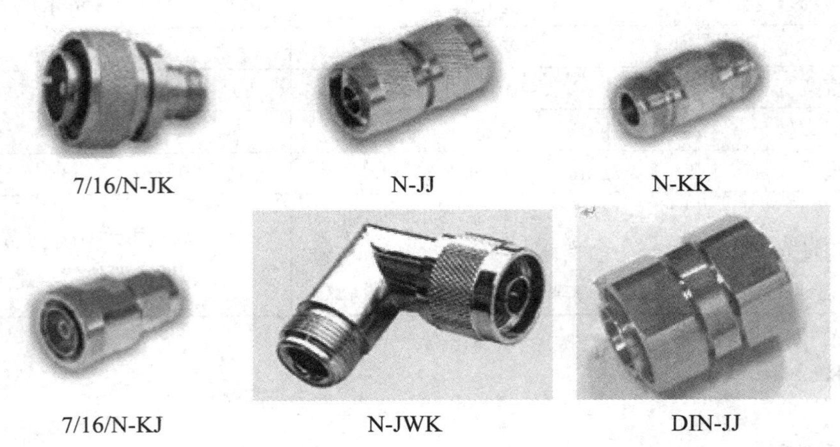

图 4-18 转换头示意图

L 型直角弯头使用时可代替不足 1 m 长的跳线，以避免出现馈线弯曲半径不够的问题。N-JJ(双阳)代替不足 0.5 m 长的跳线，作为连接器使用。N-KK(双阴)的使用比较特殊。当工程施工过程中一根长馈线预留长度不够，需要接续时，可以采用双阴头接续两根馈线。部分连接器和接头参数见表 4-7。

表 4-7 部分连接器和接头参数表

连接头类型	N 型						DIN 型
	10D	1/2	7/8	N-JJ	N-KK	N-JWK	7/8
特性阻抗/Ω	50±2	50±2	50±2	50±2	50±2	50±2	50±2
额定工作电压/V	>500	>1400	>2100	>1400	>1400	>1400	>2700
使用频率范围	0～3 GHz	0～7 GHz	0～7 GHz	0～7 GHz	0～7 GHz	0～7 GHz	0～7 GHz
屏蔽效力/dB	≥100	≥100	≥100	≥100	≥100	≥100	≥100
接触电阻/mΩ	≤2.5	≤2	≤1.2	≤2	≤2	≤2	≤0.4
三阶交调/dBc	<150	<150	<150	<150	<150	<150	<150
绝缘电阻/kMΩ	≥5	≥5	≥5	≥5	≥5	≥5	≥10
耐压/(kV/50 Hz)	≥1.5	≥1.5	≥1.5	≥1.5	≥1.5	≥1.5	≥1.5
驻波比(2 GHz)	1.1	1.1	1.1	1.1	1.1	1.1	1.1
机械寿命/次	>1000	>1000	>1000	>1000	>1000	>1000	>1000

七、天线

1．室分常见天线

室内分布系统中天线主要分为施主天线以及重发天线。施主天线指的是为室分系统提供信号的天线，主要有八木天线以及抛物面天线；重发天线顾名思义就是室分系统中信源取得信号后进行覆盖的天线。常见的重发天线包括吸顶天线、定向壁挂天线、对数周期天线、室外板状天线，如图 4-19 所示。

八木天线多用于无线宽频直放站或无线移频直放站，另外早期的室分系统中，也有使用八木天线进行电梯覆盖的实例，如抛物面天线多用于移频直放站、全向吸顶天线多用于楼层内覆盖、定向壁挂天线与对数周期天线多用于电梯覆盖、室外板状天线多用于小区覆盖。

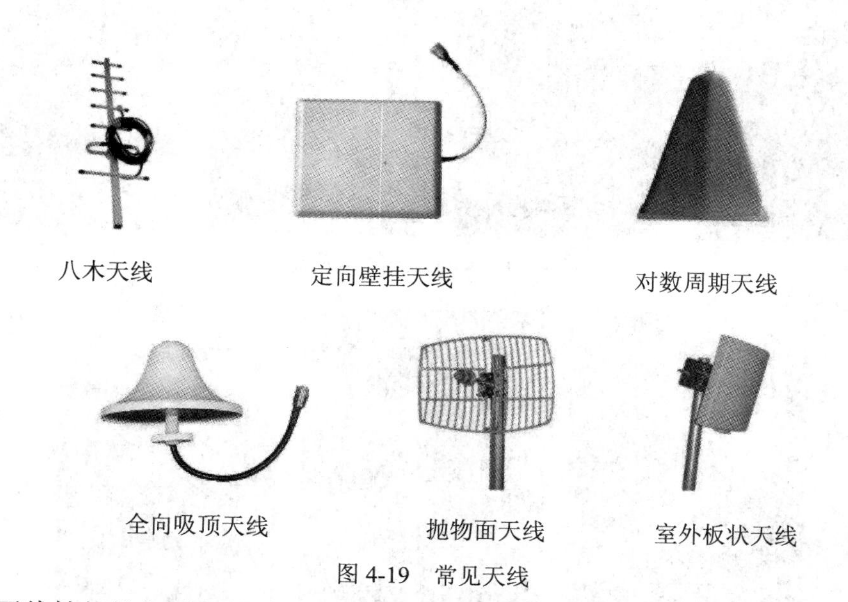

图 4-19　常见天线

表征天线性能的主要参数有增益、驻波比、极化方式、方向图等。天线的驻波比一般要求小于 1.5，但实际应用中应小于 1.2。天线的极化方式指天线辐射时形成的电场强度方向，场强方向垂直于地面时称为垂直极化天线，场强方向平行于地面时称为水平极化天线，目前使用的天线多为双极化天线或者垂直极化天线。天线增益是用来衡量天线朝某个特定方向收发信号的指标，全向吸顶天线增益为 3 dBi 左右，定向壁挂天线增益一般为 7 dBi，对数周期天线增益约为 7 dBi，室外定向天线增益在 12 dBi 左右，八木天线增益约为 10 dBi，抛物面天线增益在 20 dBi 左右。天线的波瓣宽度指的是天线的辐射图中低于峰值功率 3 dB 处所形成的夹角宽度。一般情况下波瓣宽度越小，增益越大。

2．美化天线

如今，人们对周围未隐藏的天线十分敏感，给天线的选用和选址带来了很多困难。此时，应运而生的室外覆盖美化天线快速而有效地解决了天线的选择难题。美化天线外观多样，功能强，可通过“度身定制”起到真正意义上的美化和隐蔽作用。室外分布美化天线

种类繁多，此类天线可以将外形制作成小区内任意一件公用设施。室外分布天线主要分为以下七类：

- 草坪灯灯型美化天线，如图 4-20 所示；
- 路灯型美化天线，如图 4-21 所示；
- 变色龙型美化天线，如图 4-22 所示；
- 标识牌型美化天线，如图 4-23 所示；
- 假石型美化天线，如图 4-24 所示；
- 空调型美化天线，如图 4-25 所示；
- 仿真树型美化天线，如图 4-26 所示。

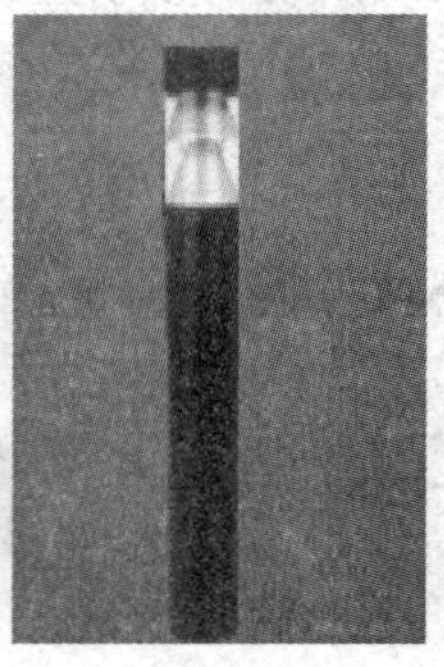

图 4-20　草坪灯型美化天线

图 4-21　路灯型美化天线

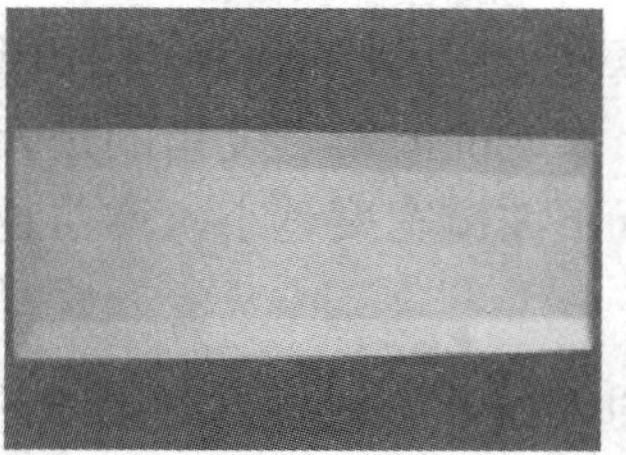

图 4-22　变色龙型美化天线

图 4-23　标识牌型美化天线

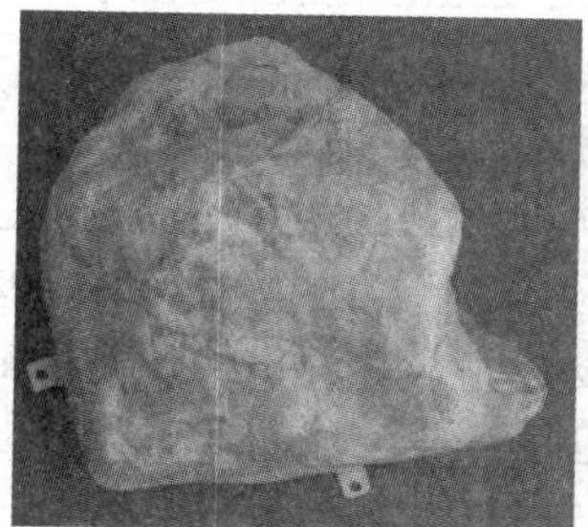

图 4-24　假石型美化天线

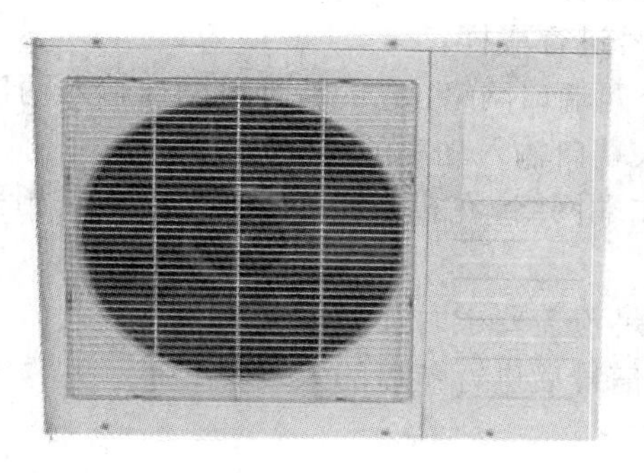

图 4-25　空调型美化天线

图 4-26　仿真树型美化天线

过 关 训 练

一、填空题

1. ________属于同频放大设备，是指在无线通信传输过程中起到信号增强的一种无线电发射中转设备。

2. 直放站按使用场合分为________和________。

3. 直放站按传输方式分为________、________和________。

4. 直放站按选频方式分为________和________。

5. 直放站按基站耦合方式分为________和________。

6. 下行低噪放具有________及________自动控制功能。

7. 下行功放具有________及________自动控制功能。

8. 光纤直放站的应用方式包括________和________两种。

9. ________是一种将一路输入信号能量分成两路或多路输出相等能量的器件，也可反过来将多路信号能量合成一路输出，此时也可称为________。

10. ________常用于对规定流向微波信号进行取样。

11. ________是定向耦合器的一种，是个四端口网络，它的特性是两口输入两口输出，两输入端口相互隔离，两输出端口各输出输入端口输入功率的 50%。

12. ________是一种由电阻元件组成的二端网络，在相当宽的频段范围内其相移为零，衰减和特性阻抗均与频率无关。

13. ________就是在功率变低而不能满足覆盖要求时加的信号放大设备。

14. ________就是室分系统中信源取得信号后进行覆盖的天线。

二、简答题

1. 简述构建移动通信室内覆盖工程的主要流程。

2. 直放站有哪些优点和缺点？

3. 无线直放站主要应用于什么场景？

4. 试列举室内分布系统中有哪些常用的无源器件。

5. 表征天线性能的主要参数有哪些？

6. LTE 的室分系统设计的主要覆盖指标有哪些？

过关训练解答

模块五　移动通信室内覆盖工程勘察

【内容简介】

本模块介绍移动通信室内覆盖工程的勘察，包括室内覆盖工程勘察的主要流程、勘察前的准备工作、勘察所需要的工具、具体的勘察内容及注意事项等。

【重点难点】

重点掌握勘察的主要流程、具体的勘察内容及注意事项。

【学习要求】

(1) 识记：移动通信室内覆盖工程勘察的基本概念及流程、室内施工条件勘察及无线环境勘察的基本方法、室内模拟场强测试分类。

(2) 领会：移动通信室内覆盖工程勘察的准备工作、勘察过程中的注意事项、室内模拟场强测试分类。

任务 1　移动通信室内覆盖工程勘察准备

【学习要求】

(1) 识记：移动通信室内覆盖工程勘察的基本概念及流程。
(2) 领会：移动通信室内覆盖工程勘察的准备工作。

现场勘察是室内覆盖设计至关重要的环节，勘察的目的是调查、了解所要覆盖的物业周边的环境、信号等现场情况，进行必要的测试，从而确定工程方案、覆盖方式等。该项工作的质量的好坏将直接影响到室内覆盖系统的设计质量，因此工作应力求勘测周到、记录详细、图纸和数据完整、有多视角照片等，以便后续工作的开展。

一、工程勘察概述

工程勘察是指在合同签订之后对工程现场的勘察，包括调查该站点的覆盖情况、内部和周围环境以及用户和业务的需求情况，明确建设分布系统的必要性和可行性以及初步的覆盖方案。室内覆盖勘测给规划设计提供现实的依据，也可以为建设施工提供必要的参考。

室内覆盖工程勘测主要包括两方面的内容：一是对施工条件的勘测，二是对无线环境的勘测。

对施工条件的勘测主要是要摸清目标覆盖楼宇的建筑结构，以指导信源、射频器件、天线和馈线的安装布放。

对无线环境的勘测主要是要摸清室内、室外已有电磁信号的情况，并对可能影响覆盖性能、容量特性、信号质量的各种因素进行调查，为规划设计提供基础资料。

二、工程勘察的主要流程

工程勘察的流程介绍

移动通信室内覆盖工程勘查的主要步骤如下：

1．勘察准备工作

接到合同后，制定《工程勘察任务书》，对整个勘察任务进行审核，确定勘察人员、制定勘查计划、准备勘查工具。

2．初步勘察

初勘的主要工作内容是现场收集目标场所的网络覆盖现状、用户需求、工程建设与配套条件等信息，并对室内覆盖工程建设的区域、采用何种类型的信号分布方式及信源等关键问题做出初步判断，目的在于为决策是否需要建设室内覆盖提供基础。

初勘工作由建设单位组织和安排，由设计单位和集成单位负责勘察测试。建设单位需提前做好物业协调，设计单位和集成单位提前收集相关信息，根据需要可提前完成现有网络测试供初勘时复测验证。为便于初审，初勘时应填写室内覆盖记录表，并根据需要以照片等形式辅助记录。

3．初审

初审的主要工作内容是对初勘信息进行分析，根据建设需求方的需求和室内覆盖工程建设的目标，判断所勘察的场所是否需要建设室内覆盖以及确定室内覆盖的区域。

初审工作主要由建设单位负责，根据需要组织需求方参与、设计单位配合。初审结果应尽快通知室分集成单位和设计单位。如果初审结果为建设室内覆盖工程，应立即展开详细勘察和方案设计。

4．详细勘察

详细勘察也称为精勘，主要工作内容是对室内覆盖工程建设现场进行详细的勘察，结合勘察情况和物业协调情况，确定信源的安装布放、分布式天线和设备器件的安装布放、主干路由的走向等。为了合理确定天线的布放方案，应根据需要选择典型场景展开模拟测试。根据专业分工，精勘内容对于分布系统、信源两个部分有不同的要求，同时还需要监理单位对勘察质量进行把控。

(1) 分布系统的详细勘察包括以下内容：

- 采集、整理目标场景的建筑图纸。
- 了解物业要求和用户分布。
- 进行必要的模拟测试。
- 落实天线、分布系统设备器件、馈线的安装设计。
- 编制站点勘测报告和除特殊、重要的复杂场景外的楼宇的室内分布系统方案设计。
- 根据各地分工情况，一并完成建筑物内部(含建筑物附属的室外区域)的传输线布放勘察。

(2) 信源的勘察和安装设计包括以下内容：

• 根据用户需求和容量预测结果，结合覆盖预算和周边无线环境，确定信源的设备类型。

• 勘察信源设备安装场地，完成信源设备的安装布放设计；对于无线直放站，需要同时完成施主天线的安装布放设计。

• 了解信源设备安装的配套条件，落实信源设备的引电、接地、传输接入方案。

• 根据信源设备要求和现场条件，确定所需的空调、监控等配套方案。

(3) 勘察的监理要求包括以下内容：

• 设计查勘的监理，监理单位需深入了解现场，检查室内覆盖工程查看结果与现场的一致性，尤其是建筑图纸尺寸的准确性。

5. 勘察结果分析

勘察时就需注意分布系统覆盖规划方案的合理性，如天线位置的合理布放、天线口功率的合理设置、尽可能少用有源设备等。通过 DT 完成详细的数据采集后，应进行详细分析，列出详细的信号场强、通话质量分析等关键指标，以便于后期根据实际的信号覆盖情况，有针对性地进行方案设计规划。

6. 提交勘察报告

勘察报告是对整个勘查工作的总结，对后续的设计和施工有很好的指导作用，勘察报告中主要需写明本次室内覆盖工程的背景和工程环境、覆盖区域的情况、电磁环境情况、主要的设计建议、主设备安装位置建议等。

移动通信室内覆盖工程的勘察流程，如图 5-1 所示。

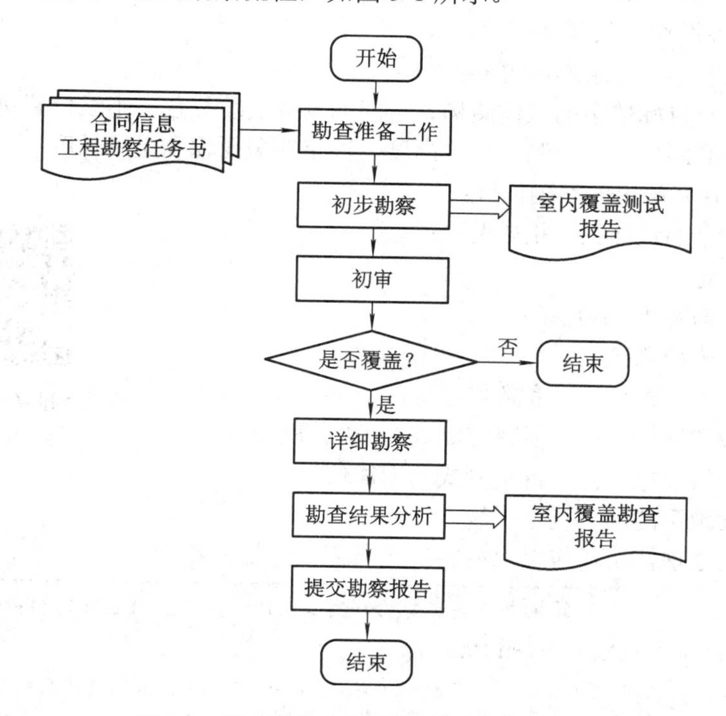

图 5-1　移动通信室内覆盖工程勘察流程图

三、工程勘察准备工作

当工程师被指定负责一个工程的勘察后，该工程师就是该工程勘察的责任人。工程勘察的责任人在现场勘察之前必须做好充分的准备工作，具体如下所述。

1. 工程信息准备

工程勘察负责人应和项目组取得联系，根据需要确定是否召开勘察协调会，并获取本次工程的合同信息、工程计划、现场准备情况等。合同信息体现在合同清单、工程责任界面、组网图、技术建议书中，包含本次工程的规模、产品配置情况、工程责任界面等。工程计划由项目组和客户根据整个工程要求协商制定，工程勘察计划中的进度和安排应尽量配合工程计划。工程勘察联络单中包含现场情况的基本信息，要确认现场勘察条件、客户人员和车辆配合以及本次勘察中需要的例外工作等。

2. 资料准备

资料准备工作包括：

- 收集好勘察所需资料和数据，其中包含项目进程及进度安排信息等；
- 了解物业的地理位置和基本类型；
- 了解物业的覆盖要求，如覆盖范围及覆盖等级等；
- 了解物业周围基站的分布情况、位置情况和传输资源；

从项目管理员处获得室内勘测工具检查表、勘测记录表、室内覆盖测试软件等。

3. 工具准备

工程勘察需要的工具可分为施工条件勘测工具和无线环境勘测工具。

(1) 施工条件勘测工具包括：

勘测记录表和笔：记录勘测内容；

数码相机：对目标楼宇的整体结构、可能的设备安装位置、走线位置进行拍摄；

卷尺或激光测距仪：用来测量楼层高度、楼宇覆盖面积和走线长度；

GPS：确定目标楼宇的准确位置；

目标楼宇的平面设计图：指导勘测；

指南针：确定方向。

(2) 无线环境勘测工具包括：

吸顶天线：模拟测试天线；

便携式计算机：模拟测试和数据存储；

模拟信号源和连接线：发射特定制式的无线信号；

测试手机和接收机：接收特定制式的无线信号；

扫频仪：发现可能的干扰电磁波。

室内勘察准备——激光测距仪

在室内勘测之前，可以按以上内容检查所需工具是否齐全。

知识小拓展： 1. 便携式计算机中应提前安装好测试软件，包括室内已有的和拟建的无线制式(如GSM、TD-SCDMA或WCDMA等)测试软件。

2. 由于GPS定位仪很耗电，所以不用时可以关掉。GPS定位仪测试高度信息的精度受接收卫星的数量影响较大，使用时需等待数据显示稳定后再记录。

任务 2　移动通信室内覆盖工程勘察方法

【学习要求】

(1) 识记：室内施工条件勘察及无线环境勘察的基本方法。
(2) 领会：勘察过程中的注意事项。

在勘察阶段应对站点的情况做充分的了解，测试站点的无线网络环境并形成勘察报告，从而为科学合理地规划设计以及指导实际施工建设提供必要的现实参考依据和充足的数据支撑。

勘查工作主要基于室内施工条件勘察和无线环境勘察。其中施工条件勘察的主要是为了能够充分了解目标建筑物环境结构，有效地指导相关设备及器件的安装布放。而无线环境勘察的目的在于掌握区域内的一些影响信号覆盖质量以及信号传播等的相关参数，为规划设计提供准确客观的参考数据。

一、室内施工条件勘察

对于室内施工条件勘察，首先需确认勘察工作已得到客户和业主的许可。勘察过程中需充分了解勘测点周围情况，同时需向业主、用户索取建筑的平面图以及相关地形、结构资料(如楼宇层数、高度、面积、功能区分布等)，若业主最终无法提供，勘测人员必须自行绘制详尽的平面图或立面图，并用相机拍摄建筑物的内部环境。

1．建筑物施工环境勘察

对照建筑物的设计平面图(如图 5-2 所示)，结合现场勘查，清晰描述对设计、施工影响较大的室内覆盖的特点，包括建筑物的作用、地理位置、楼宇高度、层数和覆盖面积等。勘察过程中，还需记录楼宇周边的宏基站数量、位置、距离，注意周边有无强磁、强电、强腐蚀性物体及其可能产生的影响，该覆盖区域内是否具备传输资源及供电条件等。

如果建筑物内部分为不同的功能区，需要分功能区记录用户数量及常用的业务类型。若覆盖区域为多个楼宇组成的建筑群，需要清晰描述各楼宇之间的相对位置、距离(如图 5-3 所示)。

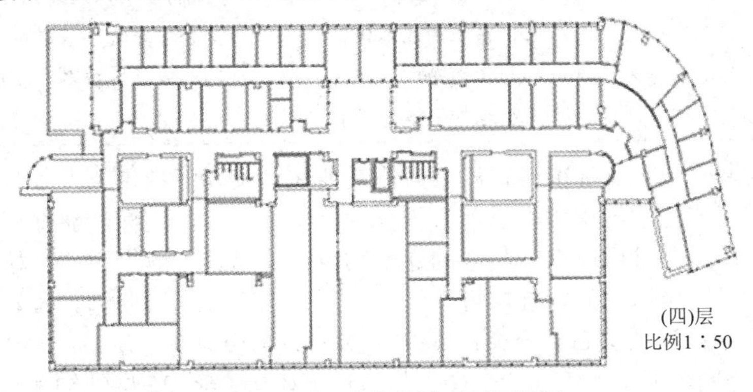

图 5-2　建筑物的设计平面图举例

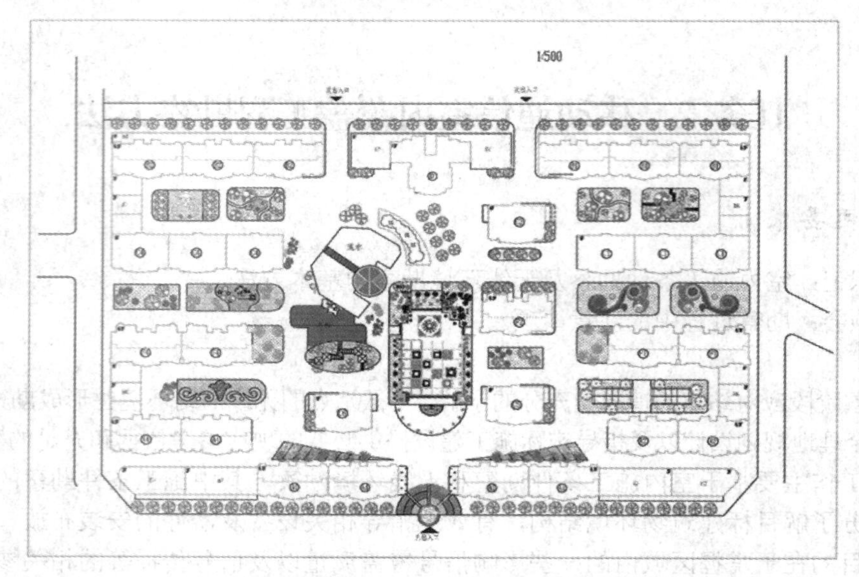

图 5-3　建筑群的平面图举例

2. 室内施工条件勘察

室内勘查主要是为室内覆盖系统的规划设计做好信息搜集工作，需要对建筑物内部条件进行全面的调查并积极与物业交流，施工条件勘察的主要内容有：

- 了解室内环境，初步确定天线安装位置及覆盖半径。
- 了解天花板上方结构，能否穿线缆，确定馈线布放路由。
- 了解弱电井的位置、数量，走线位置的空余空间。
- 电梯间的位置和数量，电梯间缆线进出口位置，以及电梯间共井情况、停靠区间、通达楼层高度和用途。
- 确定内墙/楼板/天花板的建筑材料/厚度，估算穿透损耗。
- 确定机房或者信源安装位置、传输和电源资源。
- 了解各楼层用途及估计各楼层用户数。
- 了解大楼防雷接地点的位置、接地电阻值、接地网位置图、接地点位置图等。

知识小拓展：选择什么样的机房，取决于与物业协调的情况、运营商的要求以及现场勘测的实际情况。比较重要的楼宇可以选择专用机房，但机房租用成本较高；一般的室分信源常安装在电梯机房、弱电井当中，其成本相对专用机房来说低一些，但由于电梯机房、弱电井的其他设备较多，有时安装不方便；小型信源设备无需专用机房，可以选择在地下停车场或者楼梯间进行安装。

为保证室内勘察记录更加准确，勘察人员需要在勘察期间拍摄照片以备后续查看。在室内拍摄照片时应该注意，拍照之前首先需要选择特征楼层，这样能够保证以较高的效率完成照片拍摄工作，并且可以提供足够的建筑物特征信息。一般来说，大楼的裙楼部分需要单独逐层勘测，裙楼以上的标准层可按高中低层分别进行选层勘测。假设目标大楼共有25 层，按照建筑结构和楼层布局分类：其中 1 层(假设裙楼只有 1 层)为一个特征楼层；2～5 层结构和布局相同，可从中任选一个楼层作为特征楼层；6～25 层结构和布局相同，可从中任选一个楼层作为特征楼层。

选定了特征楼层以后，开始进行室内拍摄，每个特征楼层内需要拍摄的照片数量满足以下要求：

高层建筑中的特征楼层

- 体现楼层平面布局，2～4 张照片；
- 体现天花板结构特征，1～2 张照片；
- 候选的天线架设位置，1～2 张照片；
- 体现外墙与窗户特征，1～2 张照片；
- 体现走廊与电梯间特征，1～2 张照片；
- 异常的结构(如大的金属物件)和设备房间(可能的干扰源)，1～2 张照片；
- 最后到室外，拍摄大楼的全景以体现全楼的外形轮廓，1～2 张照片；
- 主设备安装环境，防潮通风，防电磁，1～2 张照片；

图 5-4、图 5-5、图 5-6 为室内拍摄照片举例。

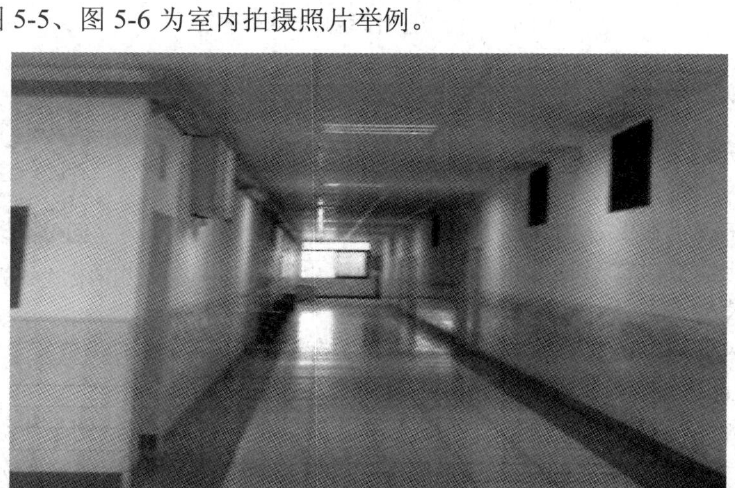

图 5-4　室内拍摄照片举例(走廊)

图 5-5　室内拍摄照片举例(天花板)

图 5-6　拍摄照片举例(建筑物全景)

二、无线环境勘察

使用网优先锋测试无线环境

无线环境勘察是指在物业的室内覆盖系统建设前，测试调查物业的网络覆盖状况、性能指标和干扰情况等，发现问题，以便在该物业的室内覆盖系统设计中解决问题或减弱干扰，因此勘察时需对物业内部和周边的以下内容进行仔细勘查记录：

竞争对方网络是否已建有室内覆盖系统，支持制式、信源类别和位置，分布系统种类、覆盖区域、覆盖面积，WLAN 频点等；

测试本方网络覆盖性能，测试路由应尽量选择沿楼宇外边缘(特别是主要出入通道：门厅出入口、车库出入口)或沿楼层中部走廊、楼梯、电梯以及根据大楼实际分割可能的弱信号区；

识别室外覆盖主服务小区名称，为与新建室内覆盖系统小区互配邻区关系；

了解物业动静态人群数量和结构及其区域分布、手机拥有率、三大运营商市场占比、用户业务规模等。

对于无线环境勘测而言，在室内环境中采用步测的方式进行慢速的沿路测试，如图 5-7 所示。

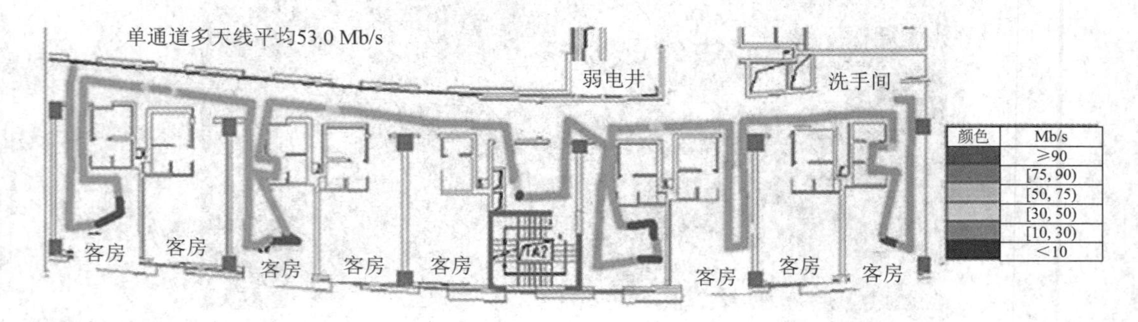

图 5-7　室内步测示意图

在进行无线环境测试时必须注意以下事项：

• 测试手机距地面 1.5 m 左右。

• 对建筑结构非标准楼层每层必测，标准层每 5～8 层间隔测一层，均需给出路测轨迹图。

• 所选楼层一定要全部扫频测试，已确信脱网的区域(如电梯、地下停车场等)不用扫频测试。

在设计文件中要给出路测分析结果和测试的记录文件，提供各种参数的统计图表，如表 5-1 所示。

表 5-1　步测结果分析表示例

	指标：Rx			
区间/dBm	样本数	比例	累计样本数	累计比例
[−105，−95)	0	0.0%	0	0.0%
[−95，−80)	395	41.4%	395	41.4%
[−80，−70)	557	58.3%	952	99.7%
[−70，−60)	3	0.3%	955	100.0%
[−60，−25)	0	0.0%	955	100.0%
≥−25	0	0.0%	955	100.0%
合计样本数	955		Rx 均值	−79.254
最大值	−68.287		最小值	−94.182

2G、3G 无线环境勘察的数据主要有以下内容：

(1) 覆盖水平：明确室外基站进入室内的信号强度、数量，盲区范围及接收电平值。

(2) 干扰水平：明确是否存在系统内外电磁干扰及其区域范围；计算 E_c / I_o、BLER(WCDMA)、C / I(TD-SCDMA、GSM)等参数值。

(3) 切换情况：明确乒乓效应区域、相邻小区载频号、电平值。

(4) 参数：明确 Cell ID、LAC、BSIC(GSM)、是否开跳频及跳频方式(GSM)、扰码 SC 值(TD-SCDMA、GSM)等参数。

(5) PI 指标：统计接通率、掉话率、切换成功率和通话等级等。

知识小拓展： 对于 WLAN 的室内覆盖设计，勘察时要重点测试是否存在蓝牙设备、微波炉、无绳电话和无线摄像头等使用 2400 MHz 公用频段的设备对 WLAN 的干扰。

任务 3　室内模拟场强测试

【学习要求】

(1) 识记：室内模拟场强测试分类。

(2) 领会：选位测试的具体方法。

不同的场景对天线信号的阻挡和衍射是不同的。室内模拟场强测试是通过模拟信号源来模拟天线发射场强，虚拟出开通后的效果。这样可以更好地确定天线的最大覆盖半径及边缘场强，从而确定天线点位及天线间距。室内模拟测试是在初步完成天线挂点的设计方案后，在没有建设施工前，进行的设计效果模拟测试，其目的是模拟出按照某一设计方案进行建设开通后的覆盖效果。

在模拟测试之前，需要准备定向吸顶天线、宽频射灯天线(3G、WLAN)、安装好路测软件的便携式计算机、测试手机和信号源发生器。室内模拟场强测试的信号源可以使用 CW 测试的信号源，输出功率在 5 dBm 左右，选择与室内覆盖信号相近的频点。室内模拟测试设备的连接如图 5-8 所示。

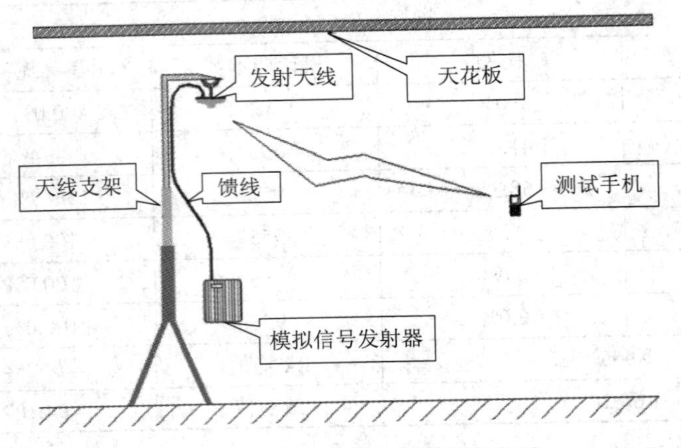

图 5-8　室内模拟测试设备连接示意图

信号发生器

室内模拟场强测试有定位测试、选位测试和样板测试三种。

(1) 定位测试。模拟发射天线放置在设计位置时，通过调整天线的发射功率，测试多个区域的场强、确定天线的设计功率。

定位测试示意图如图 5-9 所示，将模拟发射天线放置在预设位置上，测试模拟发射天线覆盖区域内多点的场强，以判断在该处放置天线是否合适。图中各点接收信号强度如表 5-2 所示。根据数据业务的速率和室内业务留在室内蜂窝的原则，边缘覆盖电平取−72 dBm，经分析，除距离最远的 A 点可能不满足覆盖需求外，其余各点均在模拟发射天线的覆盖范围内。

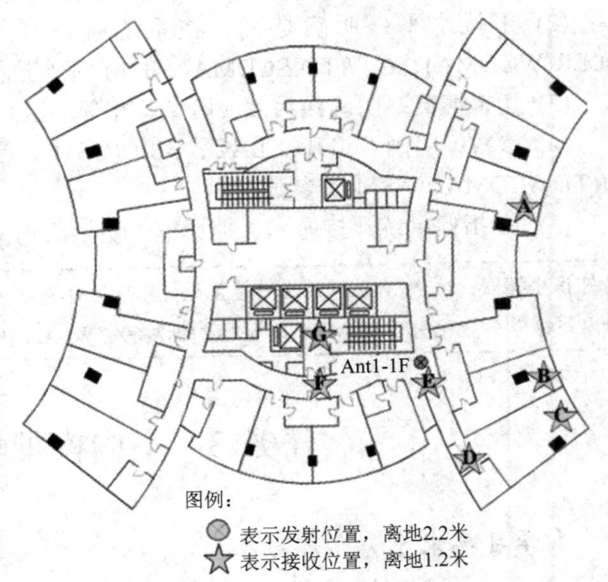

图 5-9　定位测试示意图

表 5-2　定位测试中各测试点的信号强度

测试点	距发射点距离/M	接收场强/dBm	
		2G 信号 (发射功率：2 dBm)	2G 信号 (发射功率：7 dBm)
A(室内靠窗边)	27	−83	−81
B(室内靠窗边)	10	−72	−70
C(室内靠窗边)	12	−74	−72
D(室内靠门口)	5	−61	−58
E(发射天线下)	1	−34	−32
F(室外门口处)	11	−61	−59
G(电梯厅)	16	−72	−71

(2) 选位测试。模拟发射天线放置在多个预设位置时，通过测试多个区域的场强，确定天线的点位。

要对如图 5-10 所示的楼层进行移动通信信号的室内覆盖设计时，如何精确利用选位测试设计天线点位呢？

选位测试

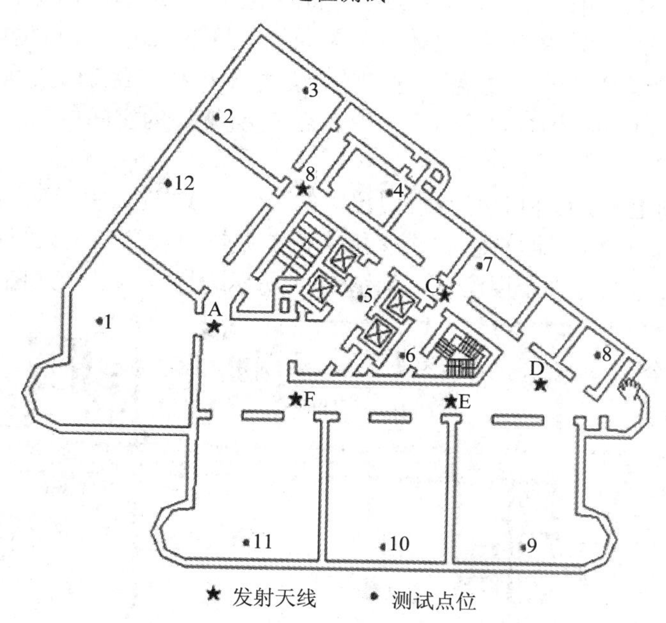

图 5-10　选位测试示意图

首先选择天线可能设置的一个位置放置模拟发射装置的天线；然后在该楼层需要信号

覆盖的地方测试模拟信号，记录模拟信号的强度；随后将模拟发射装置的天线放到天线可能放置的其他位置，在原来的测试点位上重复测试模拟信号并记录。相关可能的天线点位测试完成后，获得如表 5-3 所示的测试数据。

表 5-3　选位测试中对应天线点位上各测试点的信号强度

	数据单位：dBm					
	A	B	C	D	E	F
1	−45	−73	−	−83	−72	−59
2	−74	−44	−66	−80	−	−
3	−71	−50	−77	−94	−	−
4	−80	−61	−64	−77	−	−
5	−60	−82	−68	−86	−93	−70
6	−93	−95	−58	−90	−73	−86
7	−97	−84	−42	−64	−78	−
8	−	−93	−78	−48	−62	−72
9	−83	−	−79	−51	−55	−79
10	−70	−	−90	−72	−57	−67
11	−53	−89	−	−80	−74	−53
12	−50	−54	−77	−	−88	−70

根据数据业务的速率和室内业务留在室内蜂窝的原则，边缘覆盖电平取−72 dBm，经分析，测试点 6 中只有天线点位 C 能实现覆盖，因此天线点位 C 必选。测试点 2、4、5、6 和 7 已解决覆盖问题。测试点 9 中只有天线点位 D 或 E 能实现覆盖，因此天线点位 D 或 E 必选其一，所以测试点 8、9 和 10 已解决覆盖问题。接下来选天线点位 A，将能解决剩余测试点位 1、3、11 和 12 的全部覆盖问题。因为天线 A 和 C 已经确定，考虑测试点位 8、9、10 的覆盖电平的大小和均匀性，并结合与天线点位 A 和 C 的空间位置关系，选天线点位 E 优于天线点位 D。

综合分析，确定 A、C 和 E 是本楼层覆盖的最佳天线点位。

(3) 样板测试。又称“准实测”，选择标准楼层并按照设计安装天馈系统，在天馈系统中注入模拟测试信号，进行全层测试。如图 5-11 所示为样板测试示意图。

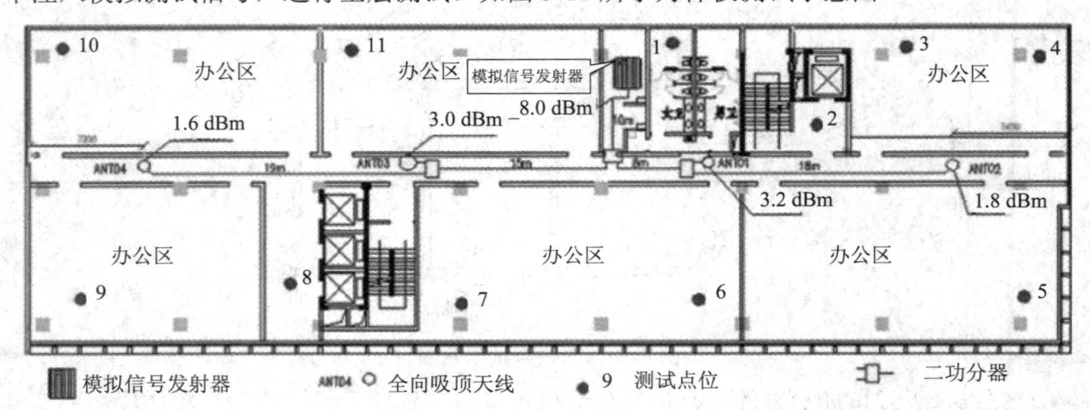

图 5-11　样板测试示意图

任务 4　实践——某大楼移动通信室内覆盖工程勘测举例

【实践目的】

根据给定的移动通信室内覆盖工程勘察流程，选择某一特定大楼，完成所需覆盖区域的建筑物施工条件勘察和无线环境勘察。加强学生对移动通信室内覆盖工程勘察流程的理解能力，初步具备移动室内覆盖工程勘察的能力。

【实践要求】

(1) 每两个学生一组，独立完成移动通信室内覆盖工程勘察。
(2) 每个学生均要求掌握勘查工具的使用及勘查记录表的填写。
(3) 每组根据给定的勘察流程，完成实践任务中勘查记录表的填写。

【实践步骤】

一、实践内容描述

某学院计划对学院综合实训楼进行室内覆盖工程的建设，图 5-12 为学院校区的卫星图片，其中星型位置为学院综合实训楼所在位置，建筑物高约 20 m。为保证室内覆盖工程有序设计，需对该建筑进行室内覆盖工程勘查工作。

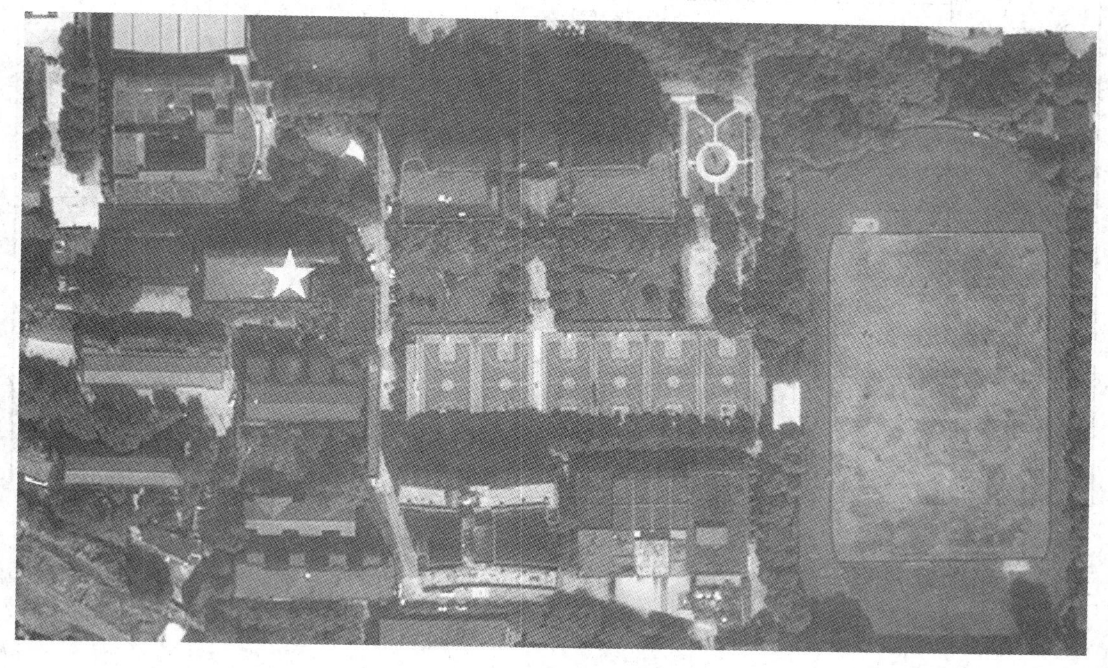

图 5-12　学院校区卫星图片

二、工程勘察主要流程

在勘察前请按表 5-4、表 5-5 检查工程信息、资料及勘查工具是否准备齐全。

表 5-4　室内勘测资料检查表

类别	名　称	是否齐全
工程信息	勘查协调会	
	合同清单	
	工程计划	
	工程勘察联络单	
	确认现场勘察条件	
	客户人员及车辆	
资料准备	项目进度信息	
	物业的地理位置及基本信息	
	物业的覆盖要求	
	周围基站基本分布情况	
	勘测记录表	
	室内覆盖测试软件	

表 5-5　室内勘测工具检查表

勘测工具	工　具	作　用	是否带上
施工条件勘测工具	勘测记录表和笔	记录勘测内容	
	数码相机	对目标楼宇的整体结构、可能的设备安装位置、走线位置进行拍摄	
	卷尺或激光测距仪	用来测量楼层高度、楼宇覆盖面积和走线长度	
	GPS	确定目标楼宇的准确位置	
	目标楼宇的平面设计图	指导勘测	
	指南针	确定方向	
无线环境勘测工具	吸顶天线	模拟测试天线	
	便携式计算机	模拟测试和数据存储	
	模拟信号源和连接线	发射特定制式的无线信号	
	测试手机和接收机	接收特定制式的无线信号	
	扫频仪	发现可能的干扰电磁波	

三、工程勘察准备

要求：按照表 5-6、表 5-7、表 5-8 的要求，详细记录勘查信息。

(1) 建筑物施工环境勘察。

表 5-6　建筑物施工环境勘察表

序号	勘察内容	信息记录
1	拍摄大楼全景照片，获取目标楼宇平面图	□平面图　□楼宇照片　□建筑物结构描述
2	校对平面图与现场情况是否一致	□一致　□ 不一致解决办法________
3	全覆盖楼宇规模	建筑面积：层数：
4	获取周边宏站信息	□周围宏站的信息　□室外对室内的影响 □室内信号的外泄
5	确认墙体材料，估算空间损耗	墙体材料空间损耗
6	确认传输资源和电源	□传输可用，已到位　□无传输资源 □交流电源可用　□交流电源不可用
7	确认可施工进场时间	□随时其他
8	确认是否存在强磁、强电、强腐蚀环境	□强磁　□强电　□强腐蚀　□无

(2) 室内施工条件勘察。

表 5-7　室内施工条件勘察表

序号	勘察内容	信息记录
1	机房类型	□专用机房　□电梯井　□弱电井 □地下停车场　□楼梯间其他
2	机房所在的楼层	
3	机房供电条件	□具备　□欠缺
4	机房温度及湿度	温度湿度
5	大楼的防雷接地	□防雷　□接地
6	弱电井	位置数量 是否有空余空间其他
7	电梯间	位置数量 是否有空余空间其他
8	天花板	材质厚度 能否走线穿透损耗
9	适合布放天线的位置	□室内天花板　□室内墙壁其他
10	天线建议选型	□全向吸顶天线　□板状天线 □射灯天线　□美化天线其他

(3) 建筑物照片拍摄。

表 5-8　建筑物照片拍摄需求表

序号	照片内容	数量要求	是否完成
1	体现楼层平面布局	2～4	
2	体现天花板结构特征	1～2	
3	候选的天线架设位置	1～2	
4	体现外墙与窗户特征	1～2	
5	体现走廊与电梯间特征	1～2	
6	异常的结构(如大的金属物件)和设备房间(可能的干扰源)	1～2	
7	室外拍摄大楼的全景以体现全楼的外形轮廓	1～2	
8	主设备安装环境(防潮通风、防电磁)	1～2	

四、无线环境勘察

1．室外周边基站情况勘察

获取室外主要服务小区站点名、Cell ID、方向角、下倾角、站高、发射功率、频点等信息，并记录在表 5-9 中。

表 5-9　室外周边基站情况勘察表

站点名	Cell ID	经度	纬度	方向角/(°)	电下倾	机械下倾	站高/m	发射功率	频点
Site 1									
Site 1									
Site 1									
Site 2									
Site 2									
Site 2									
Site 3									
Site 3									
Site 3									

2．室内已有分布系统勘察记录表

从室内看，要注意勘察已有分布系统的情况，包括本运营商及其他运营商的系统。将勘察情况记录在表 5-10 中。

表 5-10　室内已有分布系统勘察记录表

序号	勘察内容	信息记录
1	确认是热点覆盖还是全覆盖(针对 WLAN)	□热点覆盖　□全覆盖
2	全覆盖楼宇是否已建室分系统	□是　□否
3	已有室分系统是本运营商还是其他运营商	□本运营商　□其他运营商
4	是否要求新建室分系统	□是　□否

续表

序号	勘察内容	信息记录
5	已建有室分系统的楼宇的 DAS 系统频率范围是否支持 3G、WLAN 和 LTE	□是　□否
6	是否需要重新绘制室分系统设计图样	□是　□否
7	对不满足频率范围的室分系统，客户是否同意改造	□是　□否
8	对于合路系统，确定合路位置并提供合路位置照片	提供照片
9	适合布放天线的位置	□室内天花板　□室内墙壁其他
10	检查合路位置是否具备安装条件(电源、网络资源)	□是　□否

3．室内无线信号勘察记录表

使用路测软件对室内无线信号进行步测，记录单楼层信号是否存在干扰、切换情况(乒乓效应区域、相邻小区载频号、电平值)、该楼层接通率、掉话率、切换成功率等。另外，还应对步测信号强度进行分析统计，单楼层测试结果分析参考表 5-11。

表 5-11　单楼层步测结果分析表示例

	指标：Rx			
区间/dBm	样本数	比例	累计样本数	累计比例
[−105，−95)				
[−95，−80)				
[−80，−70)				
[−70，−60)				
[−60，−25)				
≥−25				
合计样本数			Rx 均值	
最大值			最小值	

五、室内模拟场强测试

勘察结束后，对室内覆盖系统进行方案设计，在条件允许的情况下，完成该建筑物内部的模拟场强测试。

过 关 训 练

一、填空题

1．室内覆盖工程勘测主要包括两方面的内容：一是________，二是________。

2．初勘的主要工作内容是现场收集目标场所的________、用户分析、需求状况、工程建设与配套条件等信息，并对室内覆盖工程建设的区域、采用何种类型的________等关键问题做出初步判断

3．初审的主要工作内容是对________进行分析，根据建设需求方的需求和室内覆盖工

程建设的目标，判断所勘察的场所是否需要建设室内覆盖以及确定室内覆盖的区域。

4. 详细勘察也称为________，主要工作内容是对室内覆盖工程建设现场进行详细的勘察，结合勘察情况和物业协调情况，确定________的安装布放、________和________的安装布放、________的走向等。

5. 工程勘察需要的工具可分为________勘测工具和________勘测工具。

6. 施工条件勘察的主要目的是________，有效地指导________。

7. 无线环境勘察的目的在于掌握区域内的一些________以及________等的相关参数，为规划设计提供准确客观的参考数据。

8. 勘察过程中，如果建筑物内部分为不同的功能区，需要分功能区记录________及常用的________。若覆盖区域为多个楼宇组成的建筑群，需要清晰描述各楼宇之间的________。

9. 不同的场景对天线信号的阻挡和衍射是不同的，________是通过模拟信号源来模拟天线发射场强，虚拟出开通后的效果。

10. 室内模拟场强测试有________、________和________三种。

二、简答题

1. 简述移动通信室内覆盖工程勘察的主要流程。

2. 移动通信室内覆盖工程勘察的准备工作有哪些？

3. 室内施工条件勘察有哪些方面？

4. 无线环境勘察有哪些方面？

5. 无线环境勘察的数据主要有哪些内容？

6. 为什么要进行室内模拟场强测试？

过关训练解答

模块六　移动通信室内覆盖系统规划设计

【内容简介】

本模块介绍与移动通信室内覆盖规划设计有关知识，包括移动通信室内覆盖规划设计目标、规划设计的具体内容以及规划设计案例分析。

【重点难点】

重点掌握规划设计的具体内容。

【学习要求】

(1) 识记：移动通信室内覆盖目标。
(2) 领会：移动通信室内覆盖规划设计的具体内容。

任务1　移动通信室内覆盖规划设计目标

【学习要求】

(1) 识记：移动通信室内覆盖规划设计目标。
(2) 领会：移动通信室内覆盖规划设计需注意的问题。

移动通信室内覆盖系统的主要目标是补盲补热：补盲使目标区域的无线信号满足覆盖电平要求；补热使系统的无线资源利用率能够满足室内话务的需求。

一、移动通信室内覆盖规划设计目标

明确的设计目标，是进行室内覆盖系统规划的前提。任何制式的室内覆盖系统设计目标都是为了保证覆盖水平、满足容量需求、抑制干扰信号，进而提高业务质量，室内覆盖系统只是在具体的指标参数上有所差别。

什么是RSRP？

1. 覆盖水平要求

无线信号强度随时随地都会变化，覆盖水平的一般要求是终端在目标覆盖区域内的

95%的地理位置，99%的时间可接入网络。但在实际应用时，一般认为信号变化的统计规律和时间没有关系，一般不对时间上的覆盖概率做要求，只从地理位置的覆盖概率的角度给出要求。

室内覆盖系统的设计首先要保证室内信号满足业务接入和保持的最小覆盖电平要求，还要保证室内小区在目标区域成为主导小区。在一些封闭区域，室内信号比较干净，室内小区很容易成为主导小区，信号只要大于业务的最小覆盖电平要求就可以了。而在一些住宅高层，容易收到多路信号，主导小区难以控制，这样就要求室内覆盖信号在设计时要强一些。

如地下室、电梯等封闭场景 WCDMA 要求 90%的覆盖区域 CPICH(Common Pilot Channel，公共导频信道)RSCP(Received Signal Code Power，接收信号码功率)不小于−90 dBm；在楼宇底层要求 90%的覆盖区域 CPICH RSCP 不小于−85 dBm；在楼宇高层要求 85%的覆盖区域 CPICH RSCP 不小于−85 dBm。

2. 干扰控制要求

室内覆盖系统的建设不能影响室外信号，室外信号也不能干扰室内覆盖系统的信号，这就涉及室内外信号泄漏控制。在室外 10m 处应满足室内小区的信号如 WCDMA CPICH RSCP≤−95 dBm，或者室内小区外泄到室外的信号的 RSCP 币信号最强的室外小区小 10 dB。同样在室内小区覆盖区域，室外小区的信号应满足 WCDMA CPICH RSCP 不大于−95 dBm，或者室内小区的信号比室外小区泄漏进来的信号大 10 dB。

3. 容量要求

室内覆盖系统的容量是指 CS 业务支持多少忙时话务量，PS 业务支持多少忙时吞吐量，HSDPA 业务支持多少边缘吞吐量。但是在不同室内环境下，服务的用户数不同，总的容量需求不同。

容量要求一般要给出单用户忙时的 CS 业务等效语音话务量，单用户忙时的 PS 业务总吞吐量，HSDPA 业务小区的边缘吞吐率。如 WCDMA 给出的参数值：

单用户忙时的 CS 业务等效语音话务量：0.02 Erl；

单用户忙时的 PS 业务总吞吐量：下行，500 kb；上行，150 kb；

HSDPA 边缘吞吐率：300～400 kbit/s。

4. 业务质量要求

业务质量主要体现在业务接入的难度和接入后业务保持的效果上。接入的难度一般用阻塞概率(也叫呼损率)来表示，阻塞概率是指一个业务发起呼叫，由于系统容量不足、干扰受限，而被拒绝的概率。阻塞概率越大，需要的资源就越少，但是用户的体验也就越差；阻塞概率越小，需要的资源也就越多，用户的体验也就越好。一般情况下，信道的阻塞概率为 2%。

CS、PS 业务介绍

接入后业务的保持效果在网络侧一般用误块率(BLER Target)来表示。误块率要求越低，业务的解调门限要求就越高，需要的系统资源也就越高；反之，误块率要求越高，业务的解调门限要求就越低，需要的系统资源也就越少一些，如：

AMR12.2K(语音业务)的误块率：1%；

CS64k(视频业务)的误块率：0.1%～1%；

PS 业务、HSDPA 业务(数据业务)的误块率：5%～10%。

注：以上数值仅为参考，在实际应用时，要具体问题具体分析。

误块率

二、移动通信室内覆盖规划设计需注意的问题

1. 电磁环境

针对一座高层建筑而言，其电磁环境情况如下：

(1) 对低层建筑：由于周围建筑物阻挡导致信号衰减严重，地下车库、地下商场等区域基本上处于盲区状态，在这些区域的用户难以正常通话和接入。

(2) 对于建筑中层:由于具有一定的高度，可以接收来自周围多个基站的信号，导致这些区域信号重叠严重，虽然各路信号强度较好，但由于没有主导信号，系统乒乓切换现象严重，通话依然不能正常进行。

(3) 对于建筑物高层：由于接收到周围基站较多的同频、邻频干扰信号，造成该区域电磁环境恶化，导致建筑高层区域不能通话，产生严重的孤岛效应，形成通话盲区。

(4) 在建筑物内部：由于各种墙体的阻挡，信号衰落可达 10～25 dB，建筑物周围各种环境对室内覆盖系统的信号强度会产生严重的影响。

2. 话务容量

在一些通信热点地区，如大型超市、商场、会议中心，语音和数据业务流量集中，基站所能够提供的载频往往不能够满足忙时的话务量需求。一方面导致忙时无线信道拥塞，呼损率变高，用户得不到良好服务；另一方面用户的不断呼叫又增加了系统负荷，话务的损失不仅损害了运营商的形象，也减少了营业收入。

任务 2　移动通信室内覆盖设计

【学习要求】

(1) 识记：移动通信室内覆盖规划设计的流程。

(2) 领会：移动通信室内覆盖规划设计流程的具体内容。

当勘察完成后，可以进行室内覆盖系统设计，其流程如图 6-1 所示。

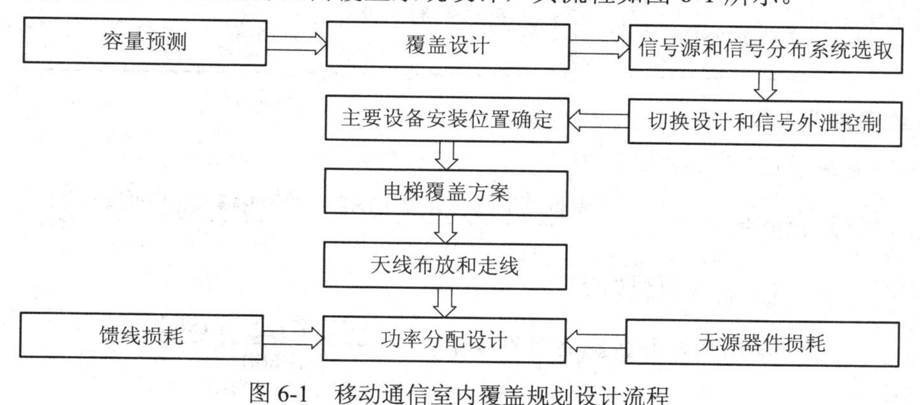

图 6-1　移动通信室内覆盖规划设计流程

下面就相关内容作详细介绍。

一、容量预测

覆盖区域业务分析案例

1．覆盖区域业务分析

在进行容量预测时，需要认真分析覆盖区域的人群结构、数量、主要业务特征和区域分布。表 6-1 为常见的覆盖区域业务分析。

表 6-1　常见覆盖区域业务分析

覆盖区域类别	人群数量	人群结构	区域分布	业务特点
高档商场	节假日较多	动态人群：高收入人群 静态人群：商场员工	办公区、库区人群较少	语音为主
大众商场、超市	节假日较多	动态人群：大众百姓 静态人群：商场员工	办公区、库区人群较少	语音为主
体育场馆	有活动时，人群较多	动态人群：观众 静态人群：场馆管理人员	办公区人流量少，观众区和进出口人流量大	语音为主，观众区有较大的数据业务需求
写字楼	人群密度大	动态人群：来访人员 静态人群：物业管理人员、租户或业主	上班时间电梯厅人口聚集	数据业务大
大学校园	人群密度很大	动态人群：家长、来访人员 静态人群：学生和教师	教室、食堂、宿舍人口密集，图书馆有一定的学生聚集度	教室、宿舍数据业务量大，食堂以语音业务为主
中小学	1000 ～ 3000 人	动态人群：家长和来访人员 静态人群：教师及少量学生	集会礼堂有一定的聚集度	以教师业务为主
政府机构	职能不同，人群密度不同	动态人群：来访人员 静态人群：政府工作人员	对外服务区域人数聚集	对外服务区域数据业务较大

2．单用户业务模型

单用户电路域 CS 业务模型如下：

$$\text{忙时平均话务量(Erl)} = \frac{\text{忙时发起呼叫次数(次/h)} \times \text{每次呼叫持续的时间(s/次)}}{3600} \tag{6-1}$$

单用户分组域 PS 业务模型如下：

$$\text{单用户忙时数据吞吐率(kb/s)} = \frac{\text{忙时总数据流量(kb/h)}}{3600} \tag{6-2}$$

忙时总数据流量(kb) = 单用户忙时发起会话的次数(次/h) × 每个会话中发起包呼叫的数目×每个包呼叫中包的数目×$\dfrac{每个包的大小(\text{Byte})\times 8}{1024}$

3．忙时业务预测

忙时话务量预测模型如下：

$$\rho_{BH} = S_a \cdot P_{eu} \cdot N_m \cdot \delta \cdot P_{em} \cdot \rho_m \tag{6-3}$$

其中：ρ_{BH}是指该区域的话务总量(Erl)；S_a为建筑物面积(m^2)；P_{eu}为实用面积比率；N_m为每平方米实用面积的人数；δ为手机拥有率；P_{em}为对应网络的用户市场占有率；ρ_m为单用户忙时话务量(Erl)。

忙时数据业务吞吐率预测模型如下：

$$\rho_{BH} = S_a \cdot P_{eu} \cdot N_m \cdot \delta \cdot P_{em} \cdot \rho_m \tag{6-4}$$

其中：ρ_{BH}是指该区域的数据吞吐率(kb/s)；S_a为建筑物面积(m^2)；P_{eu}为实用面积比率；N_m为每平方米实用面积的人数；δ为手机拥有率；P_{em}为对应网络的用户市场占有率；ρ_m为单用户忙时话务量(Erl)。不同区域的N_m和P_{eu}参数取值见表6-2。

表6-2　不同区域的N_m和P_{eu}参数取值

覆盖区域类型	P_{eu}	N_m
写字楼	60%～80%	0.03～0.08
商场模型	35%～45%	0.3～0.4
会展中心模型	40%～50%	0.3～0.4

对于大型建筑物或建筑群，需要分区域或分建筑进行分析。特别是对于裙楼为商场、主楼为写字楼或居民楼的情况，容量预测应该分开进行。

当覆盖区域的建筑体非常大，一个小区的业务容量不能满足覆盖时，必须进行空间分区覆盖。空间分区应遵循的原则如下：

(1) 尽量按照建筑物自然区来分割移动通信小区；

(2) 同一建筑物内尽量上下分区，避免水平分区；

(3) 电梯应尽量为同一小区，尤其是高速电梯，小区间的切换在电梯厅实现；

(4) 随同建筑物上下分区的电梯，小区间切换在电梯井道内。

二、覆盖设计

1．覆盖等级划分

业务覆盖区域一般分为以下三类：

一类地区：政府机关、展馆、新闻中心、高档商务楼、四星级(含四星级以上)酒店、大型写字楼和营业厅、机场、地标性建筑等。一类地区95%的区域满足连续覆盖要求。

二类地区：星级酒店、大型餐饮场所、一般写字楼、商场、咖啡厅、一般行政机关。二类地区90%的区域满足连续覆盖要求。

三类地区：停车场、地下室、小型餐饮场所、娱乐场所。三类地区85%的区域满足连续覆盖要求。

对于以上没有考虑到的站点，可以根据话务量密度、用户价值等来分析划定覆盖区类别。对于同一建筑物的不同区域，应根据业务规划确定覆盖目标，重点保证公共区域覆盖，如酒店大堂、会议室等。

2. 空间最大允许路径损耗和空间最小耦合损耗

在室内覆盖系统中，手机不能离室分天线太远，否则手机接收到的信号强度不够，达不到实用业务的良好体验，也不能离室分天线太近，否则手机接收到的信号强度太强，导致接收机的基底噪声迅速抬升，使通信系统信噪比恶化。

在室内覆盖系统中，手机离天线的最远距离是由空间最大允许路径损耗(MAPL，Maximal Allowed Path Loss)决定的。而空间最大允许路径损耗是由天线的EIRP和手机的最小接收电平或边缘覆盖电平决定的，即：

空间最大允许路径损耗=天线的EIRP − 手机最小接收电平(或边缘覆盖电平)

在实际应用中，空间最大允许路径损耗还应考虑干扰余量和阴影衰落余量等，即：

空间最大允许路径损耗 = 天线EIRP − 手机最小接收电平(或边缘覆盖电平) − 各种余量

室内覆盖系统中，手机里室分天线的最小距离是由空间最小耦合损耗(MCL，Minimal Coupling Loss)决定的。而空间最小耦合损耗是由手机的最小发射功率、接收机的底噪声和天馈系统损耗共同决定的，即：

空间最小耦合损耗 = 手机的最小发射功率 − 接收机的底噪声 − 功分损耗

− 器件馈线自然插损+天线增益

综上所述，室内覆盖系统天线的有效覆盖范围由空间最大允许路径损耗和空间最小耦合损耗这两个要求来确定。

例6-1 设某一制式的移动通信室内覆盖系统中，微蜂窝基站输出的功率为33 dBm，接收底噪声为−108 dBm，天线口的设计功率为10 dBm(天线增益为2.5 dB)，手机的最小发射功率为−48 dBm，某一业务要求的边缘覆盖电平为−85 dBm，预留各种余量合计10 dB。求空间最大允许路径损耗和空间最小耦合损耗。

空间最大允许路径损耗= 33 dBm + 2.5 dB − (33 dBm − 10 dBm)

− (− 85dBm) − 10 dBm = 87.5 dB

空间最小耦合损耗 = −48 dBm − (− 108 dBm) + 2.5 dB − (33 dBm − 10 dBm) = 39.5 dB

例6-2 设某一制式的移动通信室内覆盖系统的工作频率为2000 MHz，微蜂窝基站输出的功率为33 dBm，天线口的设计功率为10 dBm(天线增益为2.5 dB)，假设系统收发信机间的最小耦合损耗要求为60 dB，求吸顶天线距离手机的最小距离应该是多少？

微蜂窝基站输出到该天线口的功率损耗(主要是分配损耗和介质损耗)为

33 dBm − 10 dBm = 23 dB

系统收发信机间的最小耦合损耗要求为 60 dB，那么该室分天线到手机的最小耦合损耗应为

60 dB − 23 dB = 37 dB

考虑到2.5 dB的天线增益，实际该室分天线到手机的最小耦合损耗应为

37 dB + 2.5 dB = 39.5 dB

则

$$PL(d) = 32.45 + 20\lg d + 20\lg f = MCL = 39.5\ \text{dB}$$

最小耦合损耗半径为 $d = 0.0011$ km，即 1.1 m。

三、信号源和信号分布系统选取

信号源和分布系统的选取建议见表 6-3 所示。

表 6-3　信号源和分布系统的选取建议

类型和面积		信号源	分布系统
小型封闭建筑(5000 m^2 以下)		直放站	射频同轴
中型封闭建筑(5000～20000 m^2)		RRU/微蜂窝基战	射频同轴
大型封闭建筑(20000～60000 m^2)		BBU+RRU/宏基站	射频同轴
超大型建筑物(60000 m^2 以上)		BBU+RRU/宏基站	射频同轴/光纤分布
大型建筑物群(150000 m^2 以上)		BBU+RRU	射频同轴/光纤分布
狭长型建筑	地铁	BBU+RRU/宏基站	射频同轴、泄漏电缆
	铁路、公路隧道	BBU+RRU/直放站	射频同轴、泄漏电缆、光纤分布

四、切换设计和信号外泄控制

在室内覆盖规划设计时，应该注意切换和信号外泄控制的问题，主要关注不同场景下的室内外小区之间的切换区域。对一般建筑物应该关注以下几个区域。

1. 正门出入口

正门出入口切换设计不理想，容易造成室内信号过多地外泄到马路上，形成干扰；或者是切换过渡带太小，造成来不及切换而掉话。一般建议建筑物正门或大堂出入口切换区域在室外距离门口 5～7 m 范围内，切换区域不宜离马路太近或进入室内过深。图 6-2 为正门出入口的切换设计。

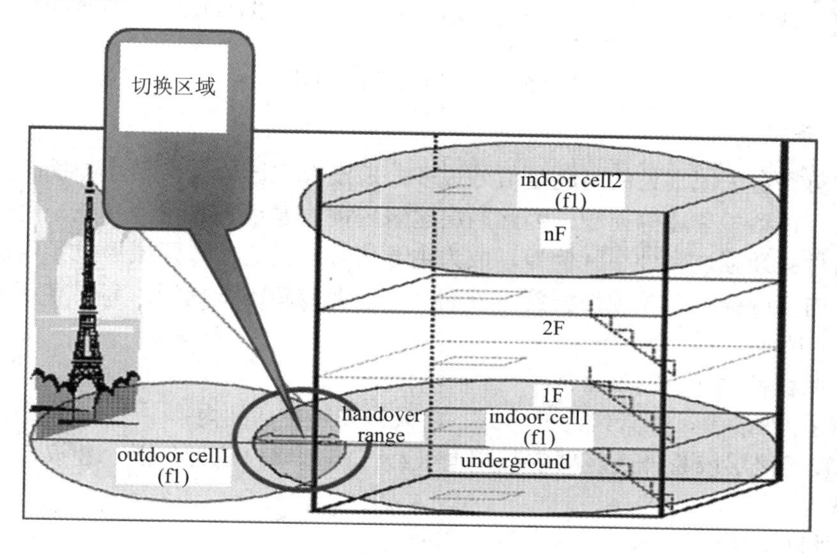

图 6-2　正门出入口的切换设计

正门或大堂的切换设计策略如下：

(1) 采用“小功率，多天线”的方式；

(2) 室内小区的定向天线从门口往里覆盖；

(3) 天线口功率可调，方便优化。

2．车库出入口

车库的切换要控制在出入口处，设计时需要考虑车体损耗，一般在车库出入口位置安装室内信号天线以保证顺利切换。

3．电梯内外

电梯内外分属不同小区时，进出电梯需要切换，也称电梯的平层切换，电梯的平层切换存在的主要问题是由于切换不及时而引起的掉话。特别是进电梯后关门，会瞬间将平层小区的信号下拉 20 dB 以上而不能及时切换进电梯小区，从而造成掉话。

一般建议在电梯厅内完成切换。在设计时让电梯井道天线主瓣方向朝向电梯厅；或者在施工方便的情况下，从电梯小区引出一个小功率天线，放置于电梯门口上方。保证进出电梯时，在电梯厅内完成切换。图 6-3 为电梯厅切换设计。

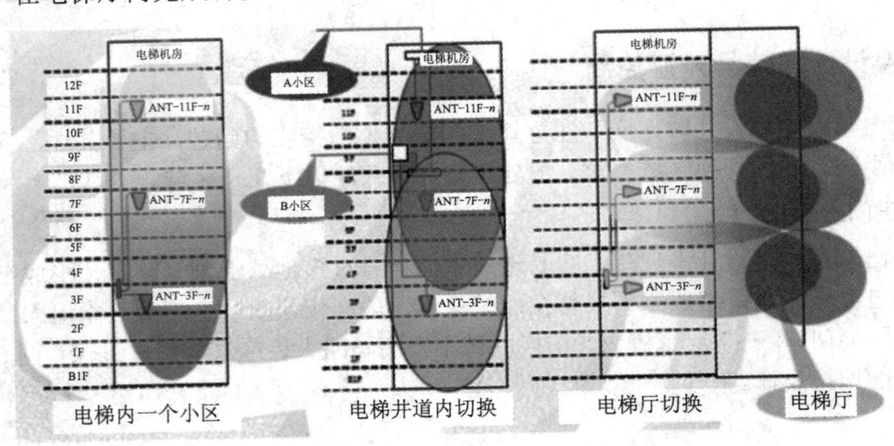

图 6-3　电梯厅的切换设计

4．高层靠窗区域

高层建筑靠窗区域常见的问题是信号很多，但没有主导信号，相互干扰严重，容易造成乒乓切换、掉话和单通等问题。因此高层建筑内需要建设室内覆盖系统，而且在靠窗口位置室内信号必须强过室外小区信号，成为主导信号，避免在该区域形成乒乓切换；同时也不能让室内小区信号过多地泄漏到室外高空中，变成新的干扰源。高层靠窗区域的切换控制如图 6-4 所示。

靠窗区域切换设计策略如下：

(1) 采用“小功率、多天线”的方式，将天线安装在房间内；

(2) 在较高楼层或易外泄区域安装定向天线，控制室内信号外泄，建议定向天线从窗户边向里覆盖；

(3) 室外网络优化配合。

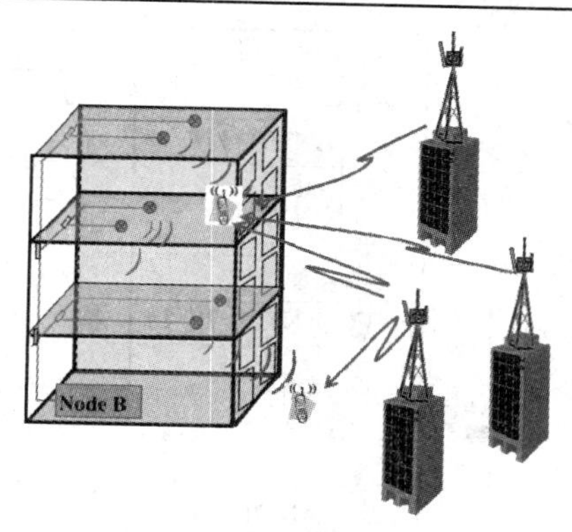

图 6-4　高层靠窗区域切换设计

5．室内不同小区的比邻处

对于一个大型建筑，一个小区显然不能满足容量或者覆盖要求，因此必须分成不同的小区，因此在建筑物内存在小区切换的需求。切换区应该选取在业务量低、人群不聚集、具有天然可隔离性、重叠面小的区域，如两栋楼的连接通道等。如果这个大型建筑是由多栋建筑物构成的，那么建议一栋建筑建一个小区，每栋建筑间的连接通道中间即为切换区域。如果这个大型建筑就是一栋高楼，那么建议对这栋楼进行上下分区。如果上不为一个小区，下部为另一个小区，两个小区的比邻处依靠楼层作自然阻挡，切换区为楼梯和电梯。对于这样上下分区的大楼，其电梯覆盖小区有三种方案：

(1) 电梯为单独一个小区。进出电梯时，电梯小区与楼层小区实现平常切换(电梯厅切换)，如图 6-5 所示。

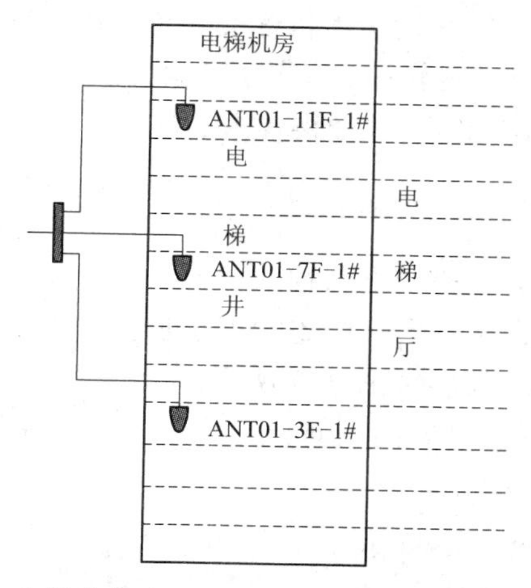

图 6-5　电梯为单独一个小区，与平层进行电梯厅切换

(2) 电梯同楼层上下分区相同。电梯厅与楼层为同一小区，进出电梯无需切换，但需要在电梯上下分区的区域设计切换过渡带，即在电梯行进方向上，过渡带中原小区信号逐渐减弱，而新小区信号逐渐增强，保证切换顺利完成，如图 6-6 所示。过渡带的长度需要考虑电梯的运行速度，高速电梯的切换过渡带相对长一些。

(3) 电梯覆盖信号引自楼层小区中的一个。这样电梯内不存在切换，电梯小区与楼层小区采用不同的电梯厅切换技术。

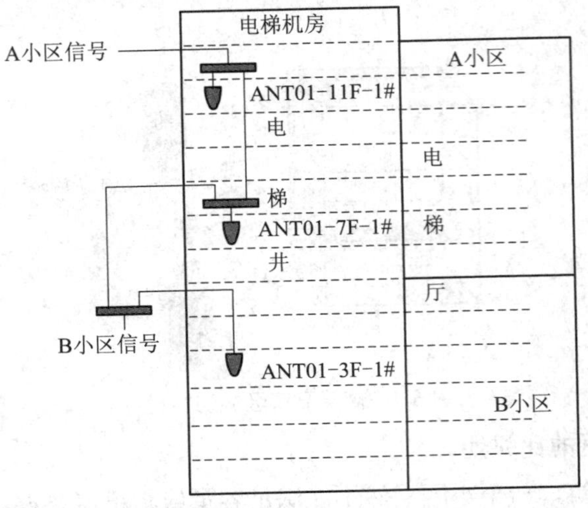

图 6-6　电梯随平层上下分区及井道内切换过度

五、主要设备安装位置的确定

信号源布放位置

主要设备安装位置的确定主要是确定信号源的安装位置，其次是确定干线放大器或 RRU 6 的安装位置。信号源安装位置取决于信号源类型、与物业协调的结果、运营商要求和现场实际情况。重要楼宇可以设置专用机房，但是设置成本高，建设周期也长，因此，一般安装在电梯机房较多。小型的信号源(含 RRU)可以放在停车库或者楼梯间等地方，而干线放大器则更多的靠近覆盖目标的弱电井中。有源设备的设计应尽量靠近其覆盖区域的逻辑中央位置，以减少系统功率在覆盖系统内的传输损耗。关键天馈线的安装位置要预先确定，并征得业主的同意，避免在施工时或事后业主投诉。

六、电梯覆盖方案的确定

目前，常用的电梯覆盖方案有如下两种：

(1) 采用宽频对数周期天线，天线主瓣方向朝向电梯井道。GSM 网络一般可以覆盖 7 层，3G 网络一般可以覆盖 4～5 层(如图 6-7 所示)。

(2) 采用平板天线，天线主瓣方向朝向电梯厅，GSM 网络一般可以覆盖 5 层，3G 网络一般可以覆盖 3 层(如图 6-8 所示)。

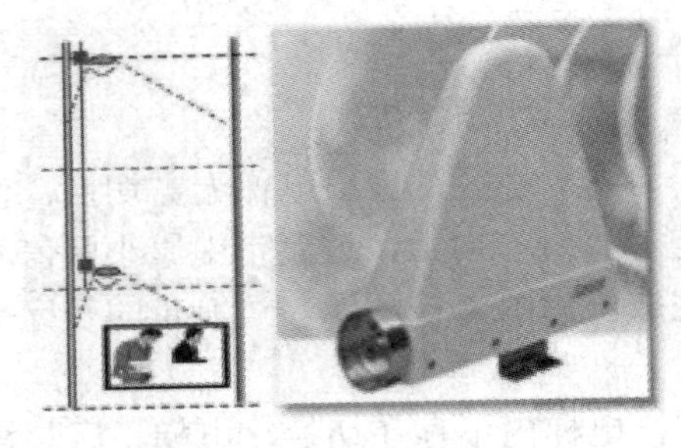

图 6-7　对数周期天线覆盖电梯方式

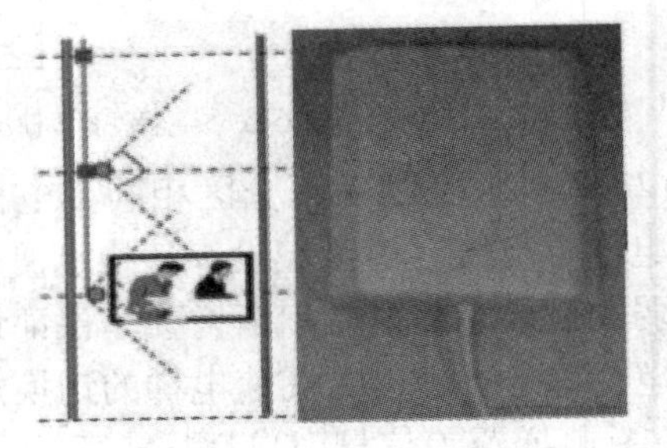

图 6-8　平板天线覆盖电梯方式

七、天线布放和走线

室内覆盖的天线布放和走线设计的总体原则如下：

(1) 采用“小功率，多天线”的滴灌覆盖方式；

(2) 支路内天线连接结构简单明了，避免重复走线和迂回走线；

(3) “先平层，后主干”，“先局部，后整体”，尽量保持支路之间的相对独立性；

(4) 主干的设计应具有良好的兼容性和可扩容性；

(5) 主干线尽量采用 7/8"馈线，小于 30 m 的平层采用 1/2"馈线。

在具体的设计过程中，天线的布设可以参考以下方法。

1. 重点区域布放天线

在重点区域布放天线，如在某些重点办公室门口或者室内布放天线，以保证重点区域的覆盖(如图 6-9)。

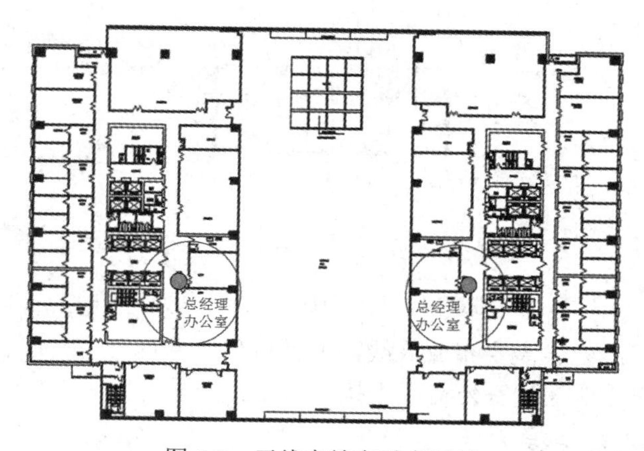

图 6-9　天线布放在重点区域

2. 房间内布放天线

为了减少穿透墙体的损耗，对于大型会议室、办公区域等，如果物业允许，可以将天线布放到房间内(如图 6-10)。

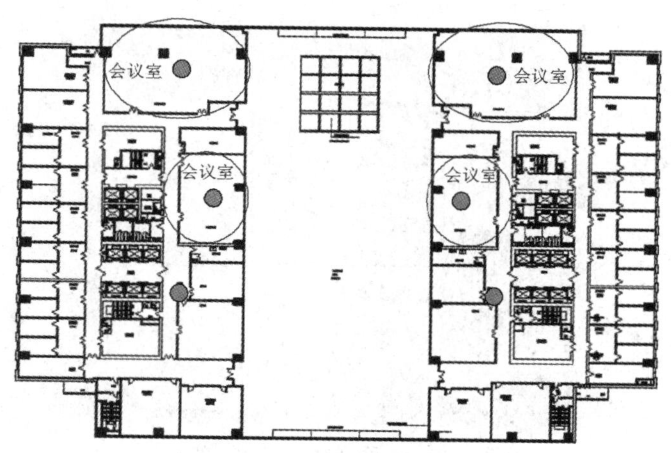

图 6-10　天线布放在会议室的内部

3．切换区域布放天线

在停车场出入口布放天线，布放位置一般选择在拐角处(如图 6-11 所示)。

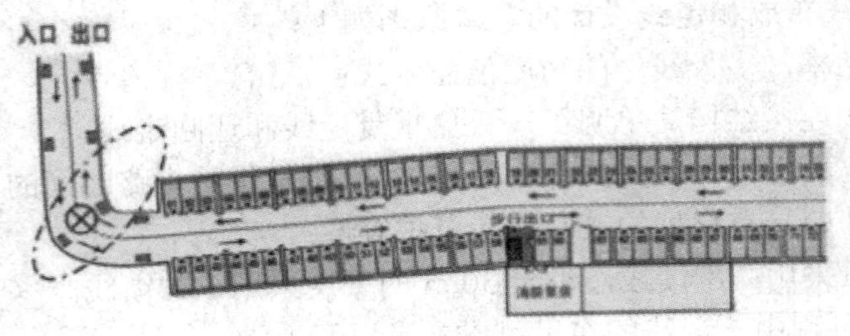

图 6-11　天线布放在出入口区域

在电梯厅附近布放天线，在覆盖房间的同时，应兼顾电梯厅的覆盖(如图 6-12 所示)。

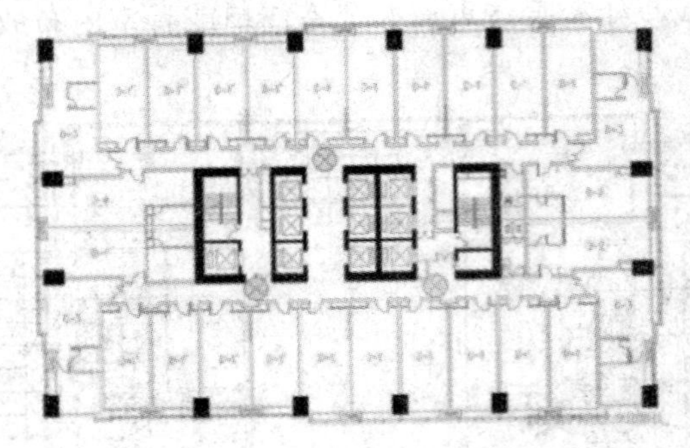

图 6-12　天线布放在电梯厅附近

在大堂的出入口，一般需要布放天线，保证进出大堂时与室外小区正常切换。控制切换区域，同时防止信号泄漏到室外造成干扰。

4．走廊转弯处布放天线

在走廊转弯处布放天线，可以使该天线能够照顾多个方向的覆盖，在满足覆盖要求的情况下做到天线数量最少(如图 6-13 所示)。

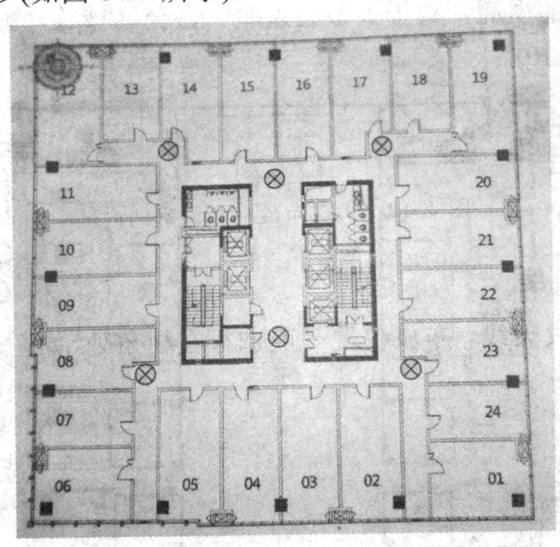

图 6-13　天线布放在走廊拐弯处

5．定向天线防止信号泄漏

对于一些容易发生信号泄漏的区域，如走廊尽头靠窗位置，可以布放定向天线进行覆盖。定向天线的主瓣方向朝里，利用定向天线后瓣的抑制特性，防止信号泄漏到室外造成干扰(如图 6-14)所示。

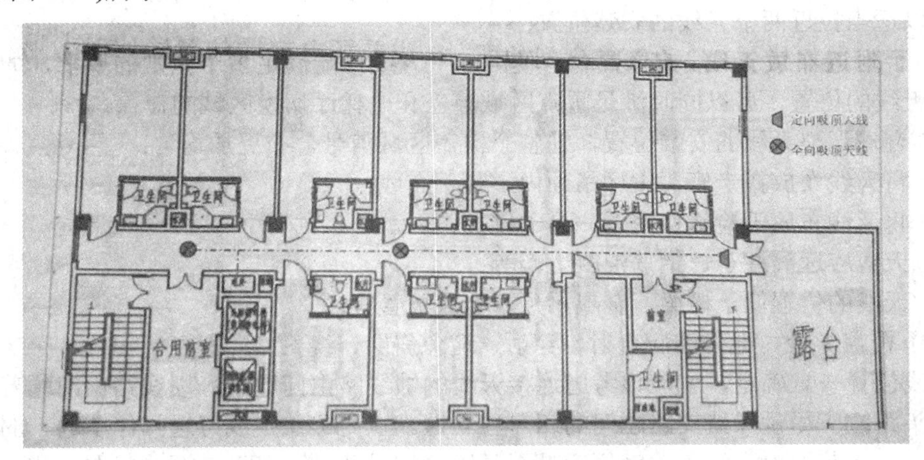

图 6-14　走廊尽头尽量不布放天线或布放定线天线

6．干扰区域布放天线

如果在室内存在室外干扰信号，而且客户要求室内区域必须占用室内信号，那么从室内覆盖优化的角度(相对于室外基站优化调整)来看，需要根据干扰信号强度和区域来决定室内天线的布放位置，如大厅和高层窗口。确保天线布放后，在室内干扰区域，信号的导频功率要比室外干扰信号功率高 5 dB 以上。

7．交叉布放天线

根据室内各场景的天线覆盖半径，对于下来未放置天线的区域交叉布放天线，以采用最少天线数量满足室内覆盖的需求，同时使室内信号分布比较均匀(如图 6-15)。

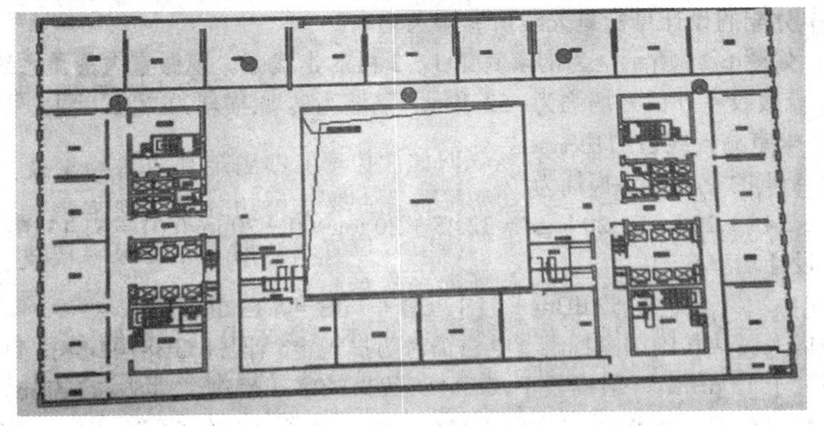

图 6-15　交叉布放天线

8．天线布放的优化调整策略

依据上述方法布放天线后，整体上肯定存在天线太密或者太稀的情况，因此必须进行

天线位置的优化调整。天线布放优化调整的策略整体如下：

(1) 以覆盖半径为总参考；

(2) 按照不同原则布放天线时，若两个天线距离太近，则需要调整；

(3) 若两个天线之间距离太远，而中间增加一个天线又会使得天线之间的距离太近，那么可以适当拉近两个天线的安装位置；

(4) 合理调整某个天线的位置时，使同一个天线可能满足多个原则的要求，如稍微移动某一天线的位置，可以同时满足重点区域覆盖和电梯厅切换区域的覆盖；

(5) 合理调整天线的安装位置，使整个覆盖区域信号分布更加均匀；

(6) 将天线布放在走廊，大厅吊顶内，易于布线；

(7) 将天线布放于检修口附近，易于维护；

(8) 天线应远离柱子、钢筋混凝土墙等；

(9) 天线的位置低于横梁、金属吊顶、金属风管等；

(10) 覆盖半径内电磁波应直射、穿射，避免斜穿、绕射。

天线位置一旦确定，就应该考虑连接天线的馈线路由问题了。馈线路由应顺着走，不应走回头路；应尽量保持支路之间的相对独立性。室内覆盖走线可选择停车场、弱电井、电梯井道、天花板内走线。关键位置是否可以穿越以及是否可以打洞的问题需和业主进行协商，方案需征得业主同意。

八、功率分配设计

室内覆盖系统的功率分配设计的总体原则如下：

(1) 采用“小功率，多天线”的滴灌覆盖方式；

(2) “先平层，后主干”，“先局部，后整体”，尽量保持支路之间的相对独立性；

(3) 主干线尽量采用 7/8"馈线，小于 30 m 的平层采用 1/2"馈线。

(4) 主干线上要用耦合器，平层上主要用功分器。

功率分配的设计要点如下：

(1) 功率分配的设计目标是天线口的输入功率；

例 6-3　如图 6-16 所示，为南溪宾馆 1～3 楼的走线图。现做室内覆盖系统规划设计，要求图中 A 点接收室外信号场强为−52 dBm；隔墙为砖墙,损耗为 7 dB。预安装天线距离 A 点为 10 米；求室分天线口的功率。

天线到 A 点的空间链路损耗为

$$32.45 + 20\log f + 20\log d = 32.45 + 20\log 900 + 20\log 0.01 = 51.13\ \text{dB}$$

天线口设计功率应为：

$$-52\ \text{dBm} + 51.13\ \text{dB} + 7\ \text{dB} = 6.13\ \text{dBm}$$

根据中华人民共和国国家标准《电磁辐射防护规定》(国标 GB8702-88)，室内天线口发射总功率不大于 15 dBm。一般场景下，GSM 天线口功率一般建议在 5～15 dBm，CDMA2000 天线口功率建议在 5～15 dBm，TD-SCDMA 天线口功率建议在 5～10 dBm，WCDMA 天线口功率建议在 5～15 dBm，TD-LTE 天线口功率建议在−15～−5 dBm，WLAN 天线口功率建议在 5～15 dBm。

(2) 功率分配的主要工具是功分器和耦合器；

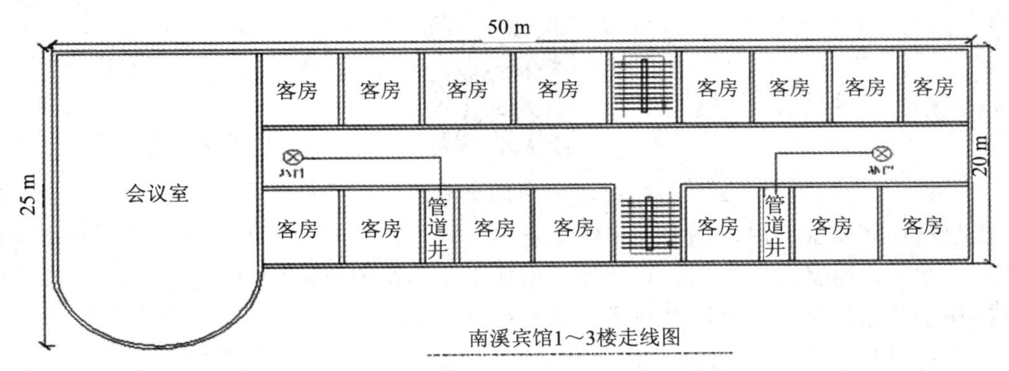

图 6-16　南溪宾馆 1～3 楼室内覆盖设计

(3) 功率分配中主要的功率损耗是分配损耗，其次是馈线的介质损耗，最后是接头、器件的介质损耗。

(4) 功率分配的目的是保证所有天线的设计功率能够满足其覆盖要求。

先做平层设计，为了保证天线口功率平衡，主要采用功分器确保平层的每个支路功率相等或相近。但当平层结构较为复杂或主干偏离中心位置较大时，应确保平层支路内天线连接结构简洁明了，避免出现重复走线以及迂回走线的情况，可灵活采用耦合器。平层功分器和耦合器一般安装在天花板内，平层馈线小于 30 m，一般采用 1/2"馈线。

完成平层设计后，再做主干设计，主要采用耦合器完成对各平层的连接，根据主干信号功率和平层需要功率确定耦合器的耦合度。主要耦合器安装在弱电井中；主干馈线一般用 7/8"馈线(见图 6-17)。

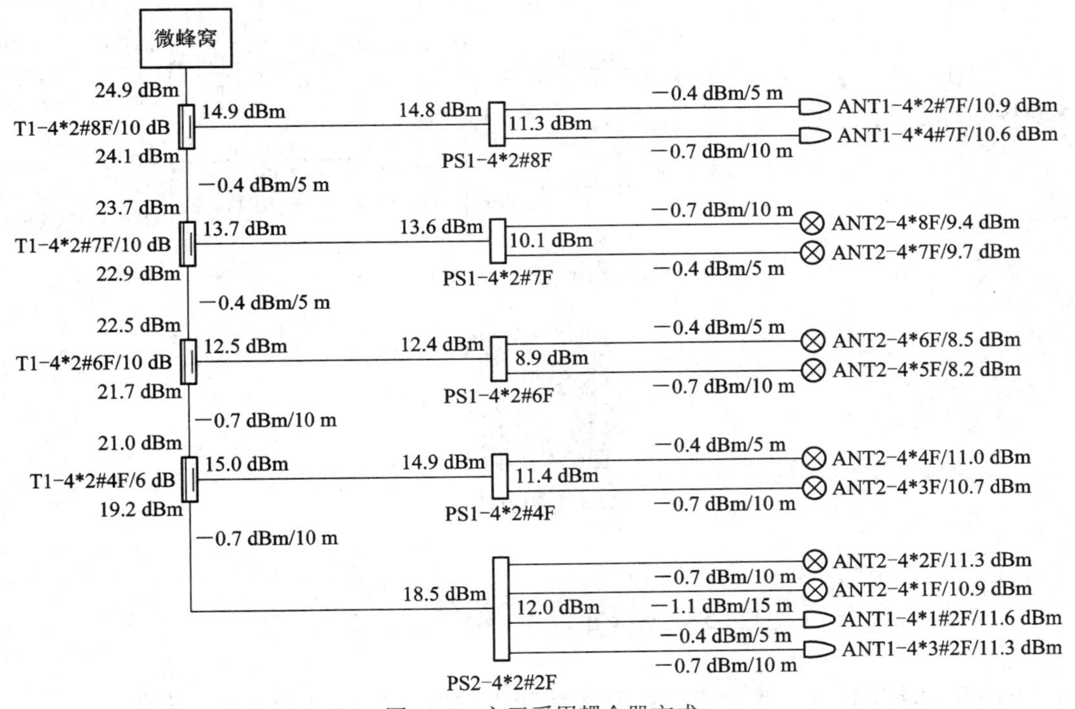

图 6-17　主干采用耦合器方式

功率分配设计 1

当建筑物楼层很多时，如果主干线全部采用耦合器，那么主干结构的鲁棒性和兼容性会变差。此时，有必要适当引入功分器，增加主干结构的鲁棒性和兼容性，即主干可采用耦合器加功分器的组合分配功率方式，如图 6-18 所示。

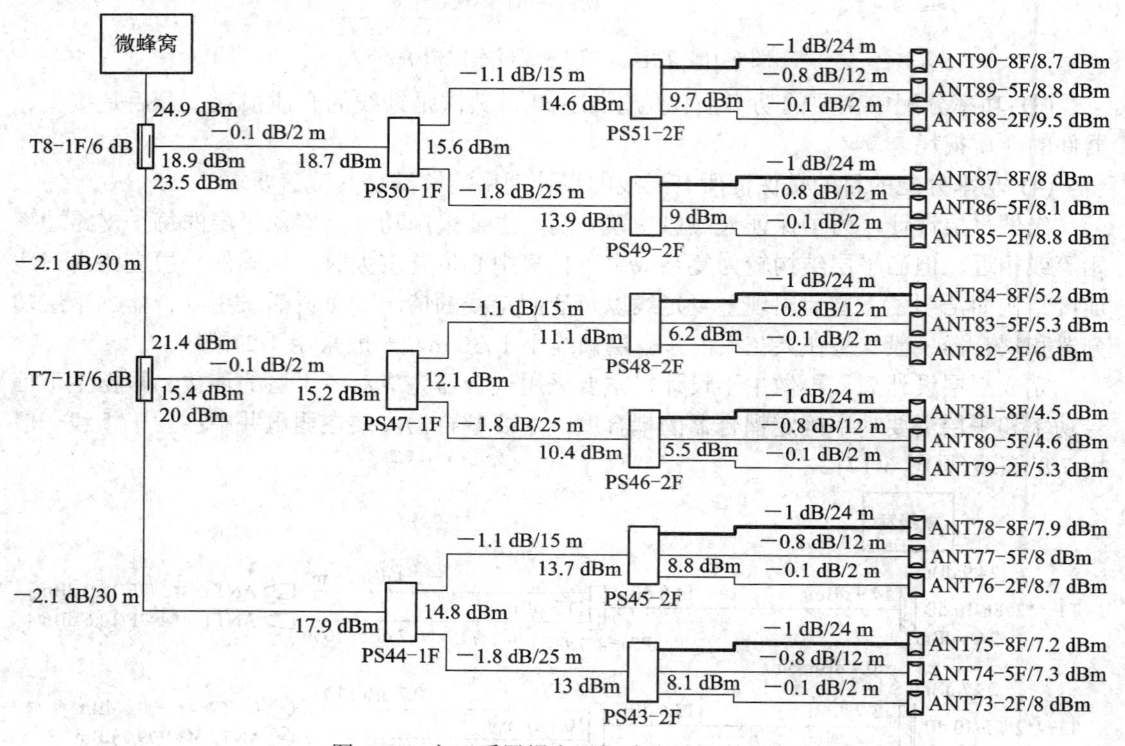

图 6-18　主干采用耦合器加功分器组合方式

功率分配设计 2

任务 3　室内分布系统设计案例

下面我们将结合 A 大厦室内覆盖项目为例阐述如何进行室内覆盖方案设计。

一、勘测

勘测的目的主要是为了在后期的系统方案设计中明确覆盖目标，获得目标建筑物的第一手资料，其中包括建筑物的无线环境资料和房屋结构资料，同时勘测也是一个与运营商，物业交流沟通的过程。通过与运营商的沟通，了解运营商对室内覆盖的要求，确定期望覆盖的区域。通过与物业的交流，尽量获得建筑物的原始房屋结构图，这对后期的系统设计将带来很大的便利，同时设计的方案提交给运营商审批时也会更具有可行性和专业性。无线环境资料的获取主要是通过现场的路测以及用测试手机记录建筑物内的 CQT 测试情况，路测可以得到整个建筑物的无线环境情况，CQT 记录则可以详细地了解楼内每个点的无线环境情况。

如图 6-19 所示，A 大厦楼地下 1 层，地上 18 层，地下室为停车场，副楼 1 层为工商银行营业厅及员工餐厅，2～5 层为办公区域，主楼 1～18 层为住宅。其中该楼内有 3 部电梯，主楼 2 部客梯 T1、T2，副楼 1 部 T3 员工梯。大楼的总建筑面积约为 29 925 平方米。

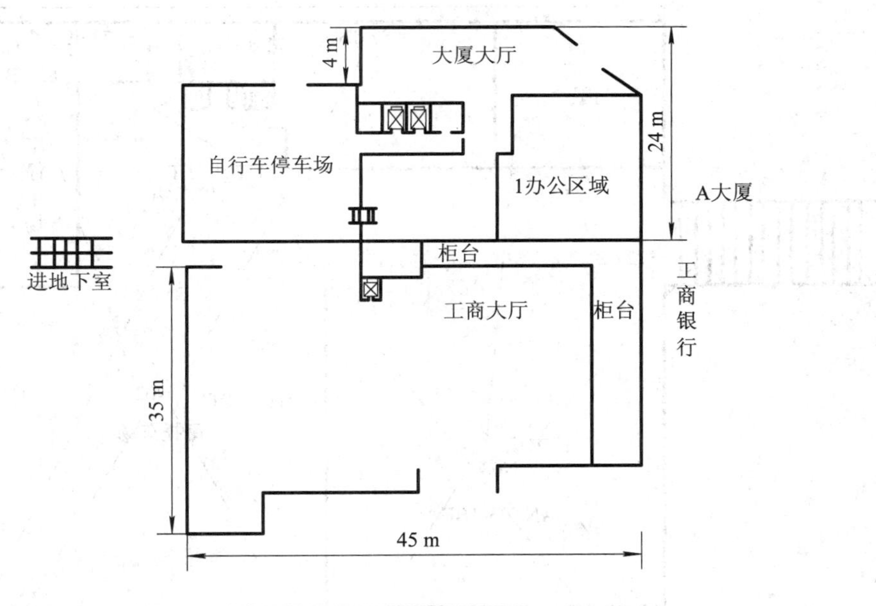

图 6-19　大楼平面图

根据现场勘测可知，目前副楼电梯及副楼总体 CDMA 信号较好，主楼楼层内的一至五层区域和地下室 CDMA 信号以及 GSM 信号较差，电梯内为 CDMA 与 GSM 信号盲区，不能达到正常的通话效果，为解决上述问题，结合业主的要求和楼层的实际结构情况，我们进行了模拟场强测试，估算天线口大概需要的功率，如图 6-20 所示。

如图 6-21 所示，由模拟场强的情况可知，当在图中 N01，N02 和 N03 分别放置一副吸顶天线，使其天线口输出功率为+5dBm 时，覆盖效果可以满足要求。

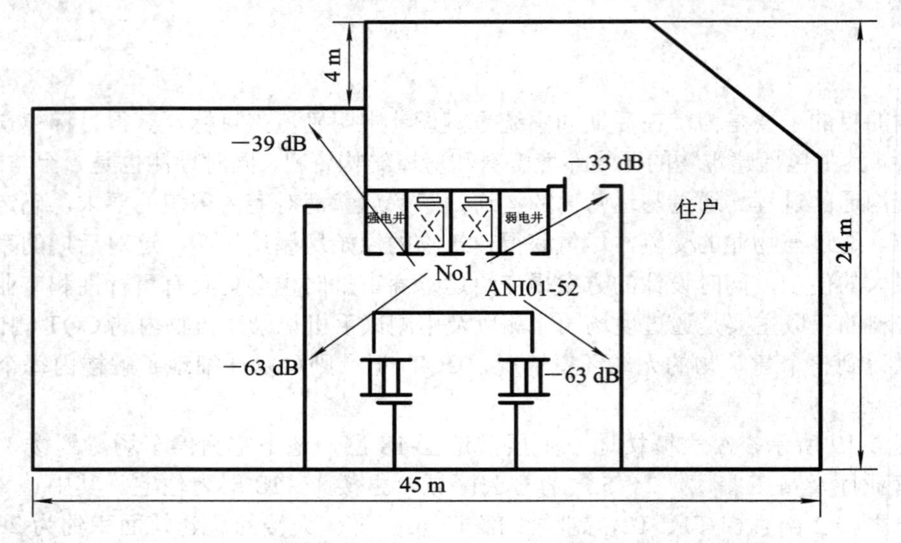

图 6-20　5F 模拟信号场强

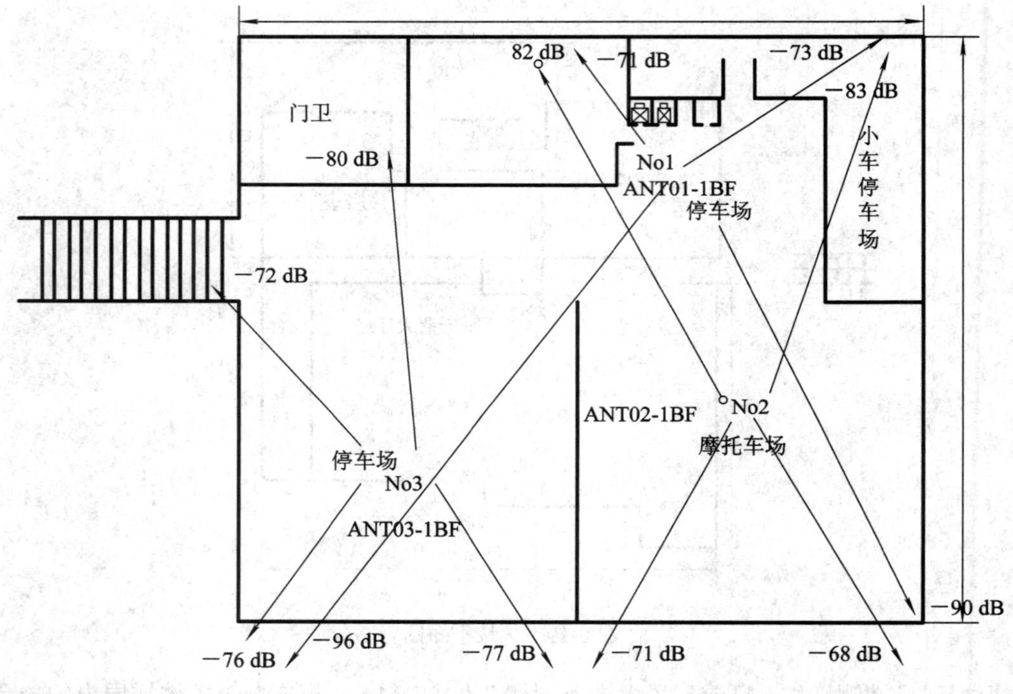

图 6-21　1BF 模拟信号场强

二、覆盖方案设计

CDMA(800 MHz)室内覆盖网络设计技术指标：

(1) 覆盖区域内电平 RX 值。

95%的覆盖区域接收电平 RX 超过−85 dBm；90%的地下停车场、电梯等覆盖区域接收电平 RX 超过−90 dBm。

(2) 覆盖区域内 E_c/I_o 值。

95%的覆盖区域主导频 E_c/Io 超过−8 dB，并且主导频 E_c/I_o 值比其他导频 E_c/I_o 值大 5 dB 以上。

(3) 覆盖区域内导频污染。

95%的覆盖区域 E_c/I_o≥－12dB 的激活导频数不超过 3 个。

(4) 业务信道 FER 值。

95%的覆盖区域在拨打状态下要求 FER 小于等于 1%。

(5) 覆盖区域内无线接通和掉话率。

95%覆盖区域、99%的时间移动台可接入网络；掉话率小于等于 1.5%。

(6) 覆盖区域和室外的切换。

室外 3 m 处手机切换占用室外信号，室外 10 m 处手机占用室内信号的接收电平不超过 −90 dBm。

(7) 天线口输出功率的要求：

平层天线口输出功率要求小于 15 dBm，电梯内天线口输出功率要求小于 20 dBm。

根据前期的勘测情况和模拟场强测试结果，我们可以确定主楼 1BF～5F 和主楼电梯为主要覆盖区域，同时天线口输出功率只要大于 5 dBm 即可满足楼内一般区域室内覆盖的要求，而对于电梯由于从五楼弱电井到 18 楼电梯井道的馈线距离大约为 78 米，则室内可视距离时，传播模型为

$$L = 32.45\ \text{dB} + 20\log d(\text{km}) + 20\log f(\text{MHz}) + A + B$$

其中：A 为墙体穿透损耗，B 为阴影衰落余量。由于 1BF～5F 的电梯可以由走廊的天线覆盖解决，则我们仅需计算 6～18 层的距离 $d = (18-5)\times 4 = 52$ m，而电梯由于密闭效果较好，故穿透损耗较大，我们一般取 $A = 30$ dB，$B = 5$ dB，空中损耗 = 32.45 + 20 log0.052 + 20 log800 + 30 + 5 = 99.83 dB，若电梯井道内八木天线功率为 10 dBm 左右基本满足覆盖要求，由于是两部电梯，故覆盖电梯的馈线主干在 5F 时需要的最小功率约为 0 + 3.5 + 0.52 × 8 = 17.66 dBm (1/2 硬馈在 800 m 每百米损耗为 8 dB，二功分损耗为 3.5 dB)。

五楼弱电井到 1BF 地下停车场最远的一副吸顶天线的器件插损为 4.5 dB，而停车场有三副天线，最少需要一个二功分器加耦合器才能实现，一个二功分器的损耗为 3.5 dB，故损耗最大的一副天线其馈线和器件总插损为 11 dB，而天线最低功率必须大于 5 dBm，则主干最小功率约为 16 dBm。则覆盖平层的主干和覆盖电梯的主干之间可以采用功分器连接或采用 5 dB 的耦合器连接，在此方案中我们选择了采用耦合器连接，原因在于如果基站发射功率增加，则天线口发射功率同步增加，电梯的功率增加，由于其密闭性影响不大，而平层的信号如果由于电梯的信号不好而要求增加功率，则其信号功率也同步增加，此时可能会导致信号外泄，造成外部的干扰。由于是银行工作人员住宅区，考虑其经济实力和话务量的需求，本方案 C 网信源采用了 BTS3601C 来进行覆盖，勘测时发现 CDMA 网络和 GSM 网络信号都不太强，因而设计时增加了合路器。具体设计方案如图 6-22～图 6-24 所示。

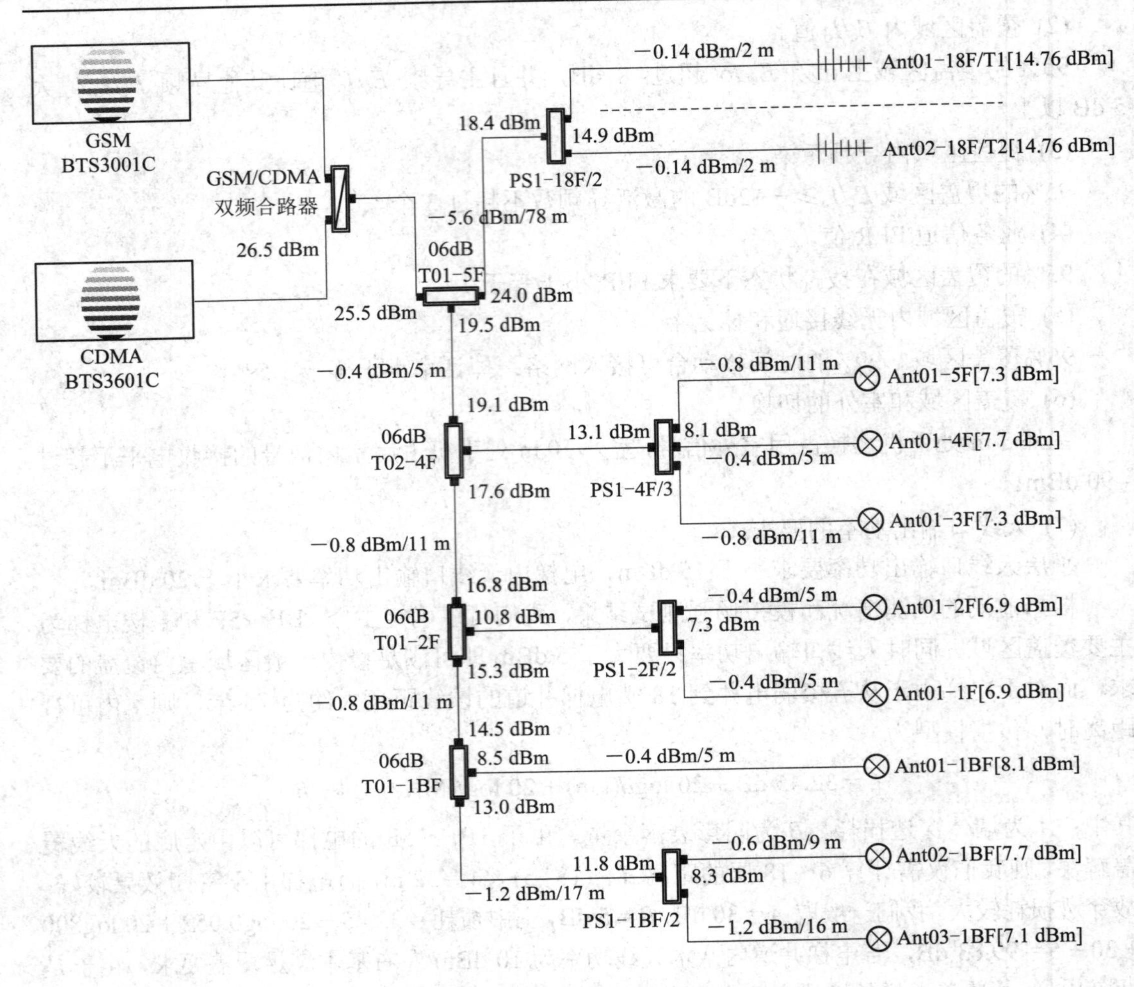

图 6-22　覆盖方案设计图

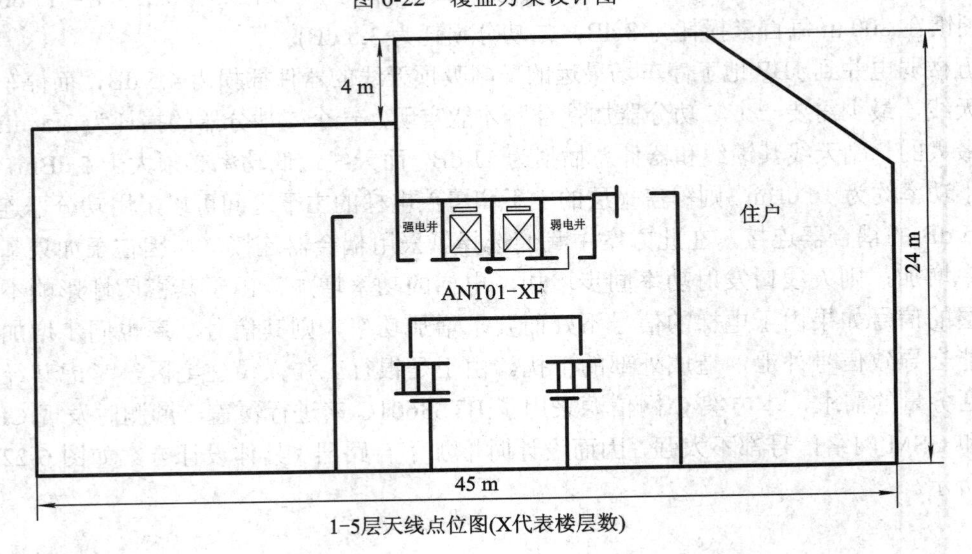

1−5层天线点位图(X代表楼层数)

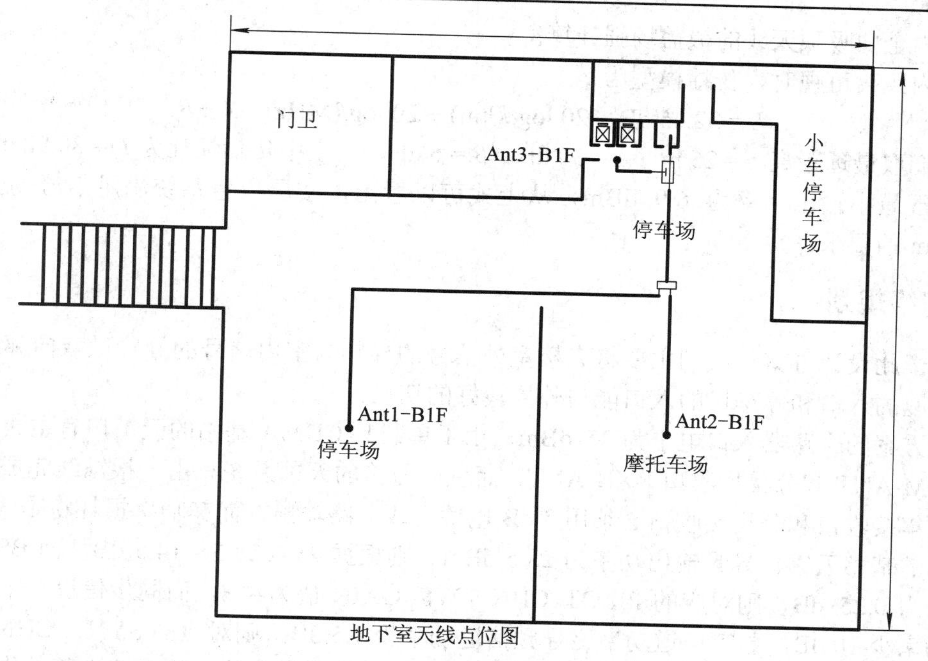

图 6-23　室内覆盖吸顶天线点位图

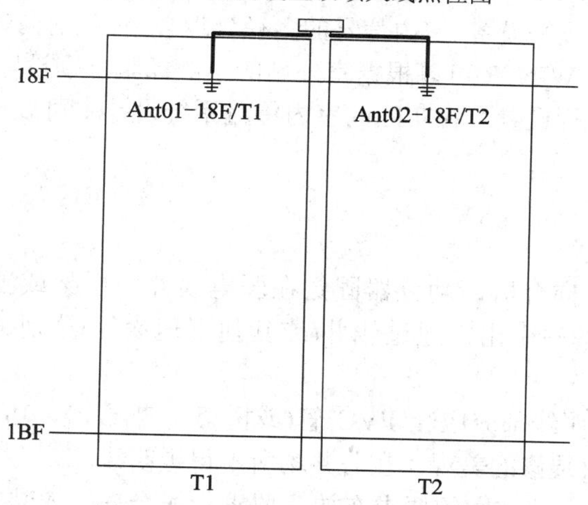

图 6-24　电梯井道八木天线点位图

室内全向吸顶天线参数如表 6-4 所示。

表 6-4　室内全向吸顶天线参数

最小输出功率	最大输出功率
6.9 dBm	8.1 dBm

建筑材料与穿透损耗之间的关系如表 6-5 所示。

表 6-5　建筑材料与穿透损耗

材料类型	混凝土墙	混凝土楼板	天花板	薄金属墙板
损耗	20 dB	10 dB	1～8 dB	15 dB

室内全向吸顶天线的覆盖场强计算：

室内距离可视时，传播模型为

$$L = 32.45\ \text{dB} + 20\log d(\text{km}) + 20\log f(\text{MHz}) + A + B$$

我们取最远距离 $d = 25$ m，$A = 30$ dB，$B = 6$ dB，则空中传输损耗为 $L = 80.88$ dB。

对于最小输出功率为 6.9 dBm，从上式可以看出，楼层覆盖系统满足信号场强大于 −85 dBm 的要求。

三、网络规划

对于此设计方案，我们主要将大楼室外信号的导频与室内信号的导频做双向邻区，以保证大厦的入口和停车场的入口能与外界较好的切换。

此方案的合路器入口电平为 25 dBm，由于单载频 CDMA 基站的天馈口有主集接收口 TX/RXM-ANT 和分集接收口 RXD-ANT，而室内覆盖的天馈系统只由一根馈线完成，故基站的主集接收口和分集接收口必须用 3 dB 电桥合成一路输出，而其功率损耗将是 3.5 dB，故实际的基站天馈口导频输出功率为 28.5 dBm。则根据 43 − 28.5 = 14.5 dB，而 BSC 的调节步长为 0.25 dB，则对应的 PILOT_CHN_PWR_GAIN 值为−58，而同步信道功率比导频信道功率少 10 dB，寻呼信道功率比导频信道功率少 1.5 dB，则对应的 SYNC_CHN_GAIN 值设为−98，PG_CHN_PWR_GAIN 值设为−62。由于是室内覆盖，且直接由基站作为信源覆盖，未使用直放站、干放等设备，室内信号的多径延迟较小，故前向搜索窗 SRCH_WIN_A、SRCH_WIN_N、SRCH_WIN_R 可以根据室外站的一般经验分别设置为 5、8、9；反向搜索窗也同样根据室外站进行设置。在实际的室内覆盖系统设计中可以根据实际情况灵活设置以上参数。

四、工程安装

(主干线路)馈线、耦合器、功分器固定在弱电线井、桥架或独立路径，不得走管道井。分布端主馈线由基站引出，通过线井(或其他合理途径)分别铺设至各层。具体安装要求如下：

(1) 各层分布馈线明线部分应套 PVC 管(或桥架)、耦合器、功分器应安装在标准器件盒内，不影响大楼内部装修的美观，在公共场所不得走明线。

(2) 馈线必须按照设计方案的要求布放，要求走线合理，安装牢固，不得有交叉、扭曲、裂损的情况。

(3) 馈线必须为阻燃线材，馈线进出口的墙孔应用防水、阻燃的材料进行封堵。

(4) 馈线弯曲布放时，要求弯曲角保持圆滑，其弯曲曲率半径应大于馈线允许的曲率半径。

(5) 馈线应避免与强电、高压管道和消防管道一起布放走线，确保无强电、强磁干扰。

(6) 馈线、器件在线井和天花板中布放时，应用固定材料(扎带等)进行固定，与设备相连的馈线或跳线应用线码或馈线夹进行固定。

(7) 室内吸顶式天线的安装必须固定在设计的安装位置(楼板或天花板下)，保证天线的水平美观，不破坏室内的整体环境。如天线必须固定在天花板内部时(天花板为石膏板)，天线必须固定，保证其方向性。

(8) 对于不在机房、线井、和天花板中布放的馈线，应安装在走线架上或套用 PVC 管。

(9) 所有天线的功分器、耦合器均安装在室内，天线与连接头的接口处应作防水处理；对每个设备器件和每根电缆的两端都要贴上标签，根据设计文件的标识注明设备的名称、编号和电缆的走向及收发信标签。

各种设备标签的编号格式如下：

(1) 无源分布系统。

天线：Ant *n*-*m*F；

功分器：PS *n*-*m*F/x；

耦合器：*x*T *n*-*m*F。

(2) 馈线。

起始端：TO—设备编号；

终止端：FROM—设备编号。

注：以上 *n* 表示设备的编号，*m* 表示设备安装的楼层，*x* 表示功分器或耦合器的型号。

分布系统的前端加装馈线接地件，接地件应与大楼地网良好相连。基站的 GPS 天线应安装在室外且能保证时时捕捉卫星，信源 BTS3601C 安装在 5F 弱电井，BTS3601C 的安装按照基站的工程安装工艺进行安装。

五、测试和优化

工程安装结束后应严格测试馈线主干和各楼层接入点的天馈驻波比，同时在室内覆盖区进行严格的 CQT 测试，并进行室内覆盖路测。后期还必须通过话统跟踪室内覆盖基站和周边基站的 KPI，重点关注呼叫建立成功率、掉话率、软切换成功率等指标的变化，一旦发现问题及时进行分析和相关参数的调整。

过 关 训 练

一、填空题

1. 移动通信室内覆盖系统的主要目标是补盲补热：_______使目标区域的无线信号满足覆盖电平要求；_______使系统的无线资源利用率能够满足室内话务的需求。

2. 在室内覆盖系统中，手机离天线的最远距离是由_______决定的。而空间最大允许路径损耗是由天线的_______和手机的_______决定的。

3. 室内覆盖系统中，手机里室分天线的最小距离是由_______决定的。而空间最小耦合损耗是由手机的_______、接收机的底噪声和天馈系统损耗共同决定的。

4.一般建议建筑物正门或大堂出入口切换区域在室外距离门口_______范围内，切换区域不宜离马路太近或进入室内过深。

5. 车库的切换要控制在出入口处，设计时需要考虑车体损耗，一般在_______位置安装室内信号天线以保证顺利切换。

6. 为了减少穿透墙体的损耗，对于大型会议室、办公区域等，如果物业允许，可以将天线布放到_______。

7. 功率分配的主要工具是_______和_______；

8. 功率分配中主要的功率损耗是_______，其次是馈线的_______，最后是接头、器件的介质损耗。

二、简答题

1. 简述移动通信室内覆盖规划的设计目标。
2. 简述移动通信室内覆盖规划设计中覆盖等级的划分。
3. 简述移动通信室内覆盖规划设计时信号源和信号分布系统选取。
4. 简述移动通信室内覆盖规划设计时电梯覆盖方案的确定。
5. 简述移动通信室内覆盖规划设计时室内覆盖的天线布放和走线设计的总体原则。

过关训练解答

模块七　移动通信室内覆盖多系统设计

【内容简介】

本模块首先介绍移动通信室内覆盖多系统的概念及优势；其次介绍了移动通信室内覆盖多系统的合路方式，给出了室内覆盖多系统设计的关键问题及解决方法，重点是如何处理系统间的三种干扰；最后介绍了移动通信室内覆盖多系统设计的相关案例。

【重点难点】

重点掌握室内覆盖多系统设计是处理多系统间干扰的方法。

【学习要求】

(1) 识记：移动通信室内覆盖多系统的概念及优势、移动通信室内覆盖多系统的合路方式。

(2) 领会：移动通信室内覆盖多系统设计的关键问题及解决方法。

任务1　移动通信室内覆盖多系统的相关概念

【学习要求】

(1) 识记：移动通信室内覆盖多系统的概念、移动通信室内覆盖多系统的优势。

(2) 领会：移动通信室内覆盖多系统的合路方式。

一、移动通信室内覆盖多系统概述

通信技术的高速发展促使移动运营商提供越来越丰富多彩的高速宽带业务，并将其网络建设重点由室外广泛覆盖转移到室内重点覆盖。而常规的各个运营商单独建设其室内天馈线分布系统的方式，势必导致在一些重点建筑物中建设多套天馈线系统，既浪费投资又影响建筑物内的美观，可通过建设多系统合路室内天馈线分布系统来解决这一问题。多系统多运营商合路室内覆盖是目前业界较为成熟、可靠、先进的方案，在全球的商用网中得到广泛应用。越来越多的无线通信系统导致多次施工，对楼宇弱井布局、空间预留要求越来越高，众多天线点难以做到室内美观、整洁和统一，多网合一是室内覆盖的必然趋势。

移动通信室内覆盖多系统指的是根据各种系统的特点，在满足用户业务需求的前提下，按实际需求选择把 GSM、CDMA、WCDMA、LTE 等 2G、3G、4G 蜂窝移动通信系统或

WLAN 及其它系统的信号通过网络合路设备进行合路，共用一套室内分布式天馈系统，并解决各系统间的干扰，使同一室内场景下不同的用户终端接入到各自系统达到满足业务需求的目的。

二、移动通信室内覆盖多系统的优势

1. 多网合一可以有效节省投资

多系统合路后共用天馈能省去一些馈线和天线的费用，结构相对清晰，易于维护；减少多运营商网络的重复建设投资；简洁美观，更易与建筑设计相协调。如某大型商场的 4 家商家(电信、移动、联通、业主)布放天线均在 3000 副以上(每个房间一副天线)，以每副天线平均 800 元的造价计算，多网合一可以减少 6000 副天线(3000 × 4 – 3000 × 2，采用收发分缆方式合路)，经济效益可节省 480 万(800 × 6000)。

2. 符合社会和政府的要求

一般楼里是一个制式用一套天馈，会造成重复施工、重复建设，尤其是目前物业较难沟通，所以政府决策要求多网共享，这样也可以减少多次工程带来的不便和风险。

3. 符合技术发展的需要

如今各种多系统合路的设备例如 POI(Point Of Interface，多系统合路平台)的成本已经降下来，技术指标也有所提升，中等规模的楼宇使用 POI 将越来越普遍，这在一定程度上推动了多网合一覆盖的发展。

什么是 POI 设备？

三、移动通信室内覆盖多系统的合路方式

1. 共用天馈收发同缆方式

如图 7-1 所示，各系统通过合路器或者 POI 系统共用一套天馈系统。这种合路方式的优点是：投资较低，各系统只需要一套天馈系统，施工简单；可以减少天线数目，有利于大楼的整体美观和节约空间资源；系统设备结构设计遵循牢靠、稳固原则，系统方案设计工程实施安全可靠。但适用于较少的系统的共用，多系统共用时较难解决系统之间的互调干扰；系统较多时，合路器定制较困难。

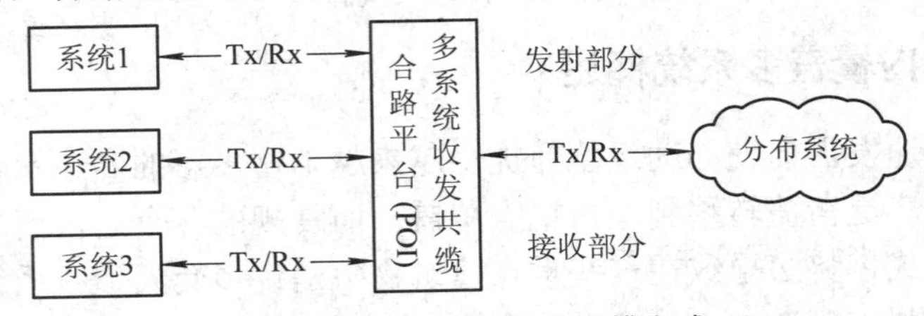

图 7-1　共用天馈收发同缆方式

当运营商接入的系统较少时，可以采用收发同缆的方式。其主要技术是用 POI 或合路器，根据信号的特性，采用一级、二级、三级合路方式将信号合路后由一路分布系统进行覆盖。其特点是投资小，抗干扰能力弱。

2. 收发分缆方式

多运营商系统在共用室内分布系统时，若采用收发同缆方式，不同的频率组合可能会产生互调干扰，因此在存在互调干扰的情况下，需采用收发分缆方式组网，如图 7-2 所示。

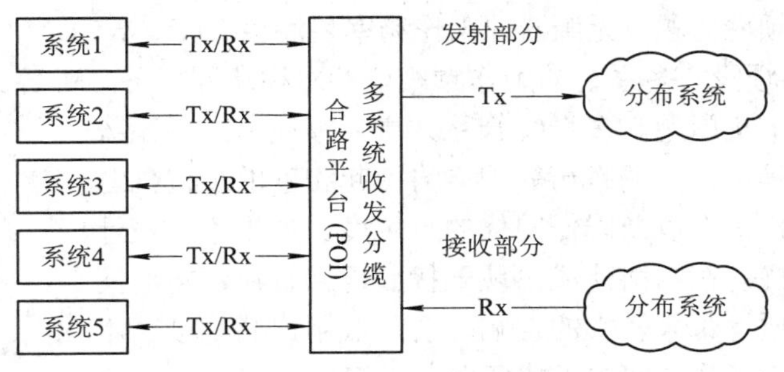

图 7-2　收发分缆方式

收发分缆方式是将各制式系统的上、下行信号分为两套分布系统建设，有效减少系统间产生的杂散和阻塞干扰问题。对于时分双工系统，可选择其中的一套进行合路。其特点是投资较大，抗干扰能力强。

目前，LTE 都是趋向使用 MIMO 天线，并且也是收发分缆，这也成为 LTE 发展趋势和技术标准。因此，未来多网合路的收发分缆将是主要的合路方式。

LTE 多系统合路方案

知识小拓展： MIMO 是 LTE 的关键技术之一，指的是基站与手机间信号的接收发送使用多幅天线，以达到提高通信质量的目的。

任务 2　移动通信室内覆盖多系统设计中的关键问题及干扰方式

【学习要求】

(1) 识记：了解移动通信室内覆盖多系统设计存在哪些技术难点。

(2) 领会：掌握移动通信室内覆盖多系统设计的关键技术解决思路、掌握多系统间的三种干扰类型。

一、移动通信室内覆盖多系统设计的关键问题

1. 关键问题概述

在前面的任务 1 中介绍了移动通信室内覆盖多系统的优势，其虽有经济和管理维护等优势，但是也有一定的技术难点，归纳起来大致有四个方面的问题，如图 7-3 所示。

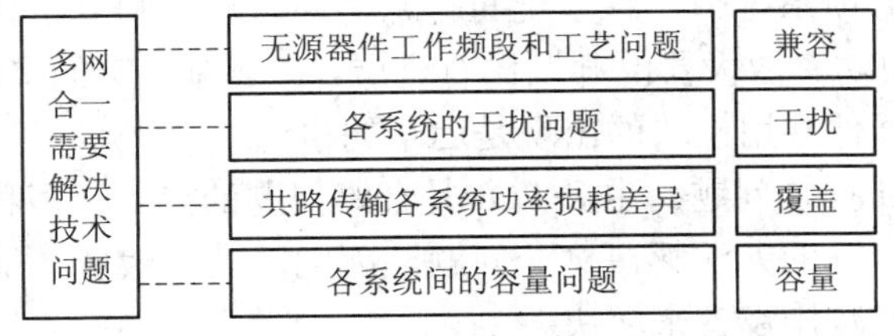

图 7-3　移动通信室内覆盖多系统设计的关键问题

这些技术难点主要表现为以下方面：

无源器件工作频率问题。无源器件工作频率要涵盖 LTE、WCDMA、WLAN、CDMA、GSM、DCS 等工作频段。多系统的工作频段请参看模块四任务 2 中各类系统的设计指标。

各系统间相互干扰问题。多系统合路共享天馈线后，各系统间存在的边带杂散噪声、交调噪声等因素将引起相互的干扰，这增加了系统间的干扰概率以及降低网优的自由度。如果不在设计时考虑消除这些干扰，在网络建成出现干扰后再来解决，将对网络的稳定性和服务质量带来较大的影响，会降低用户感知度。本任务后面将着重讨论多系统间的干扰问题。

室内多系统干扰问题

功率损耗差异问题。多网共享天馈后，由于 LTE、WCDMA、WLAN、CDMA、GSM、DCS 工作频段不一，存在功率传输损耗差异，功率分配均匀难以达到系统的各自最佳需求，因此会影响到信源的功率与容量的矛盾。

部分有源器件无法共用问题。由于不同制式系统的工作方式不同，且存在相互干扰的可能，因此部分有源器件无法共用。

除了以上四个方面的技术难点外，还有合路器或 POI 插损问题，这是四个问题的综合。由于系统合路时必须在天馈系统中插入合路器，该器件接入将造成信号功率的损耗。插损变大导致信号功率的损耗过大，需要增加一到两倍的信号源，有一定的浪费功率、消耗能源及牺牲空间的瑕疵。

2．解决方法简析

对于无源器件工作频率问题。目前无源器件频率涵盖 TD-SCDMA、WCDMA、WLAN、CDMA、GSM、DCS 工作频段，即 800～2500 MHz，为 LTE 和 CATV 的介入做准备，频率要扩展到 450～2760 MHz。目前各设备厂商都有相应的技术能满足产品需要。

对于各系统间相互干扰问题。干扰是无线通信领域的一个永恒话题，因此对合路器隔离度、工艺和电磁性要求高。目前大多数的无源器件无法满足技术指标，主要是由于多系统合路后功率增大，没有高功率的器件支持，杂散噪声、交调噪声恶化严重。大功率无源器件的开发研制问题又主要表现在原材料和生产工艺上，目前，一些厂家开发的大功率无源器件现已得到技术认可和应用，多网合一的困难正在减少。

对于功率损耗差异问题。多网共享天馈后存在功率传输损耗差异，无源器件的插损影响不是很大，主要是传输线缆的损耗不一致，这样需要不同系统的信号源功率有多种规格，避免功率过剩或不足。目前这点还做得不是很好，只有根据现场方案量身定做才可以解决。

对于部分有源器件无法共用问题。由于不同制式系统工作方式不同，且存在相互干扰的可能，在多网共享天馈系统中，各系统间有源器件需相互独立。目前多系统共用有源器件正在尝试，多频多模功率放大器的开发已有进展，甚至有厂家的多模 RRU 已经在规模试用了，所以部分有源器件共用模块的出现是迟早的事。

对于合路器或 POI 插损问题。由于 POI 是合路问题的焦点，多种问题交集在一起，目前的技术和工艺还没有好的方法解决这一问题。因此，功率浪费、能源消耗、占用空间只有通过优化方案和节能减排设备来解决。

二、杂散干扰

多系统共用室内覆盖系统需考虑的系统间干扰主要有：杂散干扰、阻塞干扰和互调干扰。各系统间的干扰要依靠合路器和滤波器来解决，从普通无源合路器隔离度指标来看，隔离度与不同端口频率间隔有关。

1．杂散干扰的概念

杂散干扰是由一个系统的发射频段外的杂散发射落入到另外一个系统接收频段内造成的干扰。杂散干扰直接影响了系统的接收灵敏度。若杂散落入某个系统接收频段内的幅度较高，被干扰系统接收机系统是无法滤除该杂散信号的，因此必须在发信机的输出口加滤波器来控制杂散干扰。

解决此种干扰的思路就是通过干扰分析计算出当干扰对系统的影响降低到适当程度时所需要的隔离度，即灵敏度不明显降低时的干扰水平。在 POI 合路方案中要求选择多系统间最大的隔离度作为工程需要。

2．各系统接收灵敏度

系统接收灵敏度一般以 10 log(KTB)+ NF 计算，计算结果如表 7-1 所示。干扰容限以接收机灵敏度下降 0.8 dB 计算，即干扰比系统接收灵敏度低 6.94 dB(以 6.9dB 计算)。

表 7-1　各系统的干扰容限

系统名称	CDMA	GSM	DCS	WCDMA	TD-SCDMA	WLAN
系统底噪	−113	−121	−121	−108	−113	−101
噪声系数	5	5	5	5	5	5
系统接收灵敏度	−108	−116	−116	−103	−108	−96
干扰容限	−115	−123	−123	−110	−115	−103

3．杂散隔离度

某系统为了避免被其它系统杂散干扰，需要一定的系统隔离度来避免接收机灵敏度恶化严重。适当的恶化量是允许的，如下式：

$$P_{spu} - MCL < P_N + NF - 7$$

其中：P_{spu}：干扰系统的杂散发射功率；

MCL：系统隔离度；

P_N：被干扰系统的系统底噪即系统热噪声；

NF：被干扰系统的接收机噪声系数；

适当的恶化量这里以被干扰系统接收机灵敏度恶化 0.8 dB 计算，即干扰系统的杂散发射功率到达被干扰系统接收机的灵敏度低 7 dB。

各系统对于其他系统的杂散产物进行带宽转换后，各系统对于其他系统的杂散产物如表 7-2 所示。

表 7-2　作为干扰系统的杂散指标

被干扰 干扰	CDMA 1.23 MHz	GSM 200 kHz	DCS 200 kHz	WCDMA 3.84 MHz	TD-SCDMA 1.28 MHz	WLAN 22 MHz
CDMA	—	−64 dBm/ 200 kHz	−44 dBm/ 200 kHz	−30.2 dBm/ 3.84 MHz	−34.9 dBm/ 1.28 MHz	−22.6 dBm/ 22 MHz
GSM	−28.1 dBm/ 1.23 MHz	—	−41.8 dBm/ 200 Hz	−28.9 dBm/ 3.84 MHz	−33.7 dBm/ 1.28 MHz	−21.3 dBm/ 22 MHz
DCS	−28.1 dBm/ 1.23 MHz	−90 dBm/ 200 kHz	—	−28.9 dBm/ 3.84 MHz	−33.7 dBm/ 1.28 MHz	−21.3 dBm/ 22 MHz
WCDMA	−25.1 dBm/ 1.23 MHz	−95 dBm/ 200 kHz	-95 dBm/ 200 kHz	—	−84.9 dBm/ 1.23 MHz	−16.6 dBm/ 22 MHz
TD-SCDMA	−25.1 dBm/ 1.23 MHz	−95 dBm/ 200 kHz	−95 dBm/ 200 kHz	−80 dBm/ 3.84 MHz	—	−16.6 dBm/ 22 MHz
WLAN	−25.1 dBm/ 1.23 MHz	−33 dBm/ 200 kHz	−37 dBm/ 200 kHz	−24.2 dBm/ 3.84 MHz	−28.9 dBm/ 1.28 MHz	—

因此，系统间杂散隔离度即可通过如下公式计算：

MCL = 各系统的干扰容限 − 各系统的杂散干扰总功率

由此得到的系统间杂散隔离度如表 7-3 所示。

表 7-3　系统间杂散隔离度

被干扰 干扰	CDMA −115 dBm	GSM −123 dBm	DCS −123 dBm	WCDMA −110 dBm	TD-SCDMA −115 dBm	WLAN −103 dBm
CDMA	—	59	79	79.8	80.1	80.4
GSM	86.9	—	81.2	81.1	81.3	81.7
DCS	86.9	33	—	81.7	81.3	81.7
WCDMA	89.9	28	28	—	30.1	86.4
TD-SCDMA	89.9	28	28	30	—	86.4
WLAN	89.9	90	86	85.8	86.1	—

上表中的隔离度是基于避免某一系统对另一系统的杂散干扰所需隔离度。若多系统合路，必然存在多系统对某一系统的杂散干扰，相当于多个杂散干扰在被干扰系统接收机端的叠加，对隔离度的要求必然比上表有所增加。由于各干扰系统到达被干扰系统接收机的 MCL 不同，因此只能以上表中被干扰系统所需最大的杂散隔离度再增加 10 log$N$ 的系统余量，N 是干扰系统个数。

三、互调干扰

互调干扰是指两个或两个以上不同的频率作用于非线性电路或器件时，频率之间相互作用所产生的新频率落入接收机的频段内所产生的干扰。通信系统中的无源器件的线性度一般优于有源器件，但也可能会产生互调干扰。

互调干扰影响最大的是三阶互调干扰，可能产生干扰的频率组合有 $2f1-f2$、$2f1-f3$、$2f2-f1$、$2f2-f3$、$2f3-f1$、$2f3-f2$、$f1+f2-f3$、$f1-f2+f3$、$f2+f3-f1$。这些频率组合可归纳为 $2f-f2$(一型互调)及 $f1+f2-f3$(二型互调)两种类型。

1. 二阶互调

可能的二阶互调干扰组如表 7-4 所示。

表 7-4　二阶互调干扰组

第一干扰信号(MHz)	第二干扰信号(MHz)	被干扰信号频率(MHz)
851～866	851～866	1710～1730
870～880	851～866	1710～1730
851～866	870～880	1710～1730
870～880	870～880	1745～1755
930～954	930～954	1900～1920
954～960	930～954	1900～1920
930～954	954～960	1900～1920
954～960	954～960	1900～1920
1805～1825	930～954	885～909
1840～1850	930～954	885～915
1840～1850	954～960	885～909

根据上述计算可以看到，产生干扰的系统有：

电信 CDMA 下行对移动 DCS 上行信号产生干扰；

电信 CDMA 下行对联通 DCS 上行信号产生干扰；

移动 GSM 下行对 PHS 产生干扰；

移动 GSM 下行和联通 GSM 下行对 PHS 产生干扰；

联通 GSM 下行对 PHS 产生干扰；

移动 GSM 下行和移动 DCS 下行对移动 GSM 上行产生干扰；

移动 GSM 下行和移动 DCS 下行对移动 GSM 上行产生干扰；

联通 GSM 下行和移动 DCS 下行对移动 GSM 上行产生干扰。

因此，多系统合路时，受二阶互调产物干扰影响的系统有 GSM900，DCS1800 和 PHS。

2. 三阶互调

三阶互调出现的可能比较多，此处只对 CDMA 系统产生干扰的三阶互调干扰组举例，如表 7-5 所示。其它系统可能产生的三阶互调请大家自己同理推导。

表 7-5　CDMA 系统三阶互调干扰组

第一干扰信号(MHz)	第二干扰信号(MHz)	第三干扰信号(MHz)	被干扰信号频率(MHz)
870～880	1805～1815	1840～1850	825～835
870～880	1840～1850	1900～1915	825～835
935～960	1805～1815	1900～1915	825～835
851～866	870～880		825～835
870～880	935～960		825～835

根据上述计算可以看到，产生干扰的系统有：

电信 CDMA 下行、移动 DCS 下行、联通 DCS 下行对电信 CDMA 上行的干扰；

电信 CDMA 下行、联通 DCS 下行、PHS 对电信 CDMA 上行的干扰；

GSM 下行、移动 DCS 下行、PHS 对电信 CDMA 上行的干扰；

在移动通信上述各系统合路时，三阶互调产物几乎对所有参与合路的各系统都产生了干扰影响。因此，在设计多系统合路时，需充分考虑上述干扰的影响，利用增加系统间隔离度的方法，保证系统不受互调干扰的影响。互调干扰的干扰机理和杂散干扰一样都是由于干扰信号进入被干扰信号的工作频带产生的，所需要的隔离度也可以由公式 $P_{spu} - MCL < P_N + NF - 7$ 进行计算。

四、阻塞干扰

任何接收机都有一定的接收动态范围，在接收功率超过接收动态允许的最大功率电平时，会导致接收机饱和阻塞。阻塞会导致接收机无法正常工作，长时间的阻塞还可能造成接收机的永久性性能下降。

在分析阻塞干扰时主要考虑发射机(包括基站和直放站)发射的信号对接收机的干扰，而发射机产生的杂散信号主要通过落入接收机的工作信道对接收机产生同频干扰。

阻塞隔离度计算如表 7-6 所示。

表 7-6　阻塞隔离度

干扰系统	CDMA		GSM 900		DCS 1800		WCDMA		TD-SCDMA		WLAN	
干扰电平强度/dBm	43		43		43		43		43		30	
被干扰系统	阻塞电平要求 dBm	隔离度要求 dBm	阻塞电平要求 dBm	隔离度要求 dBm	阻塞电平要求 dBm	隔离度要求 dBm	阻塞电平要求 dBm	隔离度要求 dBm	阻塞电平要求 dBm	隔离度要求 dBm	阻塞电平要求 dBm	隔离度要求 dBm
CDMA	—	—	37	6	37	6	37	6	37	6	37	-7
GSM 900	8	35	—	—	8	35	8	35	8	35	8	22
DCS 1800	0	43	0	43	—	—	0	43	0	43	0	30
WCDMA	–15	58	16	27	16	27	—	—	–15	58	–15	45
TD-SCDMA	–15	58	16	27	16	27	–15	58	—	—	–15	45
WLAN	7	36	7	36	7	36	7	36	7	36	—	—

由上述对通道隔离度计算方法以及相关标准中涉及的阻塞干扰电平的要求可知，消除阻塞干扰对多频合路器的通道隔离度要求并不高。如果合路器的隔离度不够，可以在干扰系统发射机后或者在被干扰系统接收机前加一个滤波器可以阻塞干扰。

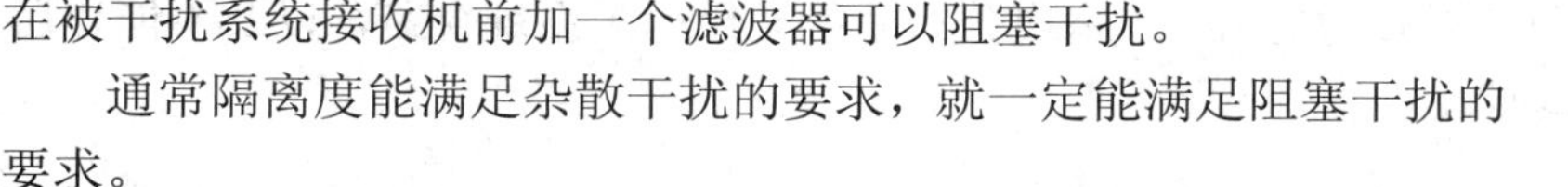

通常隔离度能满足杂散干扰的要求，就一定能满足阻塞干扰的要求。

知识小拓展：接收机灵敏度定义了接收机可以接收到的并仍能正常工作的最低信号强度。为保持接收机正常工作的最小可接收信号强度，灵敏度可用功率来表示，单位为 dBm(通常是一个比较大的负dBm值)。

任务 3　移动通信室内覆盖多系统设计

【学习要求】

(1) 领会：基于 LTE 的移动通信室内覆盖多系统设计方案。

(2) 应用：掌握基于覆盖估算的移动通信室内覆盖多系统设计方法。

随着 LTE 牌照的发放，各大运营商开始大力部署 4G 网络。市场竞争热点决定了室内环境下的高速数据业务是网络建设的重中之重。本小节主要以中国移动的目前使用的 TDD-LTE 和 TD-SCDMA 多系统为例，讨论如何规划设计室内分布多系统。

一、同一运营商的室内分布多系统设计

在设计移动通信室内覆盖多系统时，特别是 4G 网络商用以后，一般的室内场景目前常用 BBU + RRU 来作为信源。首先查勘该建筑物附近室外是否已有建好的 LTE 站点，若有，从成本角度考虑可以将室外站点的 BBU 中增加载波数，然后用多个 RRU 射频拉远到室内进行覆盖，如图 7-4 所示。若无室外站点，则需在室内建筑物中设计信源设备及其布放位置。

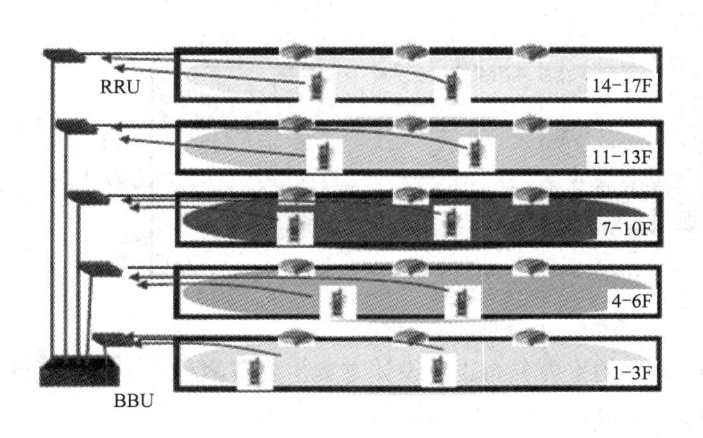

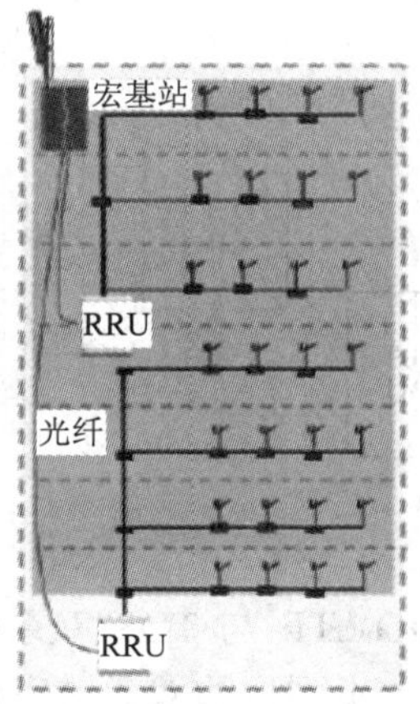

图 7-4　4G 室内分布系统信源组网图

基于分布式基站的 4G 室内覆盖系统包括双通道室分系统、单通道室分系统。

单通道室分系统如图 7-5 所示，在每个楼层的每个候选天线位置用一个全向天线完成信号的收发，配套的支路馈线路由也是单独一条，一个楼层占用 RRU 的一个端口信号，本方案适合室内环境较复杂难以进行 LTE 室内分布系统升级的多系统合路，以及不能使用 LTE 的 MIMO 技术的场景。

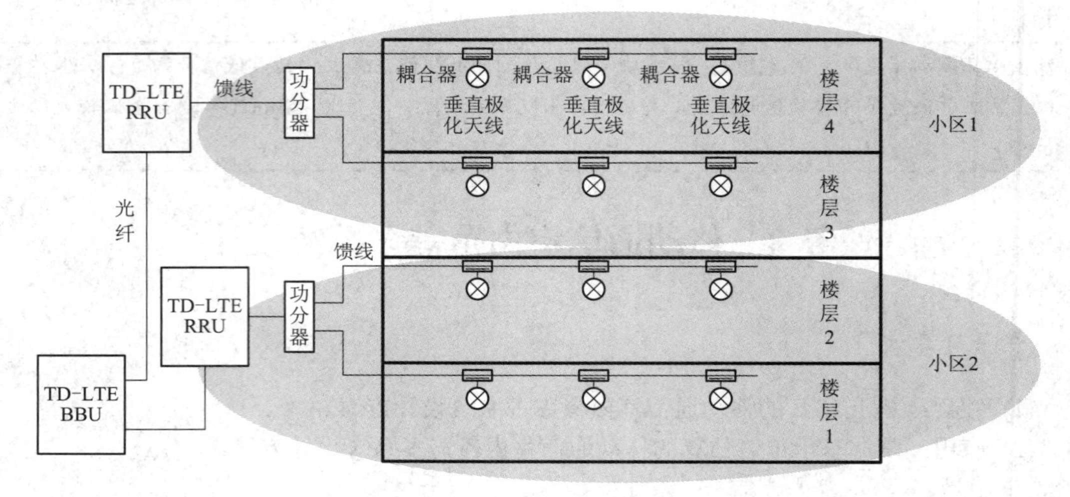

图 7-5　单通道室分系统图

双通道室分系统如图 7-6 所示，在每个楼层的每个候选天线位置用两个全向单极天线或一个双极化天线完成信号的收发，配套的支路馈线路由也是单独两条，一个楼层占用 RRU 的两个端口信号，本方案能使用 LTE 的 MIMO 技术，用户可获得较高数据速率但成本较高。

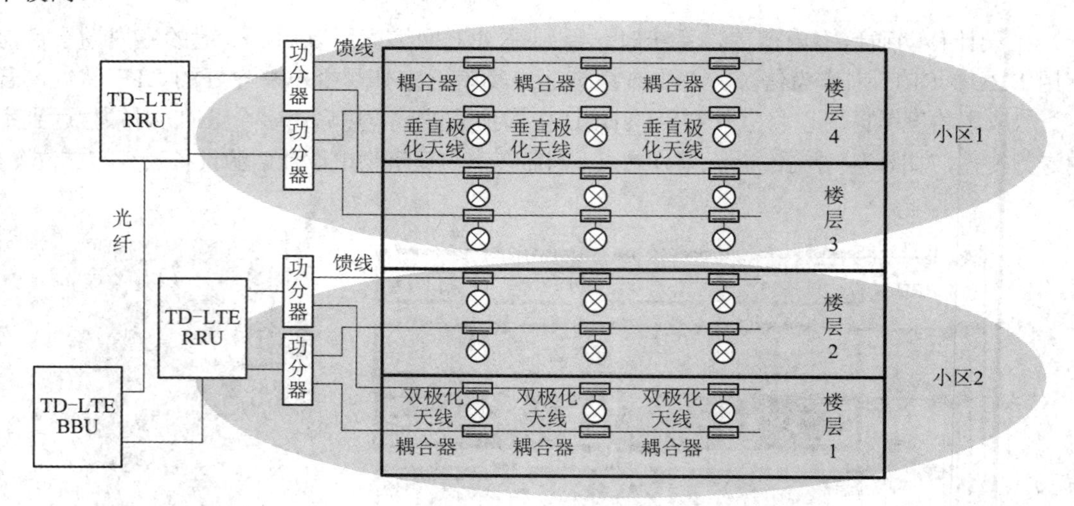

图 7-6　双通道室分系统图

TDD-LTE 与 TDS 双系统融合的室内分布工程设计方案主要有两种：一是新兴的建筑物采用一步到位的双通道室内分布设计，每层的候选天线处布放双套天馈系统；二是已有 TDS 室分系统的建筑物采用升级的 LTE 单通道室内分布设计，可降低运营商成本实现快速布点。

这两套方案实际的性能评估，如图 7-7 所示为单、双通道室分下行吞吐量对比图。

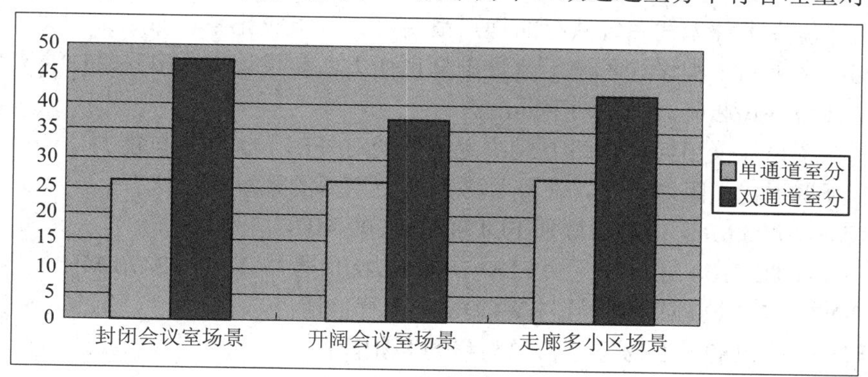

图 7-7　单、双通道室分下行平均吞吐量对比图

单通道 TDD-LTE 与 TDS 共室分环境下的天线设计方案：需在已有的 TDS 室分系统基础上增加一套 LTE 的天馈系统，LTE 的候选天线位置与馈线路由可以参考 TDS 的布放。如图 7-8 所示，同一天线布点区共两副天线，分别为 TDS 和 LTE 天线。

若在室内建筑物中的会议室场景中，相邻的两个单极化天线干扰主要受空间隔离度的影响，常规的相邻候选天线布放间距需至少大于 6 个波长(0.65 m)；

若在长廊型场景中，常规的相邻候选天线布放间距需至少大于 2 m，降低天线间信号相互干扰。

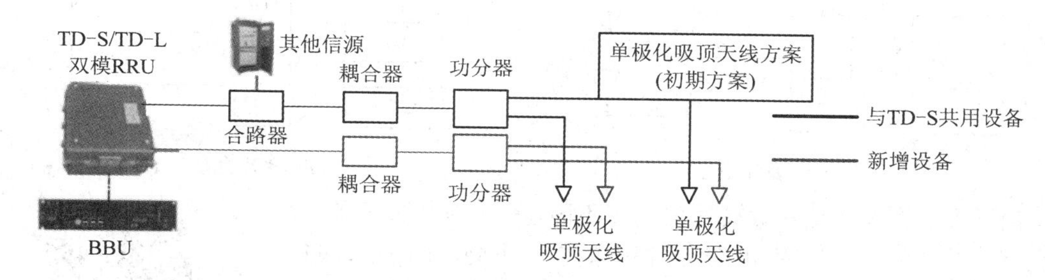

图 7-8　单通道 TDD-LTE 与 TDS 室内分布多系统图

双通道 TDD-LTE 与 TDS 共室分环境下的天线设计方案如图 7-9 所示，在图中标黑的原有 TDS 的天馈系统基础上，新增一路标红的天馈系统，天线可新增一个单极化天线或两路合用一个双极化天线。

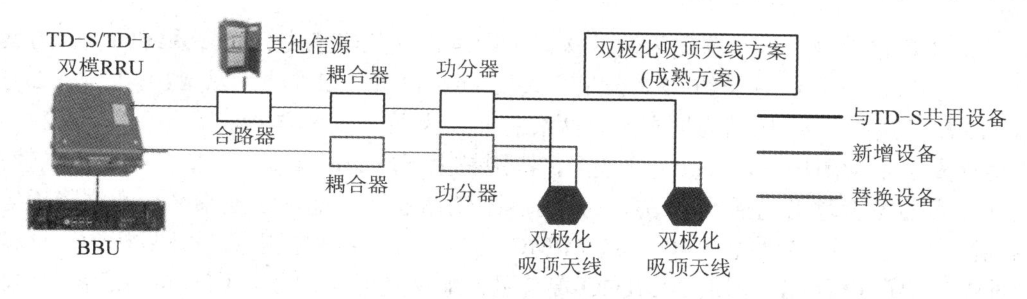

图 7-9　双通道 TDD-LTE 与 TDS 室内分布多系统图

二、不同运营商的室内分布多系统设计

在室内环境中多种无线系统共存的优点很明显，既集成化高、布放条理美观、投资成本低。但相应带来的工程设计与施工建设难度也变大。在设计室分多系统时主要的问题有两个：一是合路方式选取，二是功率匹配。

室分多系统设计采用何种合路方式决定了系统对外部干扰的抵抗能力。干扰主要包括杂散干扰、互调干扰、阻塞干扰。在室分多系统中主要的系统间干扰有：

电信 CDMA800 MHz 信号与联通 FDD-LTE 1800 MHz 信号；

电信 FDD-LTE 2100 MHz 信号、FDD 1800 MHz 信号与 2360～2370 MHz 信号；

联通 FDD-LTE 1800 MHz 信号与 WCDMA 上行信道；

电信 FDD-LTE 1800 MHz 下行信道与移动 F 频段；

联通 FDD-LTE 1800 MHz 与电信 FDD 1800 MHz。

因此要根据室分多系统的干扰度，来选取合路方式。在共建系统较少、系统间干扰较小的多系统中可采用直接用合路器的方式，如图 7-10 所示。

对于共建系统较多、系统间干扰较大的多系统采用多系统合路器 POI 的方式，如图 7-11 所示。

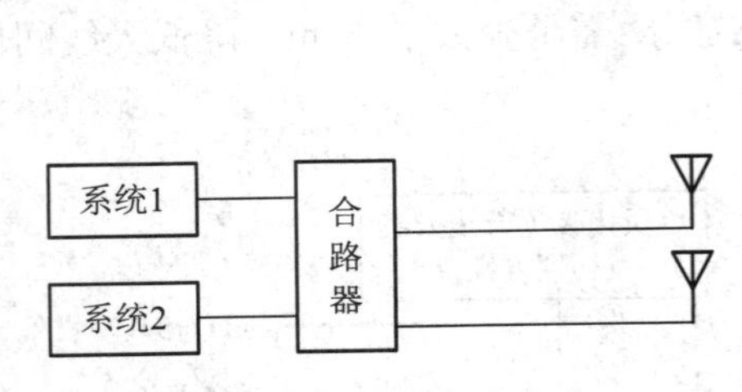

图 7-10　直接合路方式

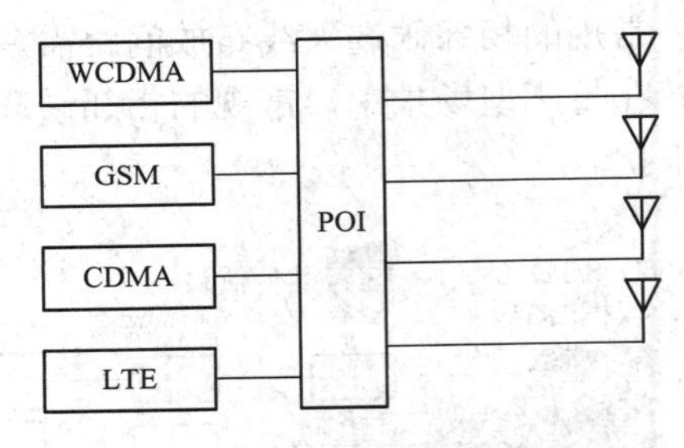

图 7-11　POI 合路方式

由于多个系统的信源设备发射功率不同，不同频率的网络信号在室分系统的传输过程和空口路径上的损耗不同，不同系统的信号对室分环境边缘区域的手机接收功率标准不同，这便导致了在室分多系统设计时非常复杂，要根据实际情况具体分析其功率匹配情况。

室内覆盖多系统功率匹配

三、C 市地铁室内覆盖多系统设计

下面以 C 市地铁多系统覆盖为例，探讨不同运营商共建室内分布多系统的设计方案。

C 市地铁 1、2 号线总长约 62.8 公里，共设车站 42 座；其中 1 号线 22 座车站，2 号线 20 座车站，其中五一广场站为换乘站。两线总面积为四万多平方米。

地铁属于全封闭场景，手机用户较多，特别是上下班的高峰期，峰值忙时业务量较大。本设计方案的覆盖范围包括地铁站厅、站台、地铁商业区、地铁线换乘区、地铁隧道等公共活动区域。由于该多系统中 4G 系统 MIMO 的特殊性，特别提出其设计目标为：地铁站厅、地铁商业街等为 LTE 双通道 MIMO 覆盖区，地铁隧道、站台等 LTE 单通道覆盖区域。

在设计方案中，需要考虑的目标人群为三大运营商的所有网络用户，业务类型支持语音和数据全业务。地铁室分多系统设计包括的系统有：中国电信 CDMA 系统、中国电信 FDD-LTE 系统、中国移动 GSM 系统、中国移动 DCS 系统、中国移动 TD-LTE(E 频段)、中国移动 TD-LTE(F 频段)、中国联通 GSM 系统、中国联通 WCDMA 系统、中国联通 FDD-LTE 系统。

整体地铁线路信号分布系统部分采用 POI+无源分布式，上、下行分路覆盖的方案，如图 7-12 所示为 C 市地铁室分多系统 POI 设计图。POI 设计容量按十年期实现双通道(MIMO)的接入频段及端口需求。

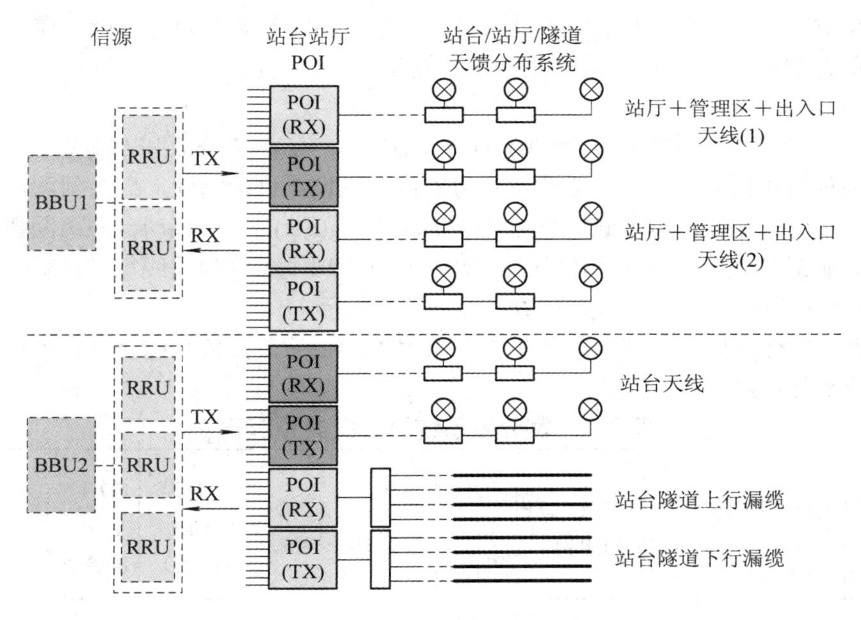

图 7-12　C 市地铁室分多系统 POI 设计图

站厅、站台采用全向天线或定向天线分布系统，如图 7-13 所示。隧道采用漏缆电缆覆盖，选择无源分布系统，并对上、下行进行分路覆盖，隧道可新增 RRU 设备作为补偿功率。

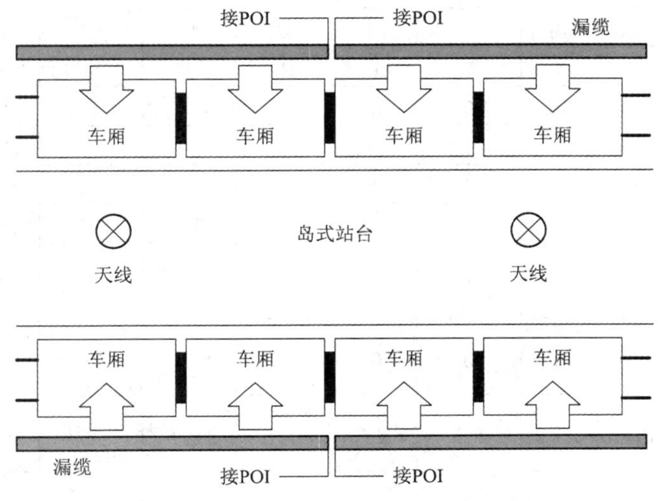

图 7-13　C 市地铁室分多系统站台分布图

每个车站设置 1 个机房，用于安装各运营商 BBU 设备、传输设备、电源设备、柜式 POI 设备等；RRU 安装位置：站厅、站台 RRU 安装于机房内，隧道内 RRU 安装于隧道外壁。

在小区覆盖规划与容量规划设计中，本地铁室分场景每个站点面积不大，且多天线分布，小区数量主要取决于容量规划。

人流量＝每节车厢设计满载乘客×车厢数量×2 列(同时进站)×(1＋换乘率)

信源容量＝最大峰值客流数×话务模型×手机渗透率×运营商市场占有率/载频利用率

通过计算得从地铁各站的话务容量预测。考虑到信源设备发射功率及信源容量，常规车站设计成 2 个小区。小区 1 覆盖地铁站台及出入口，小区 2 覆盖隧道两侧和隧道内的断点。

$$泄漏电缆的覆盖距离(米) = (P_{in} - (P + L_1 + L_2 + L_3 + L_4 + L_5))/S$$

其中：P_{in} 为泄漏电缆输入端注入功率，P 为覆盖边缘设计目标场强，L_1 为泄漏电缆耦合损耗，L_2 为泄漏电缆人体衰落 5 dB，宽度因子 $L_3 = 10\lg(d/2)$，d 为移动台距离漏缆的距离，L_4 为衰落余量 3 dB，L_5 为地铁车体损耗本项目取 10 dB 每；S 为馈线每米损耗。可算出不同系统的信号在泄漏电缆中的链路预算，如表 7-7 所示。

系统间的最终干扰隔离度取杂散干扰、阻塞干扰中的最大值。综合考虑互调和阻塞后的系统隔离度要求如表 7-8 所示。

表 7-7　室分多系统设计链路预算表

类别	计算	单位	CDMA (1x/DO) 电信	FDD-LTE (电信)	FDD-LTE (电信)	GSM (移 动)	DCS 移动	TDD-LTE (移动)	FDD-LTE (联通)	DCS (联通)	WCDMA (联通)
上行频段		MHz	825-835	1920-1935	1770-1785	885-909	1710-1735	1885-1915	1735-1770		1940-1975
下行频段		MHz	870-880	2110-2125	1865-1880	930-954	1805-1830	1885-1915	1830-1865		2130-2165
设备功率	a	dBm	43	43	43	43	43	43	43	43	43
载频数	b	个	4	1	1	8	3	1	1	2	4
功率回退值	c	dB	10	0	0	9	4	0	0	3	10
导频功率	$d=a-c$	dB	33	15.2	15.2	34	39	12.2	15.2	40	33
POI 插入损耗	e	dB	2	2	2	2	6	2	5.5	6	2
	f	dB	3.5	3.5	3.5	3.5	3.5	3.5	3.5	3.5	3.5
接头及跳线损耗	g	dB	1	1	1	1	1	1	1	1	1
连接电缆损耗	h	dB	0	0	0	0	0	0	0	0	0
泄漏电缆入口功率	$i=d-e-f-g-h$	dBm	26.5	8.7	8.7	27. 5	28. 5	5.7	5.2	29.5	26. 5
泄漏电缆百米损耗(13/8)	j	dB	2.17	4.4	3.8	2.4	3.7	3.8	3.7	3.7	4.4

续表

类别	计算	单位	CDMA(1x/DO)电信	FDD-LTE(电信)	FDD-LTE(电信)	GSM(移 动)	DCS移动	TDD-LTE(移动)	FDD-LTE(联通)	DCS(联通)	WCDMA(联通)
泄漏电缆2米处耦合损耗(95%)	k	dB	68	66	65	70	65	65	65	65	66
4米处衰减因子(宽度因子)	l	dB	3	3	3	3	3	3	3	3	3
车体阻挡	m	dB	12	12	12	12	12	12	12	12	12
人体损耗	n	dB	5	5	5	5	5	5	5	5	5
工程余量	o	dB	3	3	3	3	3	3	3	3	3
覆盖边缘场强	p	dBm	−85	−105	−105	−85	−85	−105	−105	−85	−85
最远点馈入点功率	$q=k+l+m+n+o+p$	dBm	6	−16	−17	8	3	−17	−17	3	4
最远点漏缆长度	$r=(i-q)/j$	m	945	561	676	813	689	597	600	716	511

表 7-8　室分多系统隔离度表

干扰系统 / 被干扰系统	CDMA	GSM	WCDMA	LTE 2100	LTE 1800	TD-LTE(F)	DCS 1800	TD-LTE(E)
CDMA		87	90	59	59	59	87	59
GSM	59		35	41	35	35	37	35
WCDMA	80	60		83	58	58	60	58
LTE 2100	62	61	59		59	59	82	59
LTE 1800	59	61	59	59		59	81	59
TD-LTE(F)	80	61	59	59	59		81	67
DCS 1800	79	45	43	55	55	55		55
TD-LTE(E)	80	81	59	64	64	64	81	

根据对杂散、阻塞及互调干扰隔离度综合计算，此多系统需最大的隔离度为 90 dB。实际中各厂家设备的性能指标远高于规范要求，可自行设定POI各系统间的端口隔离度。

过 关 训 练

一、填空题

1. 在一些重点建筑物中建设多套天馈线系统，既浪费投资又影响建筑物内的美观，可通过建设__________来解决这一问题。

2．移动通信室内覆盖多系统指的是根据各种系统的特点，在满足用户业务需求的前提下，按实际需求选择把__________、__________、__________、__________等 2G、3G、4G 蜂窝移动通信系统或 WLAN 其它系统的信号通过网络合路设备进行合路，共用一套室内分布式天馈系统，并解决各系统间干扰，使同一室内场景下不同的用户终端接入到各自系统达到满足业务需求的目的。

地铁室内覆盖案例

3．目前，LTE 都是趋向使用__________天线，并且也是__________合路方式，这也成为 LTE 发展趋势和技术标准。

4．多系统共用室内覆盖系统需考虑的系统间干扰主要有：__________、__________和__________。

5．__________是一个系统的发射频段外的杂散发射落入到另外一个系统接收频段内造成的干扰。

6．__________是指两个或以上不同的频率作用于非线性电路或器件时，频率之间相互作用所产生的新频率落入接收机的频段内所产生的干扰。

7．任何接收机都有一定的接收动态范围，在接收功率超过接收动态允许的最大功率电平时，会导致__________。

8．4G 网络商用以后，一般的室内场景目前常用__________来作为信源。

9．基于分布式基站的 4G 室内覆盖系统包括__________、__________。

10．在共建系统较少、系统间干扰较小的多系统中可采用__________合路的方式。

11．在共建系统较多、系统间干扰较大的多系统采用__________合路的方式。

二、简答题

1．移动通信室内覆盖多系统的优势。

2．移动通信室内覆盖多系统的合路方式。

3．移动通信室内覆盖多系统设计的关键问题有哪些？

4．如何解决移动通信室内覆盖多系统设计中的功率损耗差异问题？

5．如何解决移动通信室内覆盖多系统设计中的有源器件部分无法共用问题？

6．移动通信室内覆盖多系统设计中可能产生三阶互调干扰的频率组合有哪些？

过关训练解答

模块八　移动通信室内覆盖工程制图与预算

【内容简介】

本模块介绍移动通信室内覆盖工程制图与预算的基本知识，如移动通信室内覆盖工程设计软件的功能、系统原理图的标识及图例、工程制图的基本要求以及工程概预算的编制等。

【重点难点】

重点掌握移动通信室内覆盖工程设计软件的系统原理图、标识及图例。

【学习要求】

(1) 识记：室内覆盖工程设计软件的系统原理图、标识及图例，室内覆盖工程制图系统原理图及平面图的要求，工程造价、工程定额的基本概念，工程造价的基本构成，工程概预算的定义及其作用。

(2) 领会：室内覆盖工程设计软件的主要功能，室内覆盖工程制图的基本要求，工程概预算的编制依据及文件组成。

任务 1　移动通信室内覆盖工程设计软件

【学习要求】

(1) 识记：室内覆盖工程设计软件的系统原理图、标识及图例。
(2) 领会：室内覆盖工程设计软件的主要功能。

室内覆盖方案的设计包含覆盖、容量、电源配套等，同时涉及室内传播模型及链路预算、天馈功率设计、信源容量计算、电源负荷计算、干扰隔离度测算等。因此需要采用专业的方案设计工具进行室内网络的设计工作。本任务重点对业界常用的室内覆盖设计工具进行介绍。

一、室内覆盖工程设计软件介绍

对于当前室内覆盖系统方案设计方式而言，主要有两种手段，分别是采用 Microsoft Visio 进行方案设计和采用 AutoCAD 进行方案设计。目前，国内的铁塔公司、各大电信运

营商对室内方案设计文件的要求也主要是以上两种格式。然而，随着 AutoCAD 软件在通信设计领域的逐渐普及，基于 AutoCAD 开发的室内覆盖系统设计软件及工具已逐渐占据市场主流。

目前许多设计单位根据自身的特点研发出了基于 AutoCAD 的室内覆盖系统设计软件及工具，而业内使用较多的是广州天越电子科技公司研发的天越室内设计软件。这类设计工具通常适用于各种室内场景的无线覆盖设计，主要用于解决移动通信等无线系统(2G、3G、4G、WLAN、集群通信等)对于室内覆盖系统的设计问题，可便于方案设计人员对楼宇、场馆及隧道等建筑物内的天馈分布系统进行设计。该类软件为适应国内的设计文件要求，通常都可对 AutoCAD 和 Visio 提供良好的兼容支持。例如，支持 AutoCAD 设计方案的导入、方案修改、再设计以及自定义块等，还可以把 AutoCAD 图纸转换并导出为 Visio 格式，或者直接导入 Visio 格式的设计方案。另外，不同单位研发的工具软件虽然各具特色，但是其支持的主要功能都涵盖了常见室分方案设计的各个方面。

1. 工程管理

工程图纸导入，以工程的形式管理文件；工程信息、站点信息录入；工程项目文件上传服务器、辅材管理；直接打开 DWG、Word、Excel 格式的文件。

2. 站点资源管理

上传和下载站点文件，包括 CAD、visio、Word、Excel 等多种格式的文件；统计站点所有材料信息和相应的概预算信息；管理站点详细信息；自动生成各种报表。

3. 平面图设计

(1) 布置天线。按照现场勘测的情况，根据移动通信的原理和设计人员的经验布置好天线。设置好墙体的衰减等。

(2) 配置平面图路由。根据布置好的天线、天线要求的电平和现场情况，配置实际路由，而且可以根据实时调整器件位置和路由，得到保证天线电平的组合。

(3) 放置馈线和插入器件。画好馈线后，可以自动打断线并标注好线的线长；自动插入相关器件(如耦合器、功分器等)。

(4) 优化平面图线。通过变非直角线为直角线、延伸多段线、合并多段线等使平面图美观明了。

4. 平面图转换为系统图

生成的系统图根据对功分器出来的馈线画法不同分为四种模式：功分器下方输出口馈线水平，其余向上；功分器各输出口馈线对称；功分器输出口馈线直接向上或向下对称；功分器输出口馈线水平。如图 8-1 所示为天越室内设计软件的系统图生成模式选项。

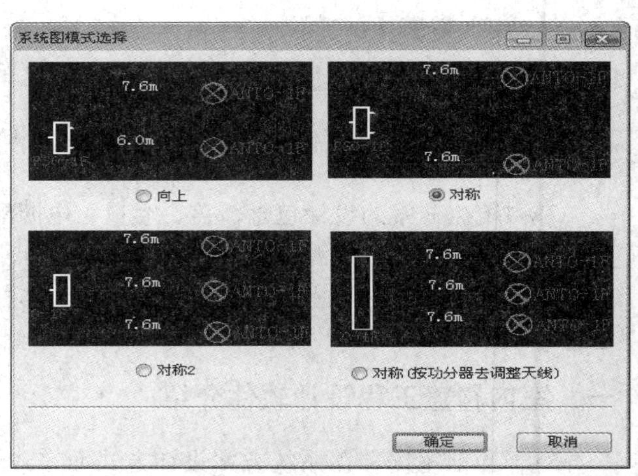

图 8-1　系统图生成模式选项(天越室内设计软件为例)

5. 系统图设计

自动生成系统图，并对系统图的器件序列和楼层编号，通过优化处理自动计算功率，修改某个器件时可以实现即时计算等，图 8-2 为系统图设计示例。

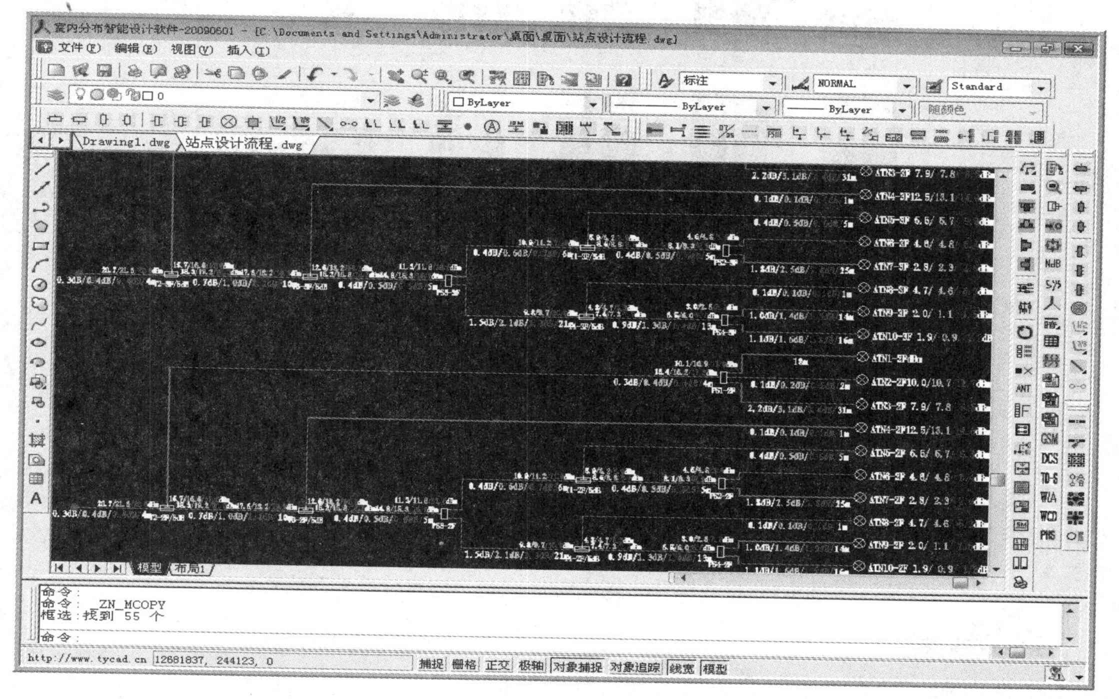

图 8-2　系统图设计示例(天越室内设计软件为例)

(1) 绘制系统图。同绘制平面图一样，可以绘制系统图，不同的是：绘制平面图时使用平面图器件，绘制系统图时使用系统图器件，而且平面图馈线是比例线，而系统图的馈线是非比例线。

(2) 优化计算。软件中对系统图的优化计算处理，采用逆向反推方法，即根据天线的目标电平值，自动分配耦合器的耦合量以及信号源的输出值，从而使系统图天线功率均衡。

(3) 自动计算。选择需要计算的网段，将其设置为即时计算，这样即可自动计算出各个网段的功率。

(4) 多网设计。软件提供多个不同网络的计算功能。包括 GSM、CDMA、PHS、DCS、TD-SCDMA、WLAN 等，同时，当对系统图的某个耦合器耦合量或信号源进行修改时，系统图会自动进行即时计算处理。

(5) 把系统图的编号和天线电平导到平面图。根据设计出来的系统图，把相关的最终结果输出到平面图(包括编号、多种网络的天线电平)。

(6) 楼层拷贝。如果多个楼层的结构跟标准层设计结构是一致的，可以由批量复制标准层生成多个与标准层中各器件相对应的系统图。

6. 自动编号

对平面图或系统图的器件进行编号，可以根据设计需要按不同器件选择编号的顺序。图 8-3 为自动编号功能示意图。

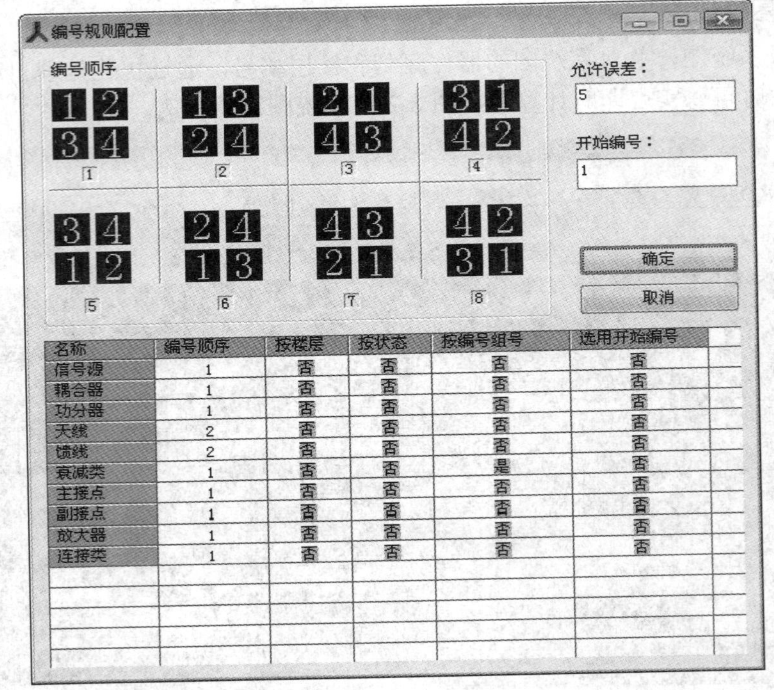

图 8-3　自动编号功能示意图(天越室内设计软件为例)

7．设置楼层

根据需求，设置平面图或系统图的器件的楼层数。

8．器件状态显示

修改器件显示的状态，用不同颜色标注各器件所处状态，使施工过程更加方便明了。

9．主干优化

(1) 自动生成主干组合。独立楼层的系统图，合并成为统一的整体方案，并合理分布不同馈线和相关器件；选择好一定量天线后，软件根据输出点的电平误差值和材料损耗程度，批量统计出相对应的不同组合，供用户选择。

主干优化功能的原理

(2) 人工选择主干组合。根据平面图输出的表格，通过优化功能得到主干的组合(见图 8-4)；人为加入配置的条件，包括放大器的使用数量、位置等，并得到各个楼层天线的电平结果，供设计人员参考。设计人员根据不同的配置，选择出满意的组合，最后输出系统图，并完成排版。

(3) 主干计算功能。选择主干时，软件还提供了馈线的类型选择，即输入每个楼层的高度、馈线的类型，系统便会自动根据楼层层高的跨度来改变馈线的长度。主干完成后，可以把“*P* 连接点”改为实际信号源，进行计算。

10．材料统计

如图 8-5 所示，在“天线明细”中自动统计每个天线对应的功率值，在“汇总”中统计整个方案中用到的全部材料，在“按楼层汇总”中统计每个楼层的器件数量。

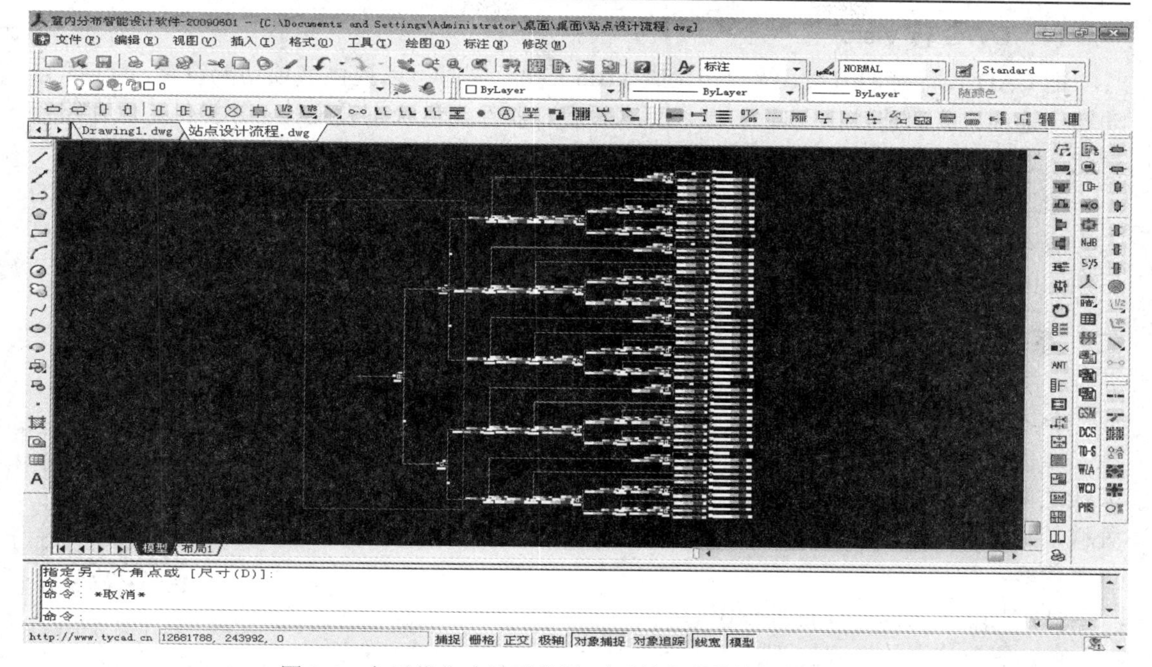

图 8-4　主干优化功能示意图(以天越室内设计软件为例)

	A	B	C	D
1	名称	总量(包括利旧数量		单位
2	二功分	5		个
3	三功分	4		个
4	四功分	4		个
5	5dB耦合器	10		个
6	合路器(GSM&TD)	1		个
7	宏蜂窝	2		个
8	全向吸顶天线	36		个
9	1/2馈线	191.4		米
10	7/8馈线	21.2		米
11	跳线跳线	3		条

	A	B	C	D	E
1	名称	编号	CH0	CH2	CH3
2	全向吸顶天线	ANT5-3F	13.4	5.6	
3	全向吸顶天线	ANT4-3F	13.3	5.5	
4	全向吸顶天线	ANT3-3F	13.4	5.6	
5	全向吸顶天线	ANT8-3F	14.8	6.8	
6	全向吸顶天线	ANT7-3F	14.8	6.8	
7	全向吸顶天线	ANT6-3F	14.8	6.8	
8	全向吸顶天线	ANT9-3F	14.8	6.8	
9	全向吸顶天线	ANT2-3F	17.8	10.3	
10	全向吸顶天线	ANT1-3F	17.9	10.4	
11	全向吸顶天线	ANT5-2F	11.4	3.6	

图 8-5　材料统计功能示意图(以天越室内设计软件为例)

11. 图纸切割

由于总系统图较大，需要多页显示，以便打印，故可以通过软件将总系统图分割为多张小的系统图，并根据图纸形成图纸目录等内容。

12. 图框压缩

切割后的小系统图，会有一部分溢出图框范围，通过图框压缩，可以把系统图缩放到图框的最佳范围内。

13. 系统图标签输出

在报表中自动统计出每个器件对应的标签，打印好后分别贴到各对应器件上，便于日后器件的维护和管理。

14．DWG 转 Visio

把 CAD 设计好的方案，统一转化成 Visio 格式，同时可以提供多项功能设置，包括“自动转化选项”、“调整转化选项”，馈线外观设置，器件颜色状态设置等，并提供了保存路径功能，这样，在保持了原 CAD 方案精准度不变情况下便提供了更多的 Visio 平台操作。

通过该类软件工具，可大幅提高室分方案设计人员的设计质量和效率，节省集成商的人力成本，方便建设单位规范高效地审核方案，便于各相关单位工程资料的保存，为项目后期的改造和升级提供便利。

二、系统原理图标识及图例

1．系统原理图

室内覆盖系统的系统原理图是体现室内覆盖系统中信号源、器件、天线之间实际连接关系的逻辑图。系统原理图中应标出系统各个器件所处楼层、输入输出电平值及系统的连接分布方式。系统原理图一般须有以下内容：

器件编号举例

(1) 电缆、天线、设备等标识；
(2) 各个节点的场强标识；
(3) 馈线的长度、规格；
(4) 图例；
(5) 设计说明，如设计单位、设计人、审批人等。

2．标识

系统原理图上的所有标识必须规范。在设计方案中，标识必须与元器件一一对应。如果用户或建设单位没有特殊要求，工程的所有标识均应使用表 8-1 所示的统一规范。

表 8-1　系统原理图中不同器件的统一标识规范

种　类	器　件	标识方法
无源器件	楼层天线	ANT*n* – *m*F / *x* dBm
	电梯天线	ANT*n* – *m*F – *a*# / *x* dBm
	功分器	PS*n* – *m*F / *x*
	耦合器	T*n* – *m*F / *x*
	合路器	CB*n* – *m*F
	负载	LD*n* – *m*F
	衰减器	AT*n* – *m*F
有源分布系统设备	射频有源天线	PT*n* – *m*F
	有源功分器	PPS*n* – *m*F
	中途放大器	IA*n* – *m*F
	末端放大器	EA*n* – *m*F
	干线放大器	RP*n* – *m*F
	无线直放站	RP*n* – *m*F
	主机单元	RP*n* – *m*F

续表

种　类	器　件	标识方法
光纤分布系统设备	主机单元	HS*n* – *m*F
	远端单元	RS*n* – *m*F
	光纤有源天线	OT*n* – *m*F
	光路功分器	OPS*n* –*m*F
馈线	起始端	to—设备编号
	终止端	from—设备编号
光纤	下行输出	Down To—设备编号
	下行输入	Down From—设备编号
	上行输出	Up To—设备编号
	上行输入	Up From—设备编号

(1) 器件编号标识：n 为设备顺序号 01、02、03、……，每层单独编号，编号顺序为距离信号源由近到远(在同一工程系统图中不得有相同的设备代号)；m 为设备安装的楼层号：01、02、03、……；a 为电梯井编号：01、02、03、……；在天线编号中 x 为天线口输入功率，在功分器和耦合器中用于标识设备型号。

(2) 各节点场强标识：功率标识一律采用 dBm 为单位；信号源输出、合路器输出、耦合器直通/旁路、功分器输出、天线口均需要标识功率；元器件输出标识功率可按照一个参考系统标识，如 GSM 系统；天线口功率需应用不同颜色标识来区分各系统功率。

(3) 馈线衰耗标注：主干线每段均需标注衰耗，衰耗格式为-XX dB/XX m；平层主要线缆标注衰耗。

3. 图例

室内覆盖设计中涉及的图例如表 8-2 所示。

表 8-2　室内覆盖设计中涉及的图例

图　符	说　明	图　符	说　明
	信源		负载
	直放站		耦合器
	RRU		二功分器
	干放		三功分器
	全向吸顶天线		四功分器

续表

图　符	说　明	图　符	说　明
	定向板状天线		衰减器
	定向对数天线		八木天线
	定向吸顶天线		电桥
	7/8 馈线		合路器
	1/2 馈线		

任务 2　移动通信室内覆盖工程制图要求

【学习要求】

(1) 识记：室内覆盖工程制图系统原理图及平面图的要求。

(2) 领会：室内覆盖工程制图的基本要求。

一、工程制图基本要求

1. 图幅尺寸

工程设计图纸幅面和图框大小应符合国家标准的规定，一般应采用 A0、A1、A2、A3、A4 及其加长的图纸幅面。当上述幅面不能满足要求时，可按照《机械制图图纸幅面及格式》的规定加大幅面。应根据描述对象的规模大小、复杂程度、所要表达的详细程度、有无图衔及注释的数量来选择较小的合适幅面。

2. 图线类型及应用

(1) 图线的类型。

实线：用作基本线条，如图纸主要内容用线、可见轮廓线、可见导线；

虚线：用作辅助线条，如屏蔽线、机械连接线、不可见轮廓线、不可见导线、计划扩展内容用线；

点划线：用作分界线、结构图框线、功能图框线、分级图框线；

双点划线：用作辅助图框线，可表示更多的功能组合或从某图框中区分不属于它的功能部件。

(2) 图线的应用。

图线的宽度一般从以下系列中选用：0.25 mm、0.35 mm、0.5 mm、0.7 mm、1.0 mm、1.4 mm。

通常只选用两种宽度的图线。粗线的宽度为细线宽度的两倍，主要图线用粗线，次要图线用细线。对复杂的图形也可采用粗、中、细三种线宽，线的宽度按2的倍数依次递增。线宽的种类不宜过多。

使用图线绘图时，应使图形的比例和配线协调、重点突出、主次分明。在同一张图纸上，按不同比例绘制的图样及同类图形的图线粗细应保持一致。

细实线是最常用的线条。在以细实线为主的图纸上，粗实线主要用于主回路线、图纸的图框线及需要突出的线路、电路等。指引线、尺寸标注线应使用细实线。

当需要区分新安装的设备时，则用粗线表示新建设备，用细线表示原有设备，用虚线表示规划预留部分。

并行线之间的最小距离不宜小于粗线宽度的两倍，最小时不能小于0.7 mm。

3. 图形的比例

对于建筑平面图、平面布置图、管道线路图、设备加固图及零部件加工图等图纸，一般应有比例要求，对于系统框图、电路图、方案示意图等图纸，则无比例要求。

对于平面布置图、线路图和区域规划性质的图纸。推荐的比例为：1∶10，1∶20，1∶50，1∶100，1∶200，1∶500，1∶1 000，1∶2 000，1∶5 000，1∶10 000，1∶50 000等。

对于设备加固图及零部件加工图等图纸推荐的比例为：1∶2，1∶4等。

应根据图纸表达的内容深度和选用的图幅选择合适的比例。对于通信线路及管道类的图纸，为了更方便地表示周围环境情况，可采用沿线路方向按一种比例绘制，而周围环境的横向距离采用另外的比例或基本按示意性绘制。

4. 尺寸标注

图中的尺寸单位，除标高和管线长度以米(m)为单位外，其他尺寸均以毫米(mm)为单位。按此原则标注的尺寸可不加注单位的文字符号。若采用其他单位，则应在尺寸数值后加注计量单位的文字符号。

尺寸界线用细实线绘制，两端应画出尺寸箭头，箭头需指到尺寸界线上，表示尺寸的起止。尺寸箭头宜用实心箭头，箭头的大小应按可见轮廓线选定，其大小在图中应保持一致。

尺寸数值应顺着尺寸线并符合视图的方向书写。数值的高度方向应和尺寸线垂直，且不得被任何图线通过。当无法避免时，应将图线断开，在断开处填写数字。

有关建筑用尺寸标注，可按GBJ104—87《建筑制图标准》要求标注。

5. 常用图例

主要图例参照表8-2所示，以下为补充介绍图例内容。

(1) 窗户图：如图8-6所示。

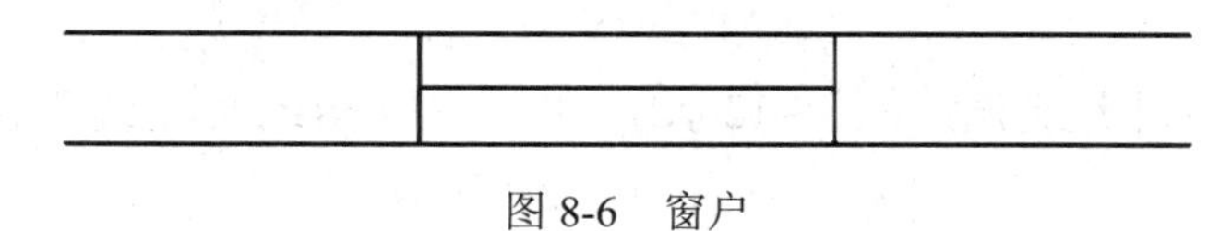

图8-6　窗户

(2) 铝合金玻璃隔墙、玻璃幕墙：如图 8-7 所示。

图 8-7　铝合金玻璃隔墙，玻璃幕墙

(3) 铝合金玻璃拉门：如图 8-8 所示。

图 8-8　铝合金玻璃拉门

(4) 楼梯：如图 8-9 所示。

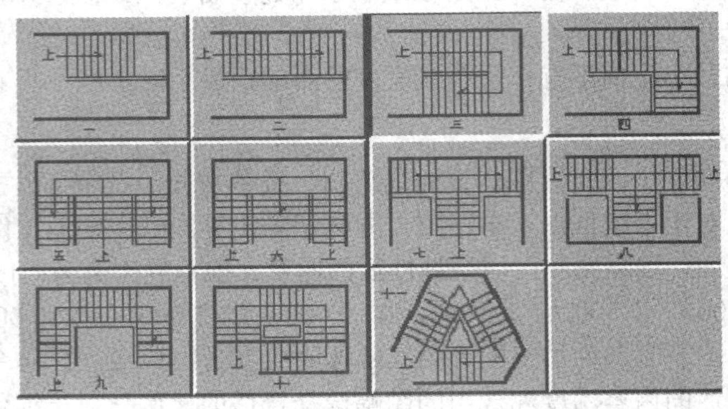

图 8-9　楼梯

(5) 混凝土柱子：如图 8-10 所示。

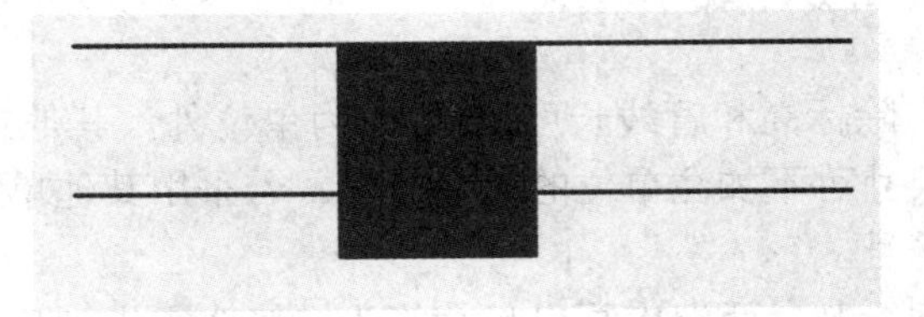

图 8-10　混凝土柱子

(6) 穿墙电缆孔洞：如图 8-11 所示，其中穿墙电缆孔洞尺寸为 400 mm × 150 mm，下沿地面的高度为 3300 mm。

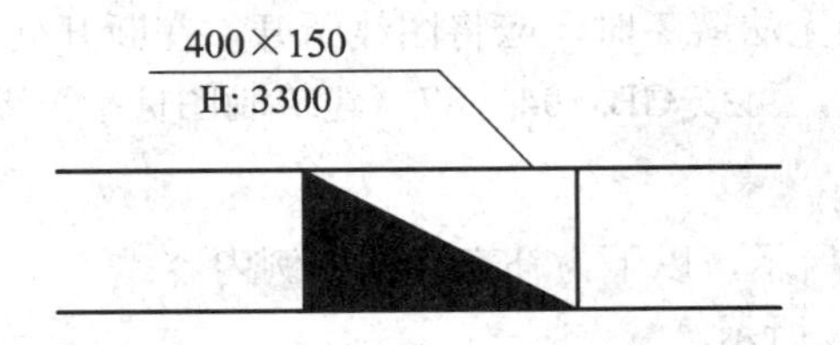

图 8-11　穿墙电缆孔洞

(7) 穿楼板(地面)电缆孔洞：如图 8-12 所示，其中穿楼板(地面)电缆孔洞尺寸为 500 mm × 300 mm，如下图所示。

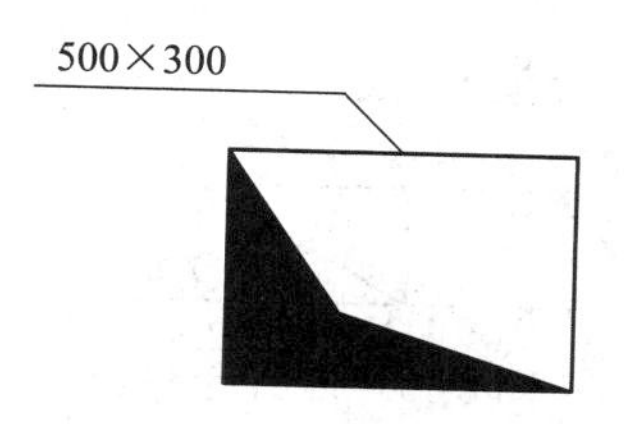

图 8-12　穿楼板(地面)电缆孔洞

(8) 上层楼板的电缆孔洞：如图 8-13 所示，其中电缆孔洞尺寸为 500 mm × 300 mm，距本层地面高度为 4000 mm。

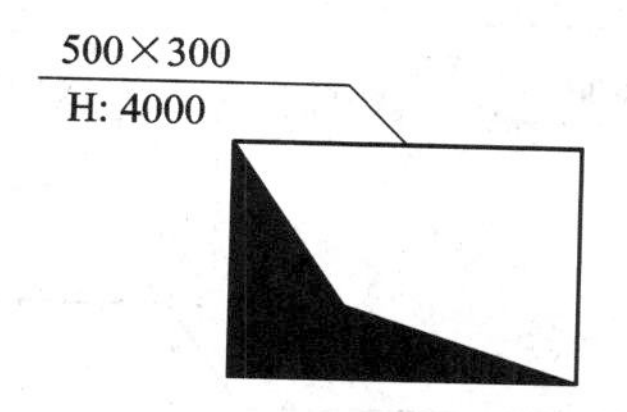

图 8-13　上层楼板的电缆孔洞

(9) 上线柜或垂直走线槽(架)：如图 8-14 所示，其中上线柜或垂直走线槽(架)截面尺寸：400 mm × 400 mm。

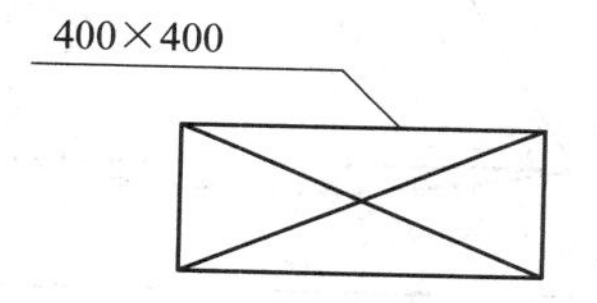

图 8-14　上线柜或垂直走线槽(架)

(10) 水平电缆走线架：如图 8-15 所示，其中水平电缆走线架宽度为 400 mm，下沿距地面高度为 2400 mm。

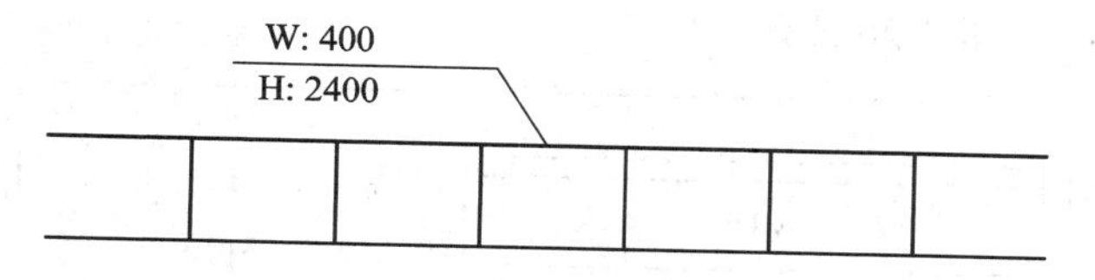

图 8-15　上层楼板的电缆孔洞

(11) 水平走线槽或机架顶电缆槽：如图 8-16 所示，其中水平走线槽或机架顶电缆槽宽度为 300 mm，距地面高度为 2000 mm。

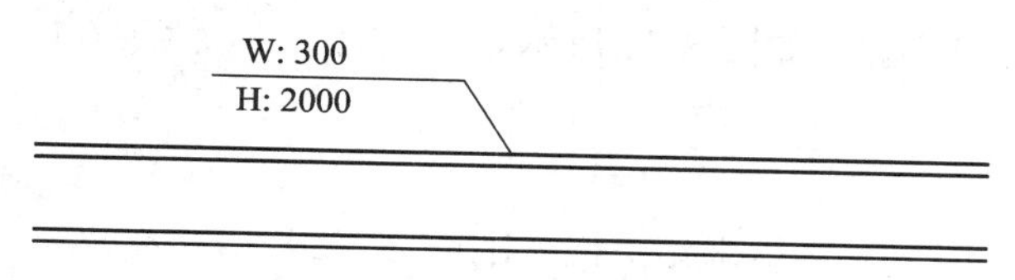

图 8-16　水平走线槽或机架顶电缆槽

(12) 地面走线暗槽：如图 8-17 所示。

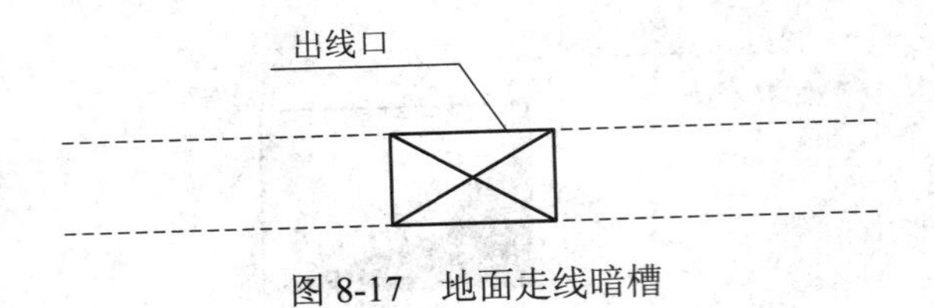

图 8-17　地面走线暗槽

(13) 安装机柜：如图 8-18 所示。

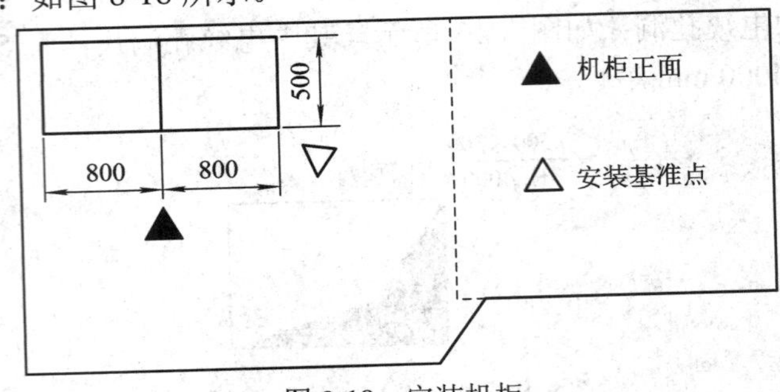

图 8-18　安装机柜

(14) 计算机终端：如图 8-19 所示。

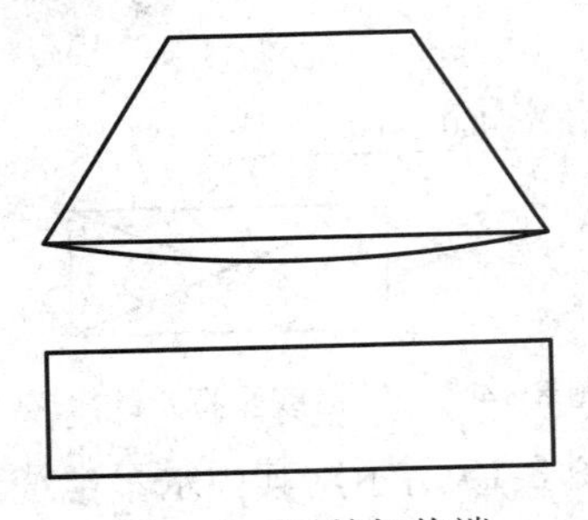

图 8-19　计算机终端

(15) 总配线架：如图 8-20 所示。

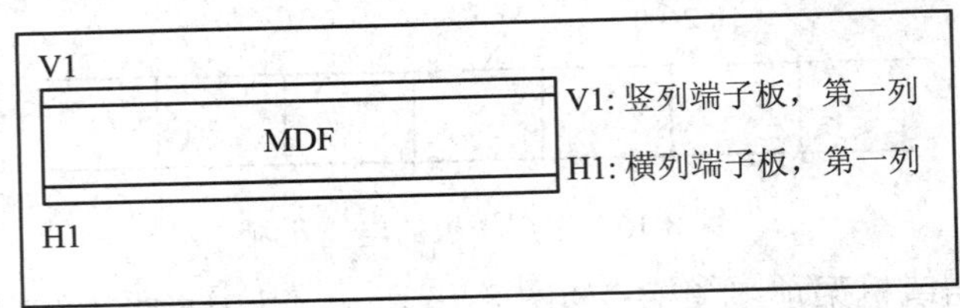

图 8-20　总配线架

(16) 预留扩容机架位置：如图 8-21 所示。

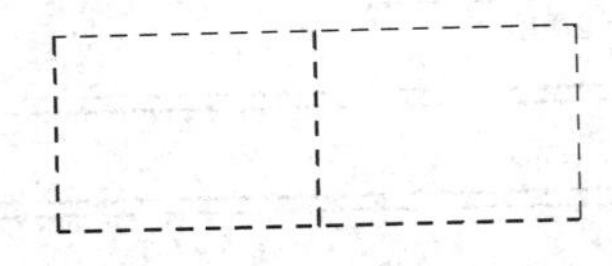

图 8-21　预留扩容机架位置

(17) 机柜的室内摆放位置：如图 8-22 所示，其中机柜的室内摆放位置要求离主通道 1200～1500 mm，离辅通道 800～1000 mm。

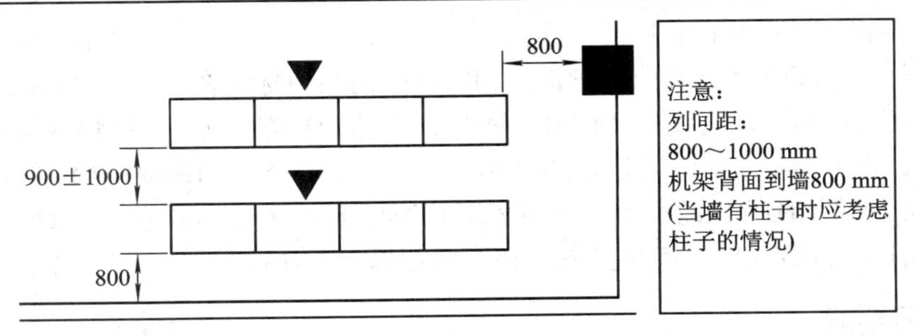

图 8-22　机柜的室内摆放位置的示意图

(18) 多排机柜的室内摆放位置及有墙柱子：如图 8-23 所示，其中列间距为 800～1000 mm；机架背距墙 800 mm。当墙边有柱子时，应考虑柱子所占的空间。机架面对面排列且有柱子居中时，列间距大于 1200 mm，机架离柱子 200 mm 以上。

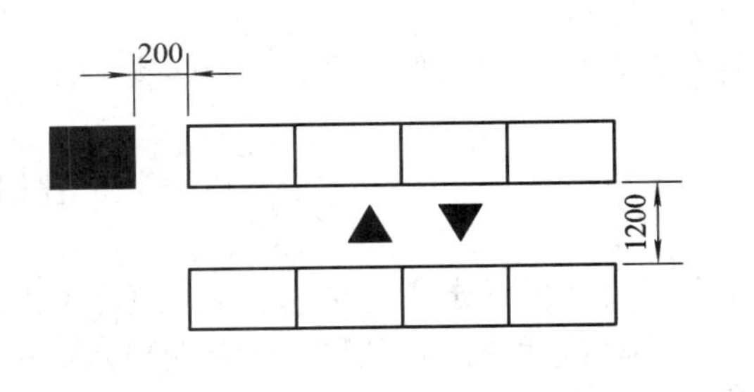

注意：

(1) 机柜面对面排列时，列间距大于1200 mm；

(2) 柱子居中时，机柱离柱子200 mm以上。

图 8-23　多排机柜的室内摆放

平面安装图与系统原理图的区别与联系

二、系统原理图要求

系统原理图的绘制应严格按照如下要求：

(1) 每张图纸均必须有图例、图签。有设计人、设计审核人、图纸校对人、绘图人的亲笔签名。图纸需标明图号、出图日期；

(2) 必须清晰画出信号源与分布系统耦合连接关系；

(3) 统一器件符号；

(4) 虚线用做楼层分界线，清晰界定每一楼层安装器件、馈线连接；

(5) 标注每段馈线长度和相应线损；

(6) 标注每一器件输入功率和输出功率；

(7) 标注每一天线口输出功率(不包括天线增益)；

(8) 对于 GSM 900 MHz/GSM 1800 MHz /CDMA 800 MHz 共网系统，必须在系统设计图的每一个节点(所有有源器件和无源器件)的输入端和输出端上都严格标明 GSM 900 MHz/GSM 1800 MHz/CDMA 800 MHz 各网的设计电平值，严格估算各段馈线的长度和线损以及

各元器件的插损，并标注在相应的干线上，功率分配计算必须认真、严谨，电平值需精确到小数点后一位。其中对于水平线 GSM 1800 MHz 网数值标注在上方，CDMA 800 MHz 网数值标注在下方。对于垂直线 GSM 1800 MHz 网数值标注在左方，CDMA 800 MHz 网数值标注在右方。也可用不同颜色区分 GSM 1800 MHz /CDMA 800 MHz 网的不同，如：蓝色数字表示 GSM 1800 MHz 网数值，红色数字表示 CDMA 800 MHz 网数值。(对 DCS 1800 MHz、GSM 900 MHz、CDMA 800 MHz 共网的情况类似以上标注)。

三、平面图要求

平面图的绘制应严格按照如下要求：

(1) 每张图纸均必须有图例、图签。有设计人、设计审核人、图纸校对人、绘图人的亲笔签名。标明图号、出图日期；

(2) 图纸应清晰画出馈线布放路由，天线安装位置；

(3) 器件尽量安装在弱电井内，安装在天花板内的器件必须标注好安装位置，应安装在天花检修口处；

(4) 标注好馈线长度，天线器件编号，器件安装的坐标，并以器件安装位置相邻的建筑标识为参照物；

(5) 图纸应准确清晰画出楼层房间布局，及楼梯、走廊、电梯、弱电井的位置，注明房间功能。地下停车场应画出建筑物柱子、楼梯或明显的参照物，并标明出入口位置；

(6) 每一张图纸都必须有详尽的安装说明：馈线布放说明、器件安装注意事项、防水处理、地线、接电、标签、天线安装、施工难度、工艺要求；

(7) 信号源安装平面图(微蜂窝机房平面图)、施主天线安装平面图、干线放大器安装平面图要求有设备安装位置图、馈线布放路由图、电源线连接图、地排位置、接地点示意图、施主天线安装图(标明施主天线朝向，角度等)。

任务 3　移动通信室内覆盖工程制图实践

【实践目的】

根据移动通信室内覆盖工程勘察结果及前期设计结果，在室内覆盖工程设计软件上绘制出平面图及系统图，加强学生对移动通信室内覆盖工程设计软件的操作能力。

【实践要求】

(1) 每两个学生一组，独立完成移动通信室内覆盖工程制图。

(2) 每个学生均要求掌握工程设计软件的使用方法。

【实践步骤】

某一建筑物，共 5 层，每层平面结构相同。该建筑需建设 LTE 网络室内覆盖系统(包含对电梯的信号覆盖)，请在设计后绘制出对应的室内覆盖平面图和系统原理图。

一、实践准备

表 8-3　实 践 准 备

项目	基本实施条件	备注
场地	选用室内场地；每位同学对应 1 个工位	必备
设备	每个工位配有装有 WIN 7 系统的台式电脑 1 台	必备
工具	AutoCAD 2007、室内覆盖设计软件及相关软件安装包 站点平面图 1 个数据记录 U 盘	必备

二、安装设计软件

根据以下安装流程，完成设计软件的安装。

(1) 安装 AutoCAD 2007。

(2) 安装下最新官方加密锁驱动。

(3) 插入加密锁。

(4) 安装天越设计软件。

天越设计软件的安装及常见问题

使用天越室内分布智能设计软件绘制平面安装图

三、平面图设计

安装好软件后，插入加密锁，双击打开天越设计软件。由于该建筑物是中间走廊、两侧房间的建筑结构，且房间的进深不到 8 米，从便于施工和后期维护等方面考虑，总体上方案确定为在走廊布放全向吸顶天线进行覆盖。

1. 导入站点平面图

将准备好的站点平面图导入到天越室内覆盖设计软件中。

2. 节点、天线、馈线设计布放

依据天线布放位置原则和估算的天线室内覆盖半径，确定平层天线的布放位置及每个天线的型号。首先确定建筑内馈线主干的位置，一般为弱电井；然后按照前向信号的走向和天线间距确定天线间主要馈线的路由走向、馈线的规格和路由长度，并保留一定的长度余量。主干馈线一般放置在弱电井中，采用 7/8"馈线；平层馈线路由顺着走廊，在吊顶内布放，采用 1/2"馈线。

连接距离主干最远的两根天线。首先依据馈线顺直的原则，确定汇接点的位置，再根据天线输入口功率的预设值和对应连接馈线的损耗值，选取合适的功率分配器件与之相连，

并确定该功率分配器件的标号。

接着顺着馈线路由方向，确定下一个汇接点位置，将该功率分配器件与馈线路由方向上相近的其他功率分配器件或天线相汇接。根据各自的输入功率需求值和对应连接馈线的损耗值，确定该处功率分配器件的型号。如果各个分支路上所需的功率相差不大，可以使用功分器，否则采用耦合器。

3．打断连接处

连接完成后，执行打断连接处命令，将要插入器件的连接处断开。

4．在连接处插入图块

在原有断点处插入功分器、耦合器等器件，检查线与器件的连接情况。

5．平面图优化处理

修改平面图中非直角线段，美化平面图。

四、系统原理图设计

使用天越室内分布智能设计软件绘制系统图

1．系统图编号处理

由平面图转化为系统图，并对器件进行编号及楼层设置，并将平面图中的器件与系统图中的器件对应处理。

2．系统图优化及电平计算

确定不同系统的天线输出口功率，如 GSM 系统天线输出口功率上限值、下限值和预设值分别为 12 dB、8 dB、10 dB；由天线口功率、馈线及各器件损耗逆推出系统图中其他器件输出口功率值。在设计过程中，可能涉及多系统设计，这时可在软件中设置不同系统的连接点电平值。

3．多楼层系统图设计

针对不同的楼层逐一采取上述步骤操作，得到所有楼层的平层支路结构图。如果建筑物中有相同结构的楼层，可采取批量复制标准层的方法得到其他同结构平层支路结构图。

4．系统图主干连接

将所有平层支路结构图的 P 连接点连接到主干。依据所有平层支路上最后一个功率分配器件的输入功率要求，以及连接到干线的馈线长度，计算出各平层支路所需要的最低功率。

将相邻支路中功率需求相近的支路采用功分器汇接，可以减少器件串接的层次。采用三功分器或四功分器还可以减少器件使用数量，减少系统故障点，提高系统可靠性。因为楼层支路间需要汇接，功分器一般布放在主干馈线旁边，布放的楼层位置以馈线最省、衰减均衡为原则：汇接到上一层或下一层的支路馈线要增加层高的长度，普通建筑层高一般是 3 米左右。将功率需求相近的相邻支路采用二功分器或三功分器合并汇接。

5．系统图电平优化及信号源设置

根据支路功率将所有支路连接至信源并确定信源的功率。主干线功率计算与平层计算方法相同，将平层看成是“负载”或天线，根据各层功率需要选择合适的功率分配器进行功率分配。选定信源功率后，进行系统功率的前向核算，确定每个天线的输入功率，判断其是否符合要求。根据信源功率、布放位置及其他相关情况，确定信源类型。

6. 优化修正

根据功率修正主设备的选用，如果 WLAN 100 mW 的 AP 能够满足功率要求，则可以将原有 AP 设备进行修正；

根据功率要求修正无源器件的选用，如更换耦合器型号使功率分配更合理；

根据功率要求修正走线路由和馈线规格，主要是缩短馈线的长度或将细馈线换成粗馈线，以便从整体上减少馈线损耗，将更多的功率传送给天线；

根据功率修正天线的选型，如将全向吸顶天线更改为板状定向天线，或将板状定向天线更改为增益更高的对数天线，或者进行相反的更改，同时也可能涉及天线安装位置的更改。

五、设计结果输出

将平面图、系统原理图放置在合适的图框中打印输出，并导出本次设计过程中的材料清单，以备进行后续工程的预算工作。

任务 4　移动通信室内覆盖工程预算编制要求

【学习要求】

(1) 识记：工程造价、工程定额的基本概念，工程造价的基本构成，工程概预算的定义及其作用。

(2) 领会：工程概预算的编制依据及文件组成。

移动通信室内覆盖工程设计概算、预算是初步设计概算和施工图设计的统称。工程概预算是工程文件的重要组成部分，它是根据各个不同设计阶段的深度和建设内容，按照国家主管部门颁发的概、预算定额，设备、材料价格，编制方法、费用定额、费用标准等有关规定，对通信建设项目、单项工程按实物工程量法预先计算和确定的全部费用文件。

控制和管理工程项目设计概算、预算，是建设项目投资控制过程中的一个重要环节。

一、基本概念

1. 工程造价

工程造价是指建设一项工程预期开支或实际开支的全部固定资产投资费用。投资者为了获得投资项目的预期效益，就需要进行项目策划、决策及实施，直至竣工验收等一系列投资管理活动。在上述活动中所花费的全部费用，就构成了工程造价。

工程造价的作用：

(1) 建设工程造价是项目决策的工具。

(2) 建设工程造价是制定投资计划和控制投资的有效工具。

(3) 建设工程造价是筹集建设资金的依据。

(4) 建设工程造价是合理利益分配和调节产业结构的手段。

(5) 工程造价是评价投资效果的重要指标。它既是建设项目的总造价，又包含单项工程的造价和单位工程的造价，同时也包含单位生产能力的造价。

工程定额

2．工程定额

在社会生产过程中，为了完成某一单位合格产品，就要消耗一定的人工、材料、机具设备和资金，同时由于受技术水平、组织管理水平及其他客观条件的影响，不同的生产单位完成同样的产品时的消耗水平是不相同的。为了便于对生产过程中各方面的消耗情况进行考核和管理，就需要有一个统一的平均消耗标准，于是人们提出了定额的概念。

所谓定额，就是在一定的生产技术和劳动组织条件下，完成单位合格产品在人力、物力、财力的利用和消耗方面应当遵守的标准。

二、工程造价的基本构成

通信建设工程项目总费用由各单项工程项目总费用构成；各单项工程总费用由建筑安装工程费、工程建设其他费、预备费、建设期利息四部分构成。如图 8-24 所示。

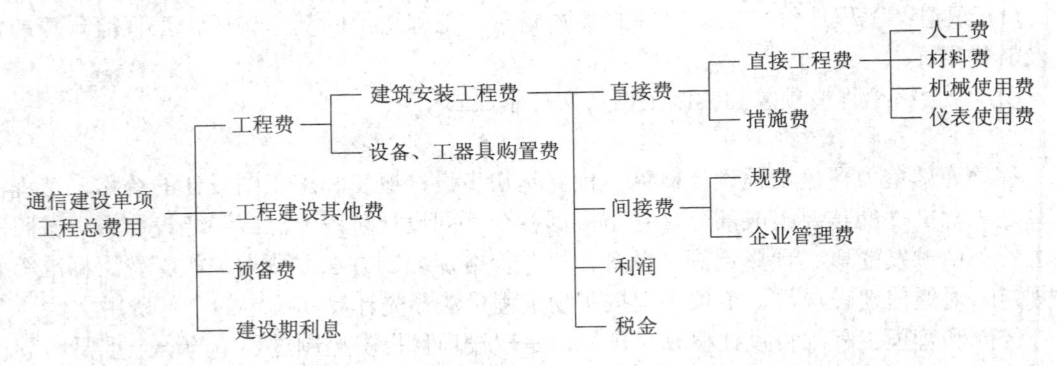

图 8-24　通信建设工程项目总费用基本构成图

1．建筑安装工程费用内容

建筑安装工程费用由直接费、间接费、计划利润和税金组成。

1) *直接费由直接工程费、措施费构成*

(1) 直接工程费：指施工过程中耗用的构成工程实体和有助于工程实体形成的各项费用，包括人工费、材料费、机械使用费、仪表使用费。

人工费：指直接从事建筑安装工程施工的生产人员开支的各项费用。内容包括：基本工资、工资性补贴、辅助工资、职工福利费、劳动保护费等。

材料费：指施工过程中实体消耗的直接材料费用与采备材料所发生的费用总和。内容包括材料原价、材料运杂费、运输保险费、采购及保管费、采购代理服务费、辅助材料费。

机械使用费：是指施工机械作业所发生的机械使用费以及机械安拆费。内容包括、折旧费、大修理费、经常修理费、安拆费、人工费、燃料动力费、养路费及车船使用税。仪表使用费：是指施工作业所发生的属于固定资产的仪表使用费。内容包括折旧费、经常修理费、年检费、人工费。

(2) 措施费：指为完成工程项目施工，发生于该工程前和施工过程中非工程实体项目的费用。内容包括环境保护费、文明施工费、工地器材搬运费、工程干扰费、工程点交、场地清理费、临时设施费、工程车辆使用费、夜间施工增加费、冬雨季施工增加费、生产工具用具使用费、施工用水电蒸汽费、特殊地区施工增加费、已完工程及设备保护费、运土费、施工队伍调遣费、大型施工机械调遣费。

2) 间接费由规费、企业管理费构成

(1) 规费：指政府和有关部门规定必须缴纳的费用(简称为规费)。

内容包括工程排污费、 社会保障费、住房公积金、危险作业意外伤害保险。

(2) 企业管理费：指施工企业组织施工生产和经营管理所需费用。 内容包括、管理人员工资、办公费、差旅交通费、固定资产使用费、工具用具使用费、劳动保险费、工会经费、职工教育经费、财产保险费、税金及其他。

3) 利润

指施工企业完成所承包工程获得的盈利。

4) 税金

按国家税法规定应计入建筑安装工程造价内的营业税、城市维护建设税及教育费附加而成。

2．设备、工器具购置费

指根据设计提出的设备(包括必需的备品备件)、仪表、工器具清单，按设备原价、运杂费、采购及保管费、运输保险费和采购代理服务费计算的费用。

3．工程建设其他费

指应在建设项目的建设投资中开支的固定资产和其他费用、无形资产费用和其他资产费用。

建设用地及综合赔补费：指按照《中华人民共和国土地管理法》等规定，建设项目征用土地或租用土地应支付的费用。

建设单位管理费：指建设单位发生的管理性质的开支。

可行性研究费：指在建设项目前期工作中，编制和评估项目建议书(或预可行性研究报告)、可行性研究报告所需的费用。

研究试验费：指为本建设项目提供或验证设计数据、资料等进行必要的研究试验及按照设计规定在建设过程中必须进行试验、验证所需的费用。

勘察设计费：指委托勘察设计单位进行工程水文地质勘察、工程设计所发生的各项费用。其中包括：工程勘察费、初步设计费、施工图设计费。

环境影响评价费：指按照《中华人民共和国环境保护法》、《中华人民共和国环境影响评价法》等规定，为全面、详细评价本建设项目对环境可能产生的污染或造成的重大影响

所需的费用，包括编制环境影响报告书(含大纲)、环境影响报告表和评估环境影响报告书(含大纲)、评估环境影响报告表等所需的费用。

劳动安全卫生评价费：指按照劳动部 10 号令(1998 年 2 月 5 日)《建设项目(工程)劳动安全卫生预评价管理办法》的规定，为预测和分析建设项目存在的职业危险、危害因素的种类和危险危害程度，并提出先进、科学、合理可行的劳动安全卫生技术和管理对策所需的费用。

建设工程监理费：指建设单位委托工程监理单位实施工程监理的费用。

安全生产费：指施工企业按照国家有关规定和建筑施工安全标准，购置施工防护用具、落实安全施工措施以及改善安全生产条件所需要的各项费用。

工程质量监督费：指工程质量监督机构对通信工程进行质量监督所发生的费用。

工程定额编制测定费：指建设单位发包工程按规定上缴给工程造价(定额)管理部门的费用。

引进技术、进口设备及其他费。

工程保险费：指建设项目在建设期间根据需要对建筑工程、安装工程及机器设备进行投保而发生的保险费用。包括建筑安装工程一切险、引进设备财产和人身意外伤害险等。

工程招标代理费：指招标人委托代理机构编制招标文件、编制标底、审查投标人资格、组织投标人踏勘现场并答疑，组织开标、评标、定标，以及提供招标前期咨询、协调合同的签订等业务所收取的费用。

专利及专用技术使用费。

生产准备及开办费：指建设项目为保证正常生产(或营业、使用)而产生的人员培训费、提前进场费以及投产使用初期必备的生产生活用具、工器具等的购置费用。

4．预备费

是指在初步设计及概算内难以预料的工程费用。预备费包括基本预备费和价差预备费。

基本预备费：

(1) 进行技术设计、施工图设计和施工过程中，在已批准的初步设计和概算范围内所增加的工程费用。

(2) 由一般自然灾害所造成的损失和为预防自然灾害所采取的措施的费用。

(3) 竣工验收时为鉴定工程质量，必须开挖和修复隐蔽工程的费用。

价差预备费：设备、材料的价差。

5．建设期利息

指建设项目贷款在建设期内发生并应计入固定资产的贷款利息等财务费用。

三、工程概预算的编制

1．概预算的定义

通信工程概预算是通信工程文件的重要组成部分，它是根据各个不同设计阶段的深度和建设内容，按照国家主管部门颁发的概、预算定额，设备、材料价格，编制方法、费用定额、费用标准等有关规定，对通信建设项目、单项工程按实物工程量法预先计算和确定的全部费用文件。

工程造价常用软件

2．概预算的作用

1) 设计概算的作用

设计概算是指在初步设计或扩大初步设计阶段，根据设计要求对工程造价进行的概略计算。设计概算在通信工程建设过程中的主要作用包括：

(1) 设计概算是确定和控制固定资产的投资、编制和安排投资计划、控制施工图预算的主要依据；

(2) 设计概算是核定贷款额度的主要依据；

(3) 设计概算是考核工程设计技术经济合理性和工程造价的主要依据；

(4) 设计概算是筹备设备、材料和签订订货合同的主要依据；

(5) 设计概算在工程招标承包制中是确定标底的主要依据。

2) 施工图预算的作用

当通信工程进入详细设计阶段后，就需编制施工图预算。施工图预算是设计概算的进一步具体化，它是根据施工图计算出的工程量、依据现行预算定额及取费标准，签订的设备材料合同价或设备材料预算价格等，进行计算和编制的工程费用文件。施工图预算在通信工程的建设过程中同样起着非常重要的作用，主要表现为：

(1) 施工图预算是考核工程成本，确定工程造价的主要依据；

(2) 施工图预算是签订工程承包、发包合同的依据；

(3) 施工图预算是工程价款结算的主要依据；

(4) 预算是考核施工图设计技术经济合理性的主要依据。

3) 概、预算的类型划分

根据我国的相关规定和通信工程规模的大小、技术的复杂程度以及是否有设计经验、主管部门的要求等实际情况。我国通信工程设计阶段的划分通常分为三阶段设计、两阶段设计、一阶段设计三种情况：凡是重大的工程项目，在技术要求严格、工艺流程复杂、设计又缺乏经验的情况下，为了保证设计质量，设计过程采用初步设计、技术设计和施工图设计三个阶段的三阶段设计；而技术成熟的中小型工程，为了简化设计步骤，缩短设计时间， 通常采用扩大初步设计和施工图设计两个设计阶段的两阶段设计；技术既简单又成熟的小型工程或个别生产车间可以采用一次完成施工图设计的一阶段设计方式。

对于不同的设计方式，通信工程概、预算的划分如下：

(1) 三阶段设计时，初步设计阶段编制设计概算，技术设计阶段编制修订概算，施工图设计阶段编制施工图预算；

(2) 两阶段设计时，初步设计编制设计概算，施工图设计时编制施工图预算；

(3) 一阶段设计时(一般指小型或较为简单的工程)编制施工图预算。按单项工程处理，预算需反映工程费、工程建设其他费和预备费、建设期利息，即反映全部概算费用。

3．概预算的编制依据

一个建设项目，若有几个设计单位共同设计，总体设计单位需负责统一概算编制原则和依据，并汇总概算，分设计单位负责所承担项目的概算编制工作。

通信工程概预算编制时的依据必须要得到通信工程建设相关的投资方、施工方、贷款银行、主管部门等相关方面的认可，这就要求通信工程概预算编制的依据必须可靠、充分。

对于我们国家，通信工程概预算编制的最主要依据是中华人民共和国工业和信息化部 2008 年 5 月 24 日所颁布的工信部规[2008]75 号文件，即“关于发布《通信建设工程概算、预算编制办法》及相关定额的通知”，该文件规定了通信工程概预算编制的基本方法和相关定额，也规定了通信工程概预算编制的主要依据，具体如下：

设计概算编制的依据主要包括：

(1) 批准的可行性研究报告；

(2) 初步设计图纸及有关资料；

(3) 国家主管部门所颁布的相关定额文件，如《通信建设工程预算定额》(目前通信工程用预算定额代替概算定额编制概算)、《通信建设工程费用定额》、《通信建设工程施工机械、仪表台班费用定额》及有关文件；

(4) 国家相关管理部门发布的有关法律、法规、标准规范；

(5) 建设项目所在地政府发布的土地征用和赔补费等有关规定；

(6) 通信工程建设相关各方所签订的相关合同、协议等文件。

4. 概预算文件的组成

根据我国工信部部规[2008]75 号文件的相关规定，我国通信工程的概预算文件主要由概预算表格和编制说明两大部分组成，其中：

1) 概(预)算表格

概(预)算表格是对通信工程建设过程中各项费用进行计算和统计的表格。根据我国工信部部规[2008]75 号文件的相关规定，现行的通信工程概预算表格主要包括如下十张表格：

(1) 建设项目总概算、预算表(汇总表)；

(2) 工程概算、预算总表(表一)；

(3) 建筑安装工程费用概算、预算表(表二)；

(4) 建筑安装工程量概算、预算表(表三)甲；

(5) 建筑安装工程机械使用费概算、预算表(表三)乙；

(6) 建筑安装工程仪器仪表使用费概算、预算表(表三)丙；

(7) 国内器材概算、预算表(表四)甲；

(8) 引进器材概算、预算表(表四)乙；

(9) 工程建设其他费概算、预算表(表五)甲；

(10) 引进设备工程建设其他费用概算、预算表(表五)乙。

其中表一、表二、表三甲、表四甲、表五甲比较常用。

2) 编制说明

编制说明是对概预算编制依据、计算和统计结果等相关方面进行简要说明的文档，具体内容通常包括：

(1) 工程概况、概预算总价值；

(2) 编制依据及采用的取费标准和计算方法的说明；

(3) 工程技术经济指标分析：主要分析各项投资的比例和费用构成，分析投资情况，说明设计的经济合理性及编制中存在的问题；

(4) 其他需要说明的问题。

任务 5　实践——移动通信室内覆盖工程预算编制

【实践目的】

根据本任务提供的移动通信室内覆盖工程预算编制过程，以初步设计和施工图设计为基础，强化工程造价意识，充分考虑技术与经济的统一，编制出技术上满足设计任务书要求，造价又受控于决策阶段的投资估算额度的概算、预算文件，加强学生对移动通信室内覆盖工程概预算的编制能力。

【实践要求】

(1) 每两个学生一组，独立完成移动通信室内覆盖工程概预算编制。
(2) 每个学生均要求掌握工程概预算编制的基本方法。

【实践步骤】

通信建设工程概算、预算采用实物法编制。

实物法首先根据工程设计图纸分别计算出分项工程量，然后套用相应的人工、材料、机械台班、仪表台班的定额用量，再计算出人工费、材料费、机械使用费、仪表使用费，进而计算出直接工程费；根据通信建设工程费用定额给出的各项取费的计算原则和计算方法，计算其他各项，最后汇总单项或单位工程总费用。

实物法编制工程概算、预算的流程如图 8-25 所示。

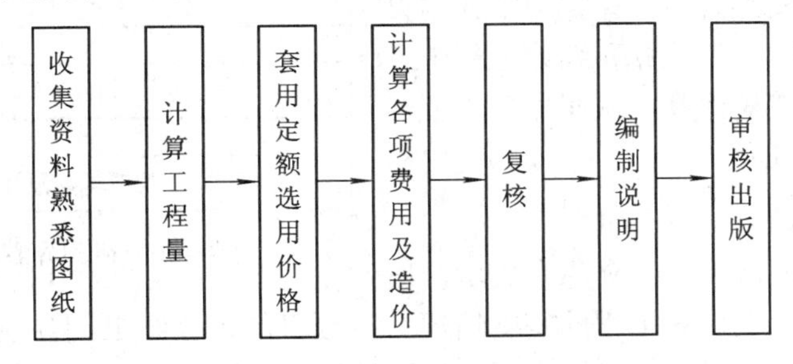

图 8-25　实物法编制工程概算、预算的流程图

1. 收集资料熟悉图纸

这是编制通信工程概预算的基础性工作，因为只有根据相关资料读懂设计和施工图纸，才能弄清楚该通信工程具体的施工内容和施工要求。此时主要需了解工程概况、搞清楚图纸中每一个线条和符号的含义和图纸上每一项说明的含义，为后继的工程量计算打下基础。

2. 计算工程量

计算工程量就是根据设计和施工图纸及相关说明要求，列出工程建设过程中所要进行的各项工程施工内容，并计算和统计每项施工内容工程量的多少。计算工程量时要注意以下几点：

(1) 首先要熟悉图纸的内容和相互关系，注意搞清有关标注和说明；

(2) 计算的单位一定要以编制概、预算时依据的概、预算定额单位相一致；

(3) 计算的方法一般可依照施工图顺序由下而上，由内而外，由左而右依次进行；

(4) 要防止误算、漏算和重复计算；

(5) 最后将同类项加以合并，并编制工程量汇总表。

3．套用定额，选用价格

工程量计算和统计完成之后，接下来要做的工作是查询和套用相关定额，得到每项施工内容在人力、材料以及机械仪表方面的消耗量，同时还要根据市场调查或参考价格选定工程所用各项材料的价格，查询相应的费用定额，选定人工工日价格以及所用机械、仪表的台班价格，以便为后继的费用计算做好相应准备。

4．计算各项费用，填写相应概预算表格

此步骤主要是根据前面得到的工程在人力、材料、机械仪表等方面消耗量的大小和选定的消耗单价，并参照国家主管部门发布的相关规定以及各相关方签订的合同、协议中各项应计取费用及相应计取方法，计算通信工程建设过程中所需的各项费用，完成通信工程概预算各项费用的计算和统计，并将计算出的各项费用填入相应的概预算表格中。

概预算表格编写顺序如图 8-26 所示。

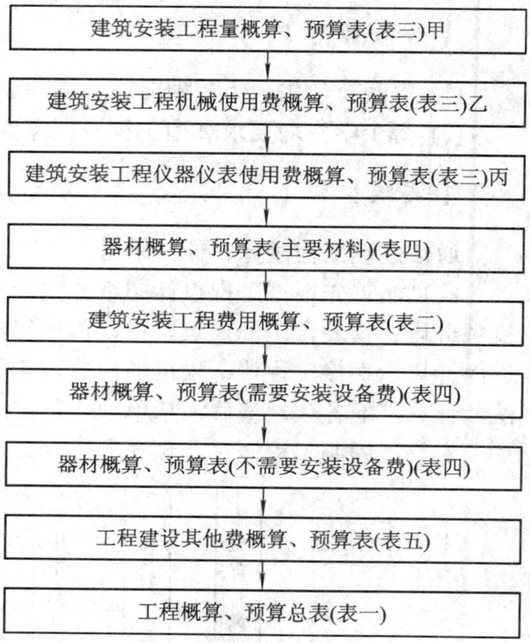

建筑安装工程量概算、预算表(表三)甲
↓
建筑安装工程机械使用费概算、预算表(表三)乙
↓
建筑安装工程仪器仪表使用费概算、预算表(表三)丙
↓
器材概算、预算表(主要材料)(表四)
↓
建筑安装工程费用概算、预算表(表二)
↓
器材概算、预算表(需要安装设备费)(表四)
↓
器材概算、预算表(不需要安装设备费)(表四)
↓
工程建设其他费概算、预算表(表五)
↓
工程概算、预算总表(表一)

图 8-26　概预算表格编写顺序图

5．复核

主要对初步完成的概预算计算和统计结果进行检查和核对，以检查计算和统计过程中有无漏算、错算或者重复计算，从而尽量保证概预算结果的准确、可靠。

6．编写编制说明

主要在概预算表格的填写全部完成后，根据相关要求编写说明文档对工程的基本情况、概预算的计算结果、各项费用的统计和计算依据等相关情况进行说明，并根据概预算计算结果对工程的主要经济指标进行简要分析。

7．审核出版

上述工作全部完成经审核无误后，就可将编制完成的通信工程概预算文件印刷出版，用以指导通信工程的施工建设及竣工验收。

过 关 训 练

一、填空题

1．对于当前室内覆盖系统方案设计方式而言，主要有两种手段，分别是采用________

进行方案设计和采用_________进行方案设计。

2．移动室内覆盖工程设计软件中，平面图设计主要有_________、配置平面图路由、_________、_________四个方面的内容。

3．如果多个楼层的结构跟标准层设计结构是一致的，可以由_________生成多个与标准层中各器件相对应的系统图。

4．移动室内覆盖工程设计软件的主干计算功能中，选择主干时，软件还提供了馈线的类型选择，即输入_________、_________，则系统会自动根据楼层层高的跨度来改变馈线的长度。主干完成后，可以把“_________”改为实际信号源，进行计算。

5．系统原理图上，楼层天线的统一标识为________；功分器的统一标识为________；耦合器的统一标识为________。

6．工程制图中，用作基本线条的是_________，用作辅助线条的是_________。

7．对于GSM 900 MHz/GSM 1800 MHz/CDMA 800 MHz共网系统，必须在系统设计图的每一个节点(所有有源器件和无源器件)的输入端和输出端上都严格标明GSM 900 MHz /GSM 1800 MHz/CDMA 800 MHz各网的________，严格估算各段馈线的长度和线损以及各元器件的插损，并标注在相应的干线上，功率分配计算必须认真、严谨，电平值精确到。

8．器件尽量安装在_________内，安装在天花板内的器件必须标注好安装位置，应安装在_________。

9．移动通信室内覆盖工程设计概算、预算是_________和_________的统称。

10．_________是指建设一项工程预期开支或实际开支的全部固定资产投资费用。

11．_________是指在一定的生产技术和劳动组织条件下，完成单位合格产品在人力、物力、财力的利用和消耗方面应当遵守的标准。

12．通信建设工程项目总费用由各单项工程项目总费用构成；各单项工程总费用由_________、_________、_________、_________四部分构成。

13．我国通信工程设计阶段通常划分为_________、_________、_________三种情况。

二、简答题

1．简述室内覆盖系统设计软件有关系统图设计的主要功能。

2．简述系统原理图的主要内容。

3．器件编号标识有哪些原则？

4．系统原理图绘制的要求有哪些？

5．平面图绘制的要求有哪些？

6．请简述工程造价的基本构成。

7．简述概预算的作用。

8．我国通信工程的概预算文件主要由哪两大部分组成？

9．简述编制工程概算、预算的主要流程。

10．简述概预算表格编写顺序。

过关训练解答

模块九　移动通信室内覆盖工程项目管理

【内容简介】

本模块介绍移动通信室内覆盖工程安装规范与施工管理的相关内容，主要包括主机、天线、器件、馈线、GPS、电源与接地、五类线的安装规范，密封、标签的注意事项等。

【重点难点】

重点掌握主机、天线的安装要求，标签要求及标签编号格式。

【学习要求】

(1) 识记：主机、天线的安装要求，标签要求及标签编号格式，对施工单位的管理要求。

(2) 领会：器件、馈线布放、GPS 天线、电源线与接地线、五类线的安装要求，密封要求，集采设备、材料的控制和管理。

任务 1　移动通信室内覆盖工程安装规范

【学习要求】

(1) 识记：主机、天线的安装要求，标签要求及标签编号格式。

(2) 领会：器件、馈线布放、GPS 天线、电源线与接地线、五类线的安装要求，密封要求。

一、主机的安装要求

1. 环境要求

对主机安装的环境要求主要有以下几点：

(1) 主机的安装位置确保无强电、强磁和强腐蚀性设备的干扰；

(2) 主机的安装场所应干燥、灰尘小且通风良好；

(3) 主机的安装位置便于馈线、电源线、地线的布置；

(4) 主机尽量安装在室内，安装主机的室内不得放置易燃品；

(5) 室内温度、湿度不能超过主机工作温度、湿度的范围；

(6) 施工完成后，所有的设备和器件要做好清洁并保持干净。

2．位置要求

对主机安装的位置要求主要有以下几点：

(1) 主机在条件允许的情况下尽量安装在室内，对于室外安装的主机，须做好防雨、防晒、防盗、防破坏的措施；

(2) 设备安装位置应便于设备的调测、维护和散热；

(3) 主机机架的安装位置应符合设计方案的要求，并且垂直、牢固；

(4) 当有两个以上主机设备需要安装时，主设备的间距应大于 0.5 m，并整齐地安装在同一水平线(或垂直线)上；

(5) 室内主机壁挂式安装，主机底部距地面不小于 1.5 m；

(6) 室内主机落地安装，主机应与墙壁距 0.8 m。

3．主机内设备单元安装

要求所有的设备单元安装正确、牢固，无损坏、掉漆的现象，无设备单元的空位应装有盖板。

4．外部电缆连接

(1) 外部电缆包括射频线、传输线、信号线、电源线、地线、外部告警线等。所有电缆走线应保持顺畅，不能有交叉和空中飞线的现象。

(2) 连到主机架的电源线不能和其他电缆捆扎在一起。

(3) 所有与设备相连的电缆连接要求整齐、美观，连线两端的接头接触良好，不得有松动现象，馈线连接处驻波比须小于 1.5。

外部线缆连接如图 9-1 所示。

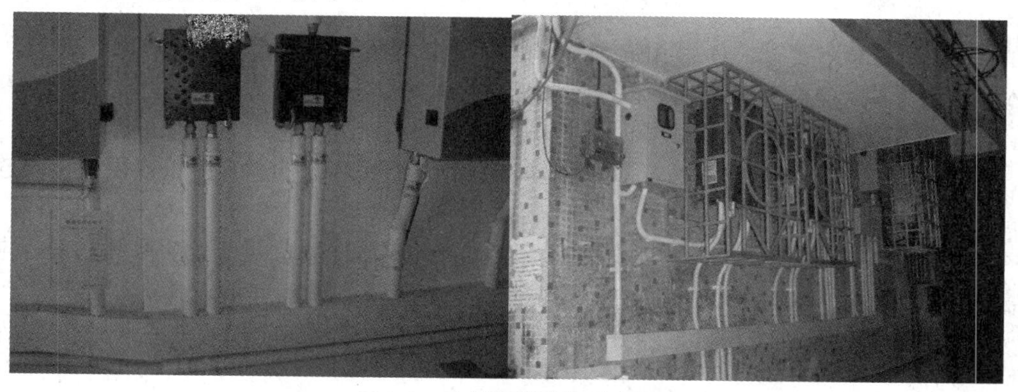

图 9-1　外部线缆连接示意图

5．电源与接地的安装要求

(1) 提供给主机/分机的电源必须稳定，交流电电压允许波动范围为 198～242 V。

(2) 主机/分机必须安装配电箱，配电箱的安装位置可靠近主机/分机，与主机/分机同高，也可安装在用户指定位置,但须置于不易触摸或不易被破坏的地方。

(3) 电表、插座、电源漏电保护开关均置于配电箱专用位置。

(4) 主机至配电箱的电源线须截断，无需使用插头，线头直接接于漏电保护开关上。如电源线不够长，可以驳接，但火线、零线、地线须错位驳接，并用锡焊焊接；焊接处先

用电工胶布包裹，再用热缩管封固。

(5) 主机输入电源，必须将火线、零线、地线相对应连接，不得错接。

(6) 设备电源插板至少有两芯及三芯插座各一个，工作状态时放置于安全位置。

(7) 主机接地排规格为 300 mm × 40 mm × 5 mm，在主机下方，距地面 150～200 mm 处紧靠垂直线槽用两个 M10 × 60 的膨胀螺丝水平把接地排固定于墙上。

(8) 主机保护地、室内馈线接地，分别用 16 mm^2 的地线引至主机下端接地排上，再用 35 mm^2 的地线从接地排引至地网。

6. 直放站近端工程施工规范

(1) 在基站内近端施工时，移动公司随工人员必须全程跟随，以预防紧急突发事件。

(2) 在基站内近端施工时，需要严格遵守移动公司通信基房施工相关管理规范。

(3) 在基站内近端施工时，需在移动公司随工人员指定安装位置后，方可进行主机安装。

(4) 在基站、交换机房等特殊机房内安装时，主机底部或顶部应与其它原有壁挂设备底部或顶端保持在同一水平线上，以保证美观。

(5) 在近端主机上进行安装操作时严禁踩踏走线架、 BTS、传输柜、电源柜等基站设备。

(6) 在近端主机接电过程中，需在移动公司随工人员指定近端主机需要接入的电源空开后，方可进行接电，并做好安全防护准备。

(7) 每个近端设备必须有单独的地线接入接地排。

(8) 在近端主机进行光纤布放时，必须加套波纹管，多余的光纤应盘扎整齐并做好防护。

(9) 在基站内布线时，使用扎带进行绑扎，需要和原有的线缆并排绑扎，线缆排列顺序必须一致，以保证规范及美观。布线完成后剪掉扎带多余部分，以保证扎带接口处平整。

(10) 在基站走线架上布放线缆时，需小心谨慎避免碰触其他设备线缆。

(11) 在近端主机耦合完成后，对耦合器、电桥、馈线等器件进行检查以保证接头连接可靠，电气性能良好。

(12) 近端主机耦合完成后，走线架上新增加的无源器件如负载、大功率耦合器、电桥等需要进行固定，不得悬空放置且要摆放整齐、美观，不得妨碍其他设备走线。

(13) 大功率负载不得与其他器件堆放在一起，应单个分离、固定、排列整齐，以保证散热性良好。

(14) 连接近端主机及信源的无源器件及线缆应有清晰明确的标签。

二、天线的安装要求

1. 室内天线的安装要求

天线的安装要求

室内分布系统天线主要包括全向吸顶天线、定向吸顶天线、壁挂天线、定向板状天线等。室内天线的安装应满足以下要求：

(1) 天线的整体布局应合理美观，安装天线的过程中不得弄脏天花板或其它设施。

(2) 室内天线应尽量远离消防喷淋头安装。

(3) 吸顶天线应用天线固定件安装在天花板上，安装必须牢固、可靠，并保证天线水平。安装在天花板下时，不应破坏室内整体环境；安装在天花板吊顶内时，应预留维护口。

(4) 室内天线若为壁挂天线，必须牢固地安装在墙上，并保证天线垂直美观且不破坏室内整体环境。天线主瓣方向应正对目标覆盖区。

(5) 全向吸顶天线安装时应保证天线垂直，垂直度各向偏差不得超过±1°；定向板状天线的方向角应符合施工图设计要求，安装方向偏差不超过天线半功率角的±5%。

(6) 天线周围 1 米内不宜有大体积的阻碍物。天线安装应远离附近的金属体，以减少对信号的阻挡。不得将天线安装在金属吊顶内。

(7) 室内天线接头应密封良好，当安装位置潮湿又无其它合适安装位置时，应对接头做好防水处理。

(8) 每副天线都应有清晰明确的标识。

2. 室外天线的安装要求

(1) 天线的各类支撑件应结实牢固。铁杆要垂直，横担要水平，所有铁件材料都应做好防氧化处理。

(2) 室外天线必须牢固地安装在其支撑件上。室外天线的接头必须做好防水处理。

(3) 连接室外天线的跳线应做一个“滴水弯”。

(4) 室外安装的天线应在避雷针 45° 保护角内。天线的安装支架及抱杆必须接地良好。

(5) 每副天线都应有清晰明确的标识。

三、器件的安装要求

室内分布系统无源器件主要包括功分器、耦合器、合路器、衰减器、电桥、负载等。

(1) 无源器件的安装位置、设备型号必须符合工程设计要求。

(2) 无源器件尽量妥善安置在线槽或弱电井中，固定位置要便于安装、检查、维护和散热，避免强电、强磁或强腐蚀的干扰。

(3) 无源器件安装时应用扎带进行固定，并且牢固、美观，不允许悬空放置，不应放置在室外(如特殊情况需室外放置，必须整体做好防水、防雷处理)。

(4) 无源器件的接头应连接可靠，保证电气性能良好。

(5) 无源器件严禁接触液体，并防止端口进入灰尘。

(6) 无源器件不应安装在潮湿环境中，当安装位置潮湿又无其它合适位置时，无源器件必须整体做好防水处理。

(7) 无源器件的设备空置端口必须接匹配负载。

(8) 无源器件应有清晰明确的标签。

(9) 施工完成后，所有的设备和器件要做好清洁，保持干净。

四、馈线布放的要求

对馈线布放的要求具体如下：

(1) 所有馈线必须按照工程设计的要求布放，要求走线牢固、美观，不得有交叉、扭

曲、裂损情况。

(2) 所有馈线应避免与消防管道及强电、高压管道一起布放走线，以确保无强电、强磁的干扰。

(3) 上、下楼层的布线尽量安装在弱电井内，不得使用风管或水管管井。

(4) 馈线尽量在线井和吊顶中布放，至少每隔 1.5 米固定一次，与设备相连的跳线或馈线应使用线码或馈线夹进行牢固固定，且不得与其他厂家的馈线及电线绑扎在一起。

(5) 不在线井、吊顶内布放的同轴电缆应套用 PVC 管、镀锌管或加装线槽，且靠墙布放。

(6) 在电梯井道内布放馈线时必须使用单联/多联馈线卡，沿井道侧壁等间隔固定。

(7) 布放馈线时，馈线必须从外圈由缆盘的径向松开、放出并保持弧形，严禁从轴心乱抽扩馈线。馈线在布防过程中应无扭曲、盘绞、打结。

(8) 当跳线或馈线需要弯曲布放时，要求弯曲角保持圆滑，弯曲弧度在馈线允许范围内，如表 9-1 所示，走线路径应保证其稳固和不受损害。

表 9-1　馈线弯曲半径

序号	线径	二次弯曲的半径	一次弯曲的半径
1	7/8"	360 mm	120 mm
2	3/8"	150 mm	50 mm
3	1/2"普通	210 mm	70 mm
4	1/2"超柔	120 mm	40 mm

(9) 走线管应尽量靠墙布放，并用线码或馈线夹进行牢固固定，其间距如表 9-2 所示。

表 9-2　馈线固定间距

序号	走线类型	<1/2"线径馈线	>1/2"线径馈线
1	水平	1.0 m	1.5 m
2	垂直	0.8 m	1.0 m

(10) 室外跳线要求沿天线支撑件方向固定，并且要求馈线的布放长度适当，以避免室外跳线形成多余的弯曲。

(11) 室外馈线应用线码沿墙壁等间距固定。

(12) 室外馈线进入室内前必须有一个滴水弯，波纹管滴水弯底部必须剪切出一个漏水口，以防止雨水沿馈线进入室内，入线口/孔必须用防火泥密封。

五、GPS 天线的安装要求

1. 位置要求

GPS 天线安装时对位置的要求如下：

(1) GPS 天线应安装在较开阔的位置上，保证天线周围俯仰角 30° 内不能有较大的遮挡物(如树木、铁塔、楼房等)。安装 GPS 天线的平面，其可使用面积越大越好，天线竖直向上的视角应大于 120°。

(2) 为避免反射波的影响，GPS 天线应尽量远离周围尺寸大于 20 cm 的金属物 2 m

以上。

(3) 由于卫星出现在赤道的概率大于其他地点，对于北半球，应尽量将 GPS 天线安装在安装地点的南边。

(4) 不要将 GPS 天线安装在其他发射和接收设备附近，避免其他发射天线的辐射方向对准 GPS 天线。

(5) 两个或多个 GPS 天线安装时要保持 2 m 以上的间距，建议将多个 GPS 天线安装在不同地点，防止受到干扰。

(6) 天线安装位置附近应有专门的避雷针或类似的设施，如通信铁塔。天线应处在避雷针的有效范围内。

2. 馈线要求

(1) 在满足位置条件的情况下，GPS 天线馈线应尽量短，以降低线缆对信号的衰减。GPS 天线馈线应尽量小于 100 m，若大于 100 m 则需加装 GPS 中继干线放大器。

(2) 天馈线应做好防雷接地操作，天馈线防雷接地需符合规范。GPS 馈线应在下支撑杆、下天面、进馈线窗前接地。接地要求是：顺着线缆下行方向进行接地，为了减少线缆接地线的电感，接地线的弯曲角度应大于 90°，曲率半径大于 130 mm。

(3) 为避免线缆晃动导致接头松动，应该用胶带将线缆与支撑管的下端固定，并将线缆固定于抱杆上。线缆与抱杆的固定应该留有一定余量(可以取 10cm 或更长)，以防止在冬季线缆因温度降低而收缩。

六、电源与接地

1. 电源线

电源线布放施工规范主要包括以下几个方面：

(1) 电源线必须根据设计要求穿铁管或 PVC 管布放，走线要平直/垂直美观。铁管和 PVC 管的质量和规格应符合设计规定，管口应光滑，管内清洁、干燥，接头紧密，不得使用螺丝接头，穿入管内的电源线不得有接头。

(2) 电源线如遇穿墙走线，穿墙部分必须加套铁管、 PVC 管或波纹管加以保护，穿墙孔/口必须用防火泥加以密封。

(3) 电源线加套铁管、 PVC 管水平/垂直布线的固定间距为 1 m，在 100 mm × 40 mm 的线槽内布线的固定间距为 0.3 m。

(4) 直流电源线和交流电源线宜分开敷设，应避免绑在同一线束内。

(5) 电源插座必须固定牢固，如需使用电源插板，电源插板需放置于清洁干燥且不易触摸到的安全位置。

(6) 电源线与电源分配柜接线端子连接，应采用铜鼻子与接线端子连接，并且用螺丝加固，保障其接触良好。

(7) 电源线两端线鼻子的焊接(或压接)应牢固、端正、可靠，芯线在端子中不可摇动，保障电器接触良好。

(8) 电源线接线端子处应加热缩套管或缠绕至少两层绝缘胶带，不应将裸线和线鼻子鼻身露于外部。

(9) 电源线与设备及电池组的连接应可靠牢固，接线柱处应进行绝缘防护。

2．地线

地线布放施工规范主要包括以下几个方面：

(1) 为了减少馈线接地线的电感，要求接地线的弯曲角度大于 90°，曲率半径大于 130 mm。

(2) 地线与地网连接时，严禁形成倒漏斗(即形成积水漏斗)，漏斗方向必须朝下。

(3) 当接线端子与线料为不同材料时，其接触面应涂防氧化剂。

(4) 主机保护地、馈线、天线支撑件的接地点应分开。每个接地点要求接触良好，不得有松动现象，并做好防氧化处理(加涂防锈漆、银粉、黄油等)。

地线的安装又分为室内接地和室外接地，安装要求如下：

1) 室内接地

(1) 设备的工作地、保护地应接入同一地线排，地线系统采用联合接地方式。接地电阻要小于 10 Ω。

(2) 室内地线排应尽量靠近地线进口，拉进机房的母地线必须直接连接到室内地线排上，不能再经过任何设备(如交流屏)必须直接落地。

(3) 室内设备要求将接地线与地线排连接，每个接地点只能接一个设备，不能两个或多个设备接在同一点上。

(4) 地线必须加套 PVC 管或加装线槽，走线要平直/垂直美观。

(5) 地线如遇穿墙走线，穿墙部分必须加套 PVC 管或波纹管加以保护，穿墙孔/口必须用防火泥加以密封。

(6) 加套 PVC 管的地线固定原则与射频走线原则相同。

(7) 接地线应连接至大楼综合接地排，走线槽已经与综合接地排相连的，可连接至走线槽。

(8) 施主天线架地线最终端接地点为距离天线支架最近的地网或避雷网带，禁止将其接入室内。

(9) 室内设备保护地线禁止接至室外楼顶等高处避雷网带上。

2) 室外接地

(1) 天线支撑杆等室外设施都应与防雷地网良好接触，并做好防氧化处理，同时要求接地电阻小于 5 Ω。

(2) 室外天线应安装避雷针，要求避雷针电气性能良好，接地良好。避雷针要有足够的高度，室外天线应在避雷针的 45° 保护角之内。

七、五类线的安装要求

(1) 五类线的布放应自然平直，不得产生扭绞、打圈接头等现象，不应受到外力的挤压和损伤。

(2) 五类线缆终接后，应有余量。安装箱或到达设备端口之后对绞电缆预留长度宜为 1～1.5 m，工作区为 10～30 mm，有特殊要求的应按设计要求预留长度。

(3) 五类线必须用尼龙绑扎带牢固绑扎，在弱电井桥架内和吊顶内等隐蔽走线位置布放时(弱电井中无须穿管，天花板上须穿管)，绑扎间距应不大于 1 m；在弱电井开放处和明线布放时，绑扎间距应不大于 30 cm。

(4) 五类线的弯曲半径应符合：非屏蔽 4 对对绞电缆的弯曲半径应至少为电缆外径的 4 倍；屏蔽 4 对对绞电缆的弯曲半径应至少为电缆外径的 6～10 倍。

(5) 五类线应避免与强电、高压管道、消防管道等一起布放，确保其不受强电、强磁等源体的干扰。

(6) 五类线与电源线平行敷设时，应满足表 9-3 中的隔离要求。

表 9-3　五类线与电源线平行敷设时的隔离度要求

条　件	最小净距/mm
对绞电缆与电力电缆平行敷设	130
有一方在接地的金属槽道或钢管中	70
对方都在接地的金属槽道或钢管中	平行长度小于 10 m 时，最小间距可为 10 mm

(7) 对于不能在弱电井桥架、走线井、吊顶内布放的五类线，应考虑将其安装在电缆走线架上或套用 PVC 管。走线架或 PVC 管应尽可能靠墙布放并牢固固定。走线架或 PVC 管不允许有交叉和空中飞线的现象。

(8) 五类线终接应符合设计和施工操作规程，终接前必须核对缆线标示内容是否正确，缆线中间不允许有接头，终接处必须牢固、接触良好。

(9) POE 交换机与 AP 之间五类线接头需按照 568B 标准做。POE 交换机级联须采用五类线交叉线连接。

八、密封

工程安装中对密封的要求如下：

(1) 射频接头防水密封，具体做法为：用电工胶布包裹接头金属部分打底，再用防水胶泥包裹电工胶布，并保证使其完全密封，最后用电工胶布严密包裹防水胶泥。

(2) 室内射频接头防尘处理：用电工胶布严密包裹射频接头，电工胶布要平滑美观。

(3) 馈线上、避雷网带上的接地点用防水胶泥直接严密包裹后再用电工胶布严密包裹。

(4) 室内与室外之间的走线孔/口必须用防火泥进行密封。

(5) 室外天线支架的螺丝(包括膨胀螺丝、避雷针连接螺丝、接地螺丝)，必须用黄油进行密封，以防水防锈。

(6) 固定主机机架的螺丝必须用黄油进行密封，以防水防锈。

标签的标记方法

九、标签

1. 标签要求

(1) 室内分布系统中每一个设备以及电源开关箱和各种线缆(馈线、电源线、地线、光缆、尾纤等)两端都应有明显的标签，方便以后的管理和维护。

(2) 室内分布系统标签要用专用电子标签机打印，不能手写。

(3) 在同一工程中每台设备、每个器件、每根线缆的两端都要贴上标签，标签的格式统一、编号唯一，且编号应与设计文件一致。

(4) 主机标签要根据设计文件注明主机类型、编号，并粘贴在正面可视的位置上。

(5) 每根线缆两端的标签要根据设计文件注明电缆类型、长度及走向，标签均贴于距线头 20 mm 处。

(6) 每根线缆(馈线、电源线、地线、光缆等)两端的标签上必须标明线缆接头的制作人员、施工队长、监理单位等信息，以便日后查阅。

(7) 馈线的走向以系统信源下行为去向，即以施主天线或与基站直接耦合点为起始端，用户天线为最终端点。起始端标签为“TO—设备代号”，终止端标签为“FROM—设备代号”。

(8) 空气开关上的标签必须正确标注对应设备名称。

2. 标签编号格式

主要设备标签的编号格式与系统原理图一致，具体格式请参照模块八中的表 8-1。

任务 2　移动通信室内覆盖施工管理

【学习要求】

(1) 识记：对施工单位的管理要求。

(2) 领会：集采设备、材料的控制和管理。

一、对施工单位的管理

1. 工程开工申请

各施工单位在每个站点开工前应电话告知或提交开工报告单给监理单位，并做出时间计划，制定详细的工程计划时间表。

2. 按方案进行

在施工过程中要严格按照设计方案进行，确实需要变更方案时要向业主和监理方提出申请。方案变更申请单要认真填写，并报监理公司备案，经业主方和分公司批准后方可实施，否则一切后果由施工单位负责。

3. 环境卫生

(1) 天线、设备应保持清洁，外表无灰尘；

(2) 室内馈线要擦干净；

(3) 工程施工剩余材料、铁件要回收，木箱、杂物应清除，所有施工场地应打扫干净；

(4) 机房、室内施工场地严禁吸烟。

4. 其他施工注意事项

(1) 施工过程中若需要变更设计，各施工单位应尽快向建设、监理方以书面形式进行汇报，并填写变更设计单，抄送监理公司，等得到确认之后才能继续施工；

(2) 施工中要注意安全；

(3) 施工造成的建筑损坏要予以修补，施工完毕后要清理现场；

(4) 严把质量关，尽量减少浪费，施工中注意工程的美观及符合各器件的电气性能指标的实用性；

(5) 在布线当中要确保其他线路及自己的线路不被破坏；

(6) 在行人进出的地方施工时要有醒目提醒标志；

(7) 工程人员要有良好的施工素质。

5．随工记录

施工过程中要做好随工记录，详细填写随工检查记录表，内容包括安装工程量、材料设备的使用量以及施工工艺的检查等。在申请验收时需要提交此文件，并作为竣工文件的一部分进入竣工资料。

6．竣工图纸

竣工图纸要与工程实际相符合，功分器、耦合器、天线和主机位置应标记清楚。

系统集成商

7．初验前的检查

工程结束后，集成商必须进行自我检查，认真填写自检报告。确认无误后，方可申请竣工。施工工程质量要求符合室内分布系统工程的质量要求。

8．竣工验收

验收内容包括工程实体、工程档案、工程结算、监控网管接入四部分：

(1) 工程实体验收包括施工质量、施工工艺、工程量、设备质量和工程建设程序执行情况、开通后效果等方面的内容。

(2) 工程档案验收包括对工程建设从立项到竣工验收全过程中形成的各类文件材料的齐全、完整、准确、系统、规范及档案管理制度执行情况的验收。

(3) 对工程竣工财务结算验收审核包括对结算编制的合理性、合法性、真实性的评价。

(4) 监控网管接入包括远程设置、告警验证、性能指标上报三部分。

二、集采设备、材料的控制和管理

(1) 由于室内分布系统工程点多面广，参与集成服务的单位较多，所以对于材料、设备的数量管理是管理中的重点，也是决定项目总投资的关键。

(2) 监理和随工工作的重点是工程施工工艺质量和设备、材料使用数量的控制和安全生产的控制。其主要工作内容是代表建设方在施工过程中清点设备使用情况是否属实，检查工程施工质量、工艺以及安装的合理性，在工程完工后审核工程量(主要是材料用量)，监督测试过程，确认测试数据的有效真实，并参与工程验收。

(3) 首先各施工单位提交中标后各自承揽的业务量、站点数以及各站点的详细配置情况表，并进行统计汇总，再根据会审后的设计方案统计用于各站点的设备、材料的总数量，由施工单位统一领取进行保管，方便调配、使用。施工单位在每次的设备、材料领用时必须填写《工程设备/材料领用明细表》，由施工单位领用人签字，监理人员现场审核并签字确认。

过 关 训 练

一、填空题

1．当有两个以上主机设备需要安装时，主机设备的间距应大于________，并整齐安装在同一水平线(或垂直线)上。

2．室内主机壁挂式安装，主机底部距地面不小于________。

3．所有与设备相连的电缆连接要求整齐、美观，连线两端的接头接触良好，不得有松动现象，馈线连接处驻波比需小于________。

4．提供给主机/分机的电源必须稳定，交流电电压允许波动范围为________。

5．天线周围________内不宜有体积大的阻碍物。天线安装应远离附近的金属体，以减少对信号的阻挡。不得将天线安装在________内。

6．室外天线必须牢固地安装在其支撑件上。室外天线的接头必须做好________处理。

7．连接室外天线的跳线应做一个________。

8．室外安装的天线应在避雷针________保护角内。

9．室外馈线进入室内前必须有一个滴水弯，波纹管滴水弯底部必须剪切一个________，以防止雨水沿馈线进入室内，入线口/孔必须用________密封。

10．GPS 天线应安装在较开阔的位置上，保证周围俯仰角度________内不能有较大的遮挡物(如树木、铁塔、楼房等)。安装 GPS 天线的平面的可使用面积越大越好，天线竖直向上的视角应大于________。

11．两个或多个 GPS 天线安装时要保持________以上的间距，建议将多个 GPS 天线安装在不同地点，防止同时受到干扰。

12．GPS 天线馈线应尽量小于_______m，如大于 100 m 需加装______。

13．为了减少馈线接地线的电感，要求接地线的弯曲角度大于_______，曲率半径大于________mm。

14．地线与地网连接时，严禁形成________(即形成积水漏斗)，漏斗方向必须朝下。

15．五类线必须用尼龙绑扎带牢固绑扎，在弱电井桥架内和吊顶内隐蔽走线位置布放时(弱电井中不须穿管，天花板上须穿管)，绑扎间距应不大于________m；在弱电井开放处和明线布放时，绑扎间距应不大于______。

16．馈线的走向以系统信源下行为去向，即以施主天线或与基站直接耦合点为起始端，用户天线为最终端点。起始端标签为：________，终止端标签为：________。

二、简答题

1．试说明室内分布系统主机的安装规范。

2．试说明无源器件的安装规范。

3．试说明天线的安装规范。

4．试说明 GPS 天线的安装规范。

5．简述对施工单位的管理要求。

过关训练解答

模块十　移动通信室内覆盖系统工程验收与优化

【内容简介】

本模块首先介绍移动通信室内覆盖系统工程的初验；其次介绍移动通信室内覆盖系统工程的终验，以 LTE 的室内覆盖系统单站验证为例给出了具体的规范和标准；最后简单介绍移动通信室内覆盖系统优化工程的相关案例。

【重点难点】

重点掌握室内覆盖多系统验收的关键性覆盖指标。

【学习要求】

(1) 识记：移动通信室内覆盖系统工程的初验条件、移动通信室内覆盖系统工程的初验内容。

(2) 领会：移动通信室内覆盖系统验收的审核规范与覆盖指标。

(3) 应用：移动通信室内覆盖系统验收的测试工作、移动通信室内覆盖系统的优化工作。

任务 1　移动通信室内覆盖系统工程验收

【学习要求】

(1) 识记：移动通信室内覆盖系统工程的初验条件和初验内容。

(2) 领会：移动通信室内覆盖系统验收的审核规范与覆盖指标。

(3) 应用：移动通信室内覆盖系统验收的测试工作。

从系统开通到验收之间有一段时间，称为系统试运行阶段。经此阶段的运行，站点的无线环境、设备参数可能会发生变化。为确保验收的效果，在验收前必须对室内覆盖工程进行自检，核对覆盖效果。试运行阶段结束后，工程督导要填写工程竣工文件，并向运营商申请初验验收，验收合格后填写《竣工文件》，即完成了项目的初验；初验完成后，系统再稳定可靠运行一段时间后方可进行终验。

一、移动通信室内覆盖系统工程初验

1. 移动通信室内覆盖系统初验条件

移动通信室内覆盖系统工程验收条件如下：

(1) 单项工程已按设计要求完成安装、调测。

(2) 按照设计要求实现业务逻辑，并具备业务开通条件。

(3) 各类技术文件、工程文件、竣工资料齐全完整，经建设单位检查与实际相符。

(4) 室内分布系统安装完毕，自检测试合格，且施主信源性能指标无劣化，室内分布系统工程设计资料、各类待验收器件说明书、操作测试手册齐全。

(5) 室内分布系统工程安装的天线总数、各类馈线总长度、各类器件总数符合设计要求。若工程中建设规模有变动，需要征得设计、监理部门同意，应有设计变更单等相关文件。

(6) 初验测试的工程工艺内容依据规范的要求制定。测试操作方法和手段参照行业规范、企业标准、设备供应商提供的技术文件以及专用仪表来进行。

(7) 在验收时，如果室内分布系统工程工艺达不到要求，应由责任方负责及时处理，问题解决后再重新进行验收。

(8) 室内分布系统申请工程验收时，监理单位应提交工程自检报告，报告内容中应包含设备性能自检报告、施工安装工艺验收附表、工程初验验收表。

2. 移动通信室内覆盖系统工程初验内容

移动通信室内覆盖系统工程初验内容如表 10-1 所示。

表 10-1　移动通信室内覆盖系统工程初验内容

一、主机安装检查			
序号	检 查 内 容	是否通过	备注
1	主机的安装位置、设备型号符合工程设计的要求		必选
2	安装位置确保无强电、强磁和强腐蚀性设备的干扰		必选
3	设备安装位置应便于设备的调测、维护和散热需要		必选
4	主机周围不得放置易燃物品；室内的温度、湿度不能超过主机正常工作温度、湿度的范围		必选
5	主机机架的安装位置应符合设计方案的要求，并且垂直、牢固		必选
6	各种主机必须正确有效接地		必选
7	设备电源插板至少有两芯及三芯插座各一个，处于工作状态时放置于不易触摸到的安全位置		必选
8	要求物业(业主)方提供长期稳定可靠、24 小时不间断的电源系统，波动不超出设备运行的最低要求；如果物业无法提供长期稳定的市电，建议使用后备电源		必选
9	连接主机的电缆必须固定，布线整齐，接头紧密；电缆进走线槽，走道布局美观、横平竖直，现场尽量无外露缆线；如有外露电缆必须用扎带扎紧		必选

续表一

序号	检 查 内 容	是否通过	备注
10	施工完成后，所有的设备和器件要做好清洁，保持干净		必选
11	在基站内进行近端施工时，移动公司随工人员必须全程跟随，以预防紧急突发事件		必选
12	在基站内进行近端施工时，需要严格遵守移动公司通信基房施工相关管理规范		必选
13	在基站内近端施工时，需在移动随工人员指定安装位置后，方可进行主机安装		必选
14	在基站、交换机房等特殊机房内进行安装时，主机底部或顶部应与其它原有壁挂设备底部或顶端保持在同一水平线上，以保证美观		必选
15	在近端主机安装时严禁踩踏走线架、BTS、传输柜、电源柜等基站设备		必选
16	在近端主机接电过程中，需在移动随工人员指定近端主机需要接入的电源空开后，方可进行接电，并做好安全防护准备		必选
17	每个近端设备必须有单独的地线接入地线排		必选
18	在近端主机进行光纤布放时，必须加套波纹管；多余的光纤应盘扎整齐并做好防护		必选
19	在基站内布线时，使用扎带进行绑扎，并需要和原有的线缆并排绑扎，线缆排列顺序必须一致，以保证规范及美观。布线完成后剪掉扎带多余部分，保证扎带接口处平整		必选
20	在基站走线架上布放线缆时，需小心谨慎，避免碰触其他设备线缆		必选
21	在近端主机耦合完成后，对耦合器、电桥、馈线等器件进行检查，保证接头连接可靠、电气性能良好		必选
22	近端主机耦合完成后，走线架上新增加的无源器件如负载、大功率耦合器、电桥等需要进行固定，不得悬空放置，并摆放整齐、美观且不妨碍其他设备走线		必选
23	大功率负载不得与其他器件堆放在一起，应单个分离、固定、排列整齐以保持散热性良好		必选
24	连接近端主机及信源的无源器件及线缆应有清晰明确的标签		必选
二、无源器件安装检查			
序号	检 查 内 容	是否通过	备注
1	无源器件的安装位置、设备型号必须符合工程设计要求		必选
2	无源器件尽量妥善安置在线槽或弱电井中，固定位置要便于安装、检查、维护和散热，避免强电、强磁或强腐蚀的干扰		必选
3	无源器件安装时应用扎带进行固定，并且牢固、美观，不允许悬空放置，不应放置在室外(如特殊情况需室外放置，必须整体做好防水、防雷处理)		必选

续表二

序号	检 查 内 容	是否通过	备注
4	无源器件的接头应连接可靠，以保证电气性能良好		必选
5	无源器件严禁接触液体，并防止端口进入灰尘		必选
6	无源器件不应安装在潮湿环境中，当安装位置潮湿又无其它合适位置时，无源器件整体必须做好防水处理		可选
7	无源器件的设备空置端口必须连接匹配负载		必选
8	无源器件应有清晰明确的标签		必选
9	施工完成后，所有的设备和器件要做好清洁，保持干净		必选

三、天线安装检查

序号	检 查 内 容	是否通过	备注
1	天线的安装位置、设备型号必须符合工程设计要求		可选
2	天线的整体布局应合理美观。安装天线的过程中不得弄脏天花板或其它设施。室内天线应尽量远离消防喷淋头安装		必选
3	吸顶天线应用天线固定件安装在天花板上，安装必须牢固、可靠，并保持天线水平。安装在天花板下时，不应破坏室内整体环境；安装在天花板吊顶内时，应预留维护口		必选
4	室内天线若为壁挂天线，必须牢固地安装在墙上，并保证天线垂直美观且不破坏室内整体环境。天线主瓣方向应正对目标覆盖区		必选
5	安装全向吸顶天线时应保证天线垂直，垂直度各向偏差不得超过±1°；定向板状天线的方向角应符合施工图设计要求，安装方向偏差不超过天线半功率角的±5%		必选
6	天线周围 1 m 内不宜有体积大的阻碍物。天线安装应远离附近的金属体，以减少对信号的阻挡。不得将天线安装在金属吊顶内		必选
7	室内天线接头应密封良好，若安装位置潮湿又无其它合适安装的位置时，应将接头做好防水处理		必选
8	若需要增加室外天线，室外天线必须牢固地安装在其支撑件上。室外天线的接头必须做好防水处理		必选
9	连接室外天线的跳线应做一个“滴水弯”		必选
10	室外安装的天线应在避雷针 45° 保护角内。天线的安装支架及抱杆必须良好接地		必选
11	每副天线都应有清晰明确的标识		必选

四、馈线布放检查

序号	检 查 内 容	是否通过	备注
1	所有馈线必须按照工程设计的要求布放，要求走线牢固、美观，不得有交叉、扭曲、裂损情况		必选

续表三

序号	检 查 内 容	是否通过	备注
2	所有馈线避免与消防管道及强电、高压管道一起布放走线，确保无强电、强磁的干扰		必选
3	上、下楼层的布线尽量安装在弱电井内，不得使用风管或水管管井		必选
4	馈线尽量在线井和吊顶中布放，至少每隔 1.5 m 固定一次，与设备相连的跳线或馈线应用线码或馈线夹进行牢固固定，且不得与其他厂家的馈线及电线绑扎在一起		必选
5	不在线井、吊顶内布放的同轴电缆应套用 PVC 管、镀锌管或加装线槽，并靠墙布放		必选
6	在电梯井道内布放馈线必须使用单联/多联馈线卡，沿井道侧壁等间隔固定		必选
7	布放馈线时，馈线必须从外圈由缆盘的径向松开、放出并保持弧形，严禁从轴心乱抽扩馈线。馈线在布放过程中，应无扭曲、盘绞、打结		必选
8	当跳线或馈线需要弯曲布放时，要求弯曲角保持圆滑，弯曲弧度在馈线允许范围内，走线路径应保证其稳固和不受损害		必选
9	走线管应尽量靠墙布放，并用线码或馈线夹进行固定		必选
10	室外跳线要求沿天线支撑件固定，并且要求馈线的布放长度适当，以避免室外跳线形成多余的弯曲		必选
11	室外馈线应用线码沿墙壁等间距固定		必选
12	室外馈线进入室内前必须有一个滴水弯，波纹管滴水弯底部必须剪切一个漏水口，以防止雨水沿馈线进入室内，入线口/孔必须用防火泥密封		必选
13	工程走线裸露部分必须加套白色 PVC 管，拐弯处用波纹管连接，拐弯波纹管长度不大于 0.3 m		必选
14	垂直走线或必要的空中飞线若无法固定，则预先将馈线用扎带或电缆挂钩固定在钢丝绳上，钢丝绳两端用膨胀螺丝、地锚、紧绳卡和调节环拉紧。有特殊需求时，安装专用走线架		必选
15	对于地下车场等特殊场所，馈线无法靠墙布放，又无走线架时，必须每隔 1.5 m 安装一个馈线吊架，以供线管布线固定，且布线应高于消防管道或排气管道		必选
16	馈线布放时应注意对端头的保护，不能进尘、进水、受潮；室内馈线接头与馈线接缝处需用防水胶带包裹做防尘处理；室外馈线接头应做好防水密封。已受潮、进水的端头应锯掉		必选
17	禁止馈线与建筑物避雷网带或避雷地线捆扎一起布放走线		必选

五、电源线布放检查

序号	检 查 内 容	是否通过	备注
1	电源线必须根据设计要求穿铁管或 PVC 管布放，走线要平直/垂直美观。铁管和 PVC 管的质量和规格应符合设计规定，管口应光滑，管内清洁、干燥，接头紧密，不得使用螺丝接头，穿入管内的电源线不得有接头		必选

续表四

序号	检 查 内 容	是否通过	备注
2	电源线如遇穿墙走线，穿墙部分必须加套铁管、PVC 管或波纹管加以保护，穿墙孔/口必须用防火泥加以密封		必选
3	电源线加套铁管、PVC 管水平/垂直布线的固定间距为 1 m，在 100 m × 40 mm 的线槽内布线的固定间距为 0.3 m		必选
4	直流电源线和交流电源线宜分开敷设，避免绑在同一线束内		必选
5	电源插座必须牢固固定，如需使用电源插板，电源插板需放置于清洁干燥且不易触摸到的安全位置		必选
6	电源线与电源分配柜接线端子连接时，应采用铜鼻子与接线端子连接，并用螺丝加固，且接触良好		必选
7	电源线两端线鼻子的焊接(或压接)应牢固、端正、可靠，芯线在端子中不可摇动，且电器接触良好		必选
8	电源线接线端子处应加热缩套管或缠绕至少两层绝缘胶带，不应将裸线和线鼻子鼻身露于外部		必选
9	电源线与设备及电池组的连接应可靠牢固，接线柱处应进行绝缘防护		必选
六、地线布放检查			
序号	检查内容	是否通过	备注
1	为了减少馈线接地线的电感，要求接地线的弯曲角度大于 90°，曲率半径大于 130 mm		必选
2	地线与地网连接时，严禁形成倒漏斗(即形成积水漏斗)，漏斗方向必须朝下		必选
3	当接线端子与线料为不同材料时，其接触面应涂防氧化剂		必选
4	主机保护地、馈线、天线支撑件的接地点应分开。每个接地点要求接触良好，不得有松动现象，并作防氧化处理(加涂防锈漆、银粉、黄油等)		必选
5	室内接地		
a	设备的工作地、保护地应接入同一接地排，地线系统采用联合接地方式。接地电阻要求小于 10 Ω		必选
b	室内接地排应尽量靠近地线进口，拉进机房的母地线必须直接连到室内接地排上，不能再经过任何设备(如交流屏)，必须直接落地		必选
c	室内设备要求用接地线与接地排连接，每个接地点只能接一个设备，不能两个或多个设备同接在同一点上		必选
d	地线必须加套 PVC 管或加装线槽，走线要平直/垂直美观		必选
e	地线如遇穿墙走线，穿墙部分必须加套 PVC 管或波纹管加以保护，穿墙孔/口必须用防火泥加以密封		必选
f	加套 PVC 管的地线固定原则与射频走线的原则相同		必选
g	接地线应连接至大楼综合接地排，走线槽已经与综合接地排相连的，可连接至走线槽		必选

续表五

序号	检 查 内 容	是否通过	备注
h	施主天线架地线最终端接地点为距离天线支架最近的地网或避雷网带，禁止其接入室内		必选
i	室内设备保护地线禁止接至室外楼顶等高处避雷网带上		必选
6	室外接地		
a	天线支撑杆等室外设施都应与防雷地网良好接触，并做好防氧化处理，要求接地电阻小于 5 Ω		必选
b	室外天线应安装避雷针，避雷针要求电气性能良好，接地良好，避雷针要有足够的高度，室外天线应在避雷针的 45° 保护角之内		必选
七、光缆布放检查			
序号	检 查 内 容	是否通过	备注
	管道光缆敷设要求管孔		
1	放光缆时，光缆必须由缆盘径向顺序放出并保持松弛弧形。光缆布放过程中应无扭转，严禁打小圈、浪涌、死弯等现象发生		必选
2	光缆布放前必须对光缆接头进行防护性包扎处理，以防在施工中遭到损坏		必选
	子管敷设		
1	在孔径 90 mm 及以上的水泥管道、钢管或塑料管道内，应根据设计规定一次敷足三根或三根以上的子管		可选
2	子管不得跨人井敷设，子管在管道内不得有接头，子管内应预放牵引绳		可选
3	子管在人孔内伸出管口长度宜为 200～400 mm		必选
	光缆敷设		
1	应按照设计要求的 A、B 端敷设光缆		必选
2	敷设光缆时的牵引力应符合设计要求		必选
3	光缆选 1 孔同色子管始终穿放，空余所有子管管口应加塞子保护		可选
4	按人工敷设方式考虑，为了减少光缆接头损耗，管道光缆应采用整盘敷设		可选
5	为了减少布放时的牵引力，整盘光缆应由中间分别向两边布放，并在每个人孔安排人员作中间辅助牵引		必选
6	敷设过程中光缆的曲率半径必须大于光缆直径的 20 倍，光缆在人(手)孔中固定后的曲率半径必须大于光缆直径的 10 倍		必选
7	新建光缆接头处两侧光缆布放预留的重叠长度应符合设计要求，接续完成后光缆余长应在人(手)孔内盘放固定		必选
8	光缆在人(手)孔内安装，如果手孔内有托板，则光缆在托板上固定，如果没有托板，则用膨胀螺栓固定光缆。膨胀螺栓要求钩口向下		必选
9	光缆在人孔子管外的部分应采用波纹塑料套管保护措施		必选
10	手孔内子管与塑料纺织网管接口用 PVC 胶带缠扎，以避免渗入泥沙		必选
11	光缆出管孔 15 cm 以内不应作弯曲处理		必选

续表六

序号	检 查 内 容	是否通过	备注
12	光缆在每个人孔内应按设计要求或业主规定做好标志，机房光缆在 ODF 架上应采用塑料标志牌以示区别		必选
	直埋式光缆的敷设要求——挖沟		
1	光缆沟中心线应与设计路由的中心线吻合，偏差应小于等于 100 mm		必选
2	光缆沟的深度应符合设计要求，沟底高程允许偏差+50～−100 mm		必选
3	人工挖掘的沟底宽度宜为 400 mm		必选
4	斜坡上的埋式光缆沟，应按设计规定的措施处理		必选
	光缆敷设		必选
1	敷设光缆的 A、B 端方向应符合设计要求		必选
2	埋式光缆的曲率半径应大于光缆外径的 20 倍		必选
3	直埋式光缆与其他设施平行或交越时应保留一定间距，间距要符合规范要求		必选
4	直埋式光缆进入人孔处应设置保护管		必选
5	两条以上的光缆同沟敷设时，应平行排列，相距大于 50 mm，不得交叉或者重叠		必选
6	应按设计要求装置埋式光缆的各种标志(标石、警示牌等)		必选
7	埋设后的单盘光缆，其金属外护层对地的绝缘电阻的竣工验收指标应大于 10 MΩ/km，其中暂允许 10%的单盘光缆不低于 2 MΩ/km		必选
	保护措施		
1	光缆穿越铁路、高速公路、重要级公路时应采用钢管穿子管保护或定向钻孔地下敷设保护管。保护管的敷设深度应符合设计要求		必选
2	保护管伸出障碍物两侧的长度应大于等于 1 m，穿越公路排水沟的埋深应大于永久沟底以下 500 mm		必选
	回填土		
1	充气的光(电)缆在回填土前必须做好保气工作		必选
2	先填细土，后填普通土，且不得损伤沟内光缆及管线		必选
3	市区或市郊埋设的光缆在回填 300 mm 细土后，盖红砖保护。每回填土 300 mm，应夯实一次，并及时做好余土清理工作		必选
4	回土夯实后的光缆沟，在车行路面或人行道上应与路面平齐，回土在路面修复前不得有凹陷现象；土路可高出路面 50～100 mm，郊区大地可高出路面 150 mm 左右		必选
	架空光缆敷设要求		
1	应按设计要求选用光缆挂钩的程式		必选
2	光缆挂钩的间距为 500 mm，允许偏差±30 mm		必选
3	应按照设计要求的 A、B 端敷设光缆，光缆的曲率半径应大于光缆外径的 20 倍		必选

续表七

序号	检 查 内 容	是否通过	备注
4	架空光缆敷设后应自然平直并保持不受拉应力、无扭转、无机械损伤		必选
5	每杆光缆做一处伸缩弯，伸缩弯在电杆两侧的挂钩间下垂 250 mm，并套塑料管保护		必选
6	光缆接头盒及余留吊扎的规定应符合设计要求		必选
7	架空杆路的光缆要求每档杆都作 U 型伸缩弯，每 0.5 km 预留 15～20 m，过主干公路及河流两端时均需做预留		必选
8	引上架空(墙壁)光缆用镀锌钢管保护，管口用防火泥或防水胶带堵塞		必选
9	架空光缆跨路、跨河、跨桥等时应悬挂光缆警示标志牌及限高标志牌		必选
10	空吊线与电力线交叉处应加装电力保护管进行保护，每端伸长不得小于 1.5 m；两电杆均需做 4.0 铁线防雷接地处理并加装地线棒		必选
11	所有电杆拉线均需加装反光拉线保护管		必选
12	为防止吊线感应电流伤人，每处电杆拉线均需要与吊线电气连接，各拉线位应安装拉线式地线，要求吊线直接用衬环接续，并在终端直接接地		必选
	墙壁光缆敷设要求		
1	应按照设计要求的 A、B 端敷设光缆		必选
2	除地下光缆引上部分外，严禁在墙壁上敷设铠装或油麻光缆		必选
3	墙壁光缆离地面的高度应大于等于 3 m，跨越街坊或院内通道等，其缆线最低点距地面应不小于 4.5 m		必选
4	吊线程式采用 7/2.2、7/2.6，支撑间距为 8～10 m，终端固定与第一只中间支撑间距应不大于 5 m		必选
5	吊线在墙壁上水平或垂直敷设时，其终端固定、吊线中间支撑应符合《本地网通信线路工程验收规范》		必选
6	固定螺丝必须在光缆的同一侧。光缆不宜用卡钩沿墙敷设。若不可避免，应在光缆上加套子管予以保护，卡钩间距为 500 mm，允许偏差±50 mm。光缆沿室内楼层凸出墙面的吊线敷设时，卡钩距离为 1 m		必选
	室内光缆敷设要求		
1	室内光缆在经由走线架、拐弯点(前、后)时应予绑扎，垂直上升段应分段(段长不大于 1 m)绑扎，上下走道或墙壁应每隔 50 cm 用 2～3 圈绑扎，绑扎部位应垫胶管，以避免光缆受到侧压力		必选
2	室内光缆不改变程式时，宜采用 PVC 阻燃胶带包扎并做好防火处理，进线孔洞要求用防火泥堵塞		必选
3	室内光缆预留盘圈绑扎固定在墙壁上		必选
4	光缆在进线室内应选择安全的位置，当处于易受外界损伤的位置时，应采取保护措施		必选
5	光缆引入后应堵塞进线管孔，以防不得渗水、漏水，并在室外做防水弯		必选

续表八

序号	检查内容	是否通过	备注
	光缆成端		
1	应根据规定或设计要求留足预留光缆		必选
2	在设备机房的光缆终端接头的安装位置应稳定安全，远离热源		必选
3	成端光缆终端接头引出的尾纤应按照 ODF 的说明书进行		必选
4	走线要按设计要求进行保护和绑扎		必选
5	尾纤所带的连接器，应按设计要求顺序插入光配线架(分配盘)		必选
6	未做连接尾纤的光配线架(分配盘)的接口端部应盖上塑料防尘帽		必选
7	尾纤在机架内的盘线应大于规定的曲率半径		必选
8	光缆在光纤配线架(ODF)成端处，将加强芯用铜芯聚氯乙烯护套电缆引出或直接将其连接到保护地线上		必选
9	应在尾纤醒目部位标明其方向和序号		必选
10	在光缆成端后应使用光时域反射仪进行衰耗测试，波长为 1310 nm 的光缆衰耗取值一般在 0.3～0.4 dB/km 之间，波长为 1510 nm 的光缆衰耗取值在 0.2～0.3 dB/km 之间		必选
11	若路由中存在接头，应在接头两侧预留 15～20 m		必选

八、线缆走道或槽道

序号	检查内容	是否通过	备注
1	线缆走道(或槽道)的位置、高度应符合工程设计要求		必选
2	线缆走道(或槽道)的组装应平直且无明显的扭曲和歪斜，沿墙水平的电缆走道应与地面平行，沿墙垂直的电缆走道应与地面垂直		必选
3	平直走线的线缆走道(或槽道)应每隔 6 m 做一个滴水切口		必选
4	线缆走道(或槽道)的侧旁支撑、终端加固角钢、吊挂、立柱等器件的安装应符合工程设计要求，牢固、端正、平直		必选
5	所有支撑加固用的膨胀螺栓余留长度应保持一致		必选
6	所有油漆铁件的漆色应一保持致，刷漆均匀、不留痕、不起泡		必选
7	平直走线的 PVC 管应同线缆走道(或槽道)一样，应每隔 6 m 做一个滴水切口		必选

九、标签检查

序号	检查内容	是否通过	备注
1	室内分布系统中每一个设备以及电源开关箱和各种线缆(馈线、电源线、地线、光缆、尾纤等)的两端都应有明显的标签，以方便以后的管理和维护		必选
2	直放站及室内分布系统标签要用专用的电子标签机打印，不能手写		必选
3	在同一工程中每台设备、每个器件、每根线缆的两端都要贴上标签，标签格式统一、编号唯一，且编号应与设计文件一致		必选

续表九

序号	检 查 内 容	是否通过	备注
4	主机标签要根据设计文件注明主机类型、编号，粘贴在正面可视的位置		必选
5	每根线缆两端的标签要根据设计文件注明电缆类型、长度及走向，标签均贴于距线头 20 mm 处		必选
6	每根线缆(馈线、电源线、地线、光缆等)两端的标签必须标明线缆接头的制作人员、施工队长、监理单位等信息，以便日后查阅		必选
7	馈线的走向以系统信源下行为去向，即以施主天线或与基站直接耦合点为起始端，用户天线为最终端点。起始端标签为："TO—设备代号"，终止端标签为："FROM—设备代号"		必选
8	空气开关上的标签必须正确标注对应设备名称		必选
9	在并排有多个设备或多条走线时，标签必须贴在同一水平线上		必选
十、连接检查			
射频连接			
序号	检 查 内 容	是否通过	备注
1	主机、天线、耦合器、功分器接口为 N-K 头，馈线为 N-J 头		必选
2	馈线接头与主机、天线、耦合器的连接口连接时，馈线接头必须保持 50 mm 长的馈线为直出后方可转弯		可选
3	馈线接头与主机、天线、耦合器的连接口连接时，必须连接可靠，接头进丝顺畅，不得野蛮死扭		必选
4	整个天馈系统射频连接要可靠，整体驻波比要达到要求标准，驻波比绝不能大于 1.5		必选
5	整个无源分布系统的三阶互调不大于−100 dBc		必选
电源连接			
序号	检 查 内 容	是否通过	备注
1	提供给主机的电源必须稳定、可靠		必选
2	主机必须安装配电箱，配电箱的安装位置可靠近主机，与主机同高，也可安装在业主指定位置，但须置于不易触摸或不易被破坏的地方		必选
3	电表、插座、电源的漏电保护开关均置于配电箱专用位置		必选
4	要求所有与设备相连的电缆接触良好，不能有松动的现象		必选
5	主机至配电箱的电源线可截断，无需使用插头，线头直接接于漏电保护开关上		必选
6	主机输入电源时，火线、零线、地线必须对应连接，不得错接。芯线间和芯线与地间的绝缘电阻不可小于 1 MΩ		可选

续表十

序号	检 查 内 容	是否通过	备注
7	若在交换机房、移动通信设备机房连接 24 V/−48 V 电源，使用工具的多余金属裸露部分要用电工胶布包裹，以免因操作不当造成机房直流电短路或其它故障的发生		可选
8	连至主机的电源线不能和其它电缆捆扎在一起		必选
9	直流(−48 V，24 V)供电采用 2.5 mm^2 的供电电缆，交流供电采用 2.5 mm^2 的供电电缆		必选
10	连接电源时，必须作好安全防护工作，以保证绝对的人身安全		必选

地线连接

序号	检 查 内 容	是否通过	备注
1	主机、馈线、天线架与接地排的连接地线为子地线，且用 16 mm^2 地线连接		必选
2	接地排至地网或室外施主天线支架直接至地网的连接地线为母地线，且用 25 mm^2 地线连接		必选
3	从机房所在楼房的地网单独拉一根截面积不小于 95 mm^2 的总地线进机房，作为接地引入线接到机房的室内接地排上		可选
4	子地线与设备箱接地柱连接用 60 A 线耳		可选
5	地线与天线架、接地排连接用 200 A 线耳		可选
6	母地线与接地排、地网连接用 300 A 线耳		可选

光路连接

序号	检 查 内 容	是否通过	备注
1	在使用尾纤时，须注意尾纤与设备接口的类型(常用的有 FC/PC 和 FC/APC 等)，同时必须注意保护尾纤头以防止碰撞，尾纤头在使用前必须用无水酒精清洁，以防止因灰尘的落入而导致的性能下降		可选
2	连接时插销与插孔要准确对位，连接螺母要拧到底		必选
3	光纤连接线的规格、路由走向、室内冗余长度应符合设计要求；光纤连接线在槽道内应加套管或线槽保护，无套管保护部分宜用扎带绑扎，扎带不宜扎得过紧		必选
4	绑扎后的光纤连接线在槽道内应顺直，无明显扭绞		必选
5	尾纤必须用波纹管保护，并用扎带紧固，波纹管颜色要求与机房环境一致，如白色或蓝色		必选
6	插拔尾纤时，禁止尾纤头对准人眼，以免激光对人眼造成伤害		必选

续表十一

序号	检 查 内 容	是否通过	备注
十一、密封			
序号	检 查 内 容	是否通过	备注
1	射频接头防水密封		必选
a	用电工胶布包裹接头金属部分打底		必选
b	用防水胶泥包裹电工胶布，并保证完全密封		必选
c	再用电工胶布严密包裹防水胶泥		必选
2	室内射频接头防尘处理		必选
a	用电工胶布严密包裹射频接头，电工胶布要平滑美观		必选
3	馈线上、避雷网带上的接地点用防水胶泥直接严密包裹后再用电工胶布严密包裹		必选
4	室内与室外之间的走线孔/口必须用防火泥进行密封		必选
5	室外天线支架的螺丝(包括膨胀螺丝、避雷针连接螺丝、接地螺丝)，必须用黄油进行密封，以防水防锈		必选
6	固定主机机架的螺丝必须用黄油进行密封，以防水防锈		必选

二、移动通信室内覆盖系统工程终验

移动通信室内覆盖系统工程单站验证工程因网络的不同而略有差别。本小节以目前最新的 4G 系统为例，主要讨论 LTE 室分站点的单站验证工程，这是目前运营商在 4G 市场竞争中的重要砝码。

1. TD-LTE 网络的室分系统单站验证工程概述

对于大量新建的 TD-LTE 网络的室分系统，能否规范、高效、顺利地完成单站验证工程，是 4G 网络室分系统的整改和验收工程的关键，且为后期的网络优化奠定了基础。由于无线传播环境的复杂性，网络的部分性能指标(如呼损率和掉话率等)很难事先被精确预测，并且随着用户的增长、话务模型的改变以及新的业务热点的出现，网络中 KPI 值可能在不同场景下出现不同的问题，因此 TD-LTE 网络单站验证工程对于中国移动而言，必定是一项重要的工作，是保证网络建设工程完成后能迅速正常运营的关键。

2. TD-LTE 网络的室分系统测试工作流程

1) 测试区域准备工作

在到站点测试之前，根据室分系统设计图纸完成站点的截图。在截图过程中就要对站点初步熟悉，确定覆盖区域(即你需要打点的测试区域)，特别是不要漏掉覆盖区域，如电梯(裙楼小电梯)、地下室等。需要测试的区域在设计图中可查，如图 10-1 所示。

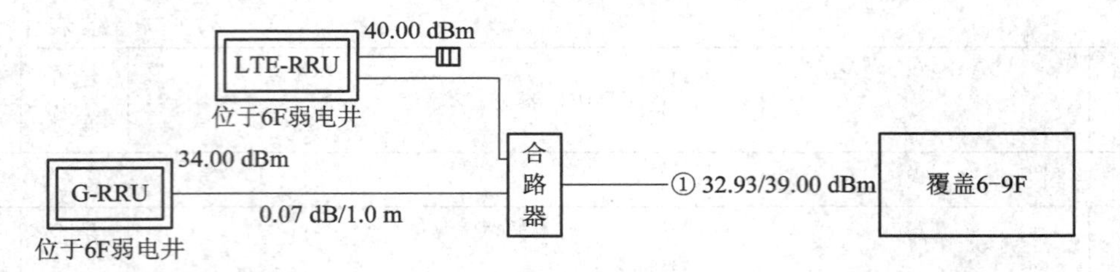

图 10-1　测试区域查询图

2) 测试前告警确认工作

去站点测试前，需和测试站点相应设备商后台联系，确认站点没有告警或故障问题。打电话通过站点名或 NodeB ID 查询站点是否存在告警。如果没有告警，即可前往站点开展测试任务。

单站验证测试

3) 测试打点工作

在站点测试时，先把设备调节好，把电脑中的一切无关软件关掉(避免干扰测试，同时节省电量)。测试站点时关注 RSRP、PDCP、SINR 三个参数，如果这些参数变差，立刻关注是否只占用室分 PCI，如果还占用室外的信号，请停下来确认占用室分信号再继续测试。如果还是占用室分 PCI，但是三个参数继续变差，基本确认是站点存在覆盖问题，需查找具体原因并解决后再完成测试工作。

根据被测建筑物平层图纸，搞清建筑结构，选取合理的测试点和路线，重点关注楼宇外边缘、沿楼层中部走廊、楼梯、电梯口、大楼实际分割中可能的弱信号区。

3. TD-LTE 网络室分系统的验收审核标准及规范

大部分省市的 TD-LTE 网络室内分布系统在规划时按照室内站点和室外站点统筹规划，因此 TD-LTE 网络室分系统的验收审核标准和规范基本一致。

1) 验收报告

除经纬度实测与规划会有出入外，封面页和报告页信息应与工参表无出入。

关键地址详细准确。报告页中基站描述这部分的“地址”一定要写详细地址，详细到 XX 路 XX 号，如“XX 市 XX 区爱民路 180 号”。

站点小区覆盖范围详细准确。覆盖范围描述格式如下：

该 LTE 站点共两个小区，本期开通第 2 小区：RRU5 覆盖航空学院南栋 1～3F；RRU6 覆盖航空学院北栋 1～3F；RRU7 覆盖航空学院北栋 4～6F；RRU8 覆盖航空学院北栋 7～8F 及 2 部电梯；RRU9 覆盖第二办公室 3～4F；RRU10 覆盖法学院 1～7F。

其中，航空航天学院南栋 1F～3F、航空航天学院北栋电梯、第二办公楼 1F～2F 进行弱覆盖，若设计变更则取消覆盖。(如若实测与方案相同，则该段换成：实际覆盖与设计方案相同。)

2) 不同场景下 TD-LTE 网络室内覆盖验收指标

(1) 普通平层覆盖测试 KPI 标准(即平层有布放天馈)。

下载速率：单流平均速率>35 Mb/s。如有速率不达标，小于 35 Mb/s 的覆盖区域占比不大于 10%；双流平均速率>45 Mb/s，小于 45 Mb/s 的覆盖区域占比不大于 10%。

RSRP：平层 RSRP 指标正常值在−55 dBm～−65 dBm 之间，整体在−100 dBm < RSRP < −95 dBm 的覆盖区域占比小于 10%。

SINR：等于信号强度与噪声和干扰强度的比值，即 SINR = $C/(N+I)$。SINR 在 LTE 中主要用于评估业务信道的性能。平层 SINR 指标正常值要求大于 15 dB。

单流覆盖测试图如图 10-2 所示，双流覆盖测试图如图 10-3 所示。

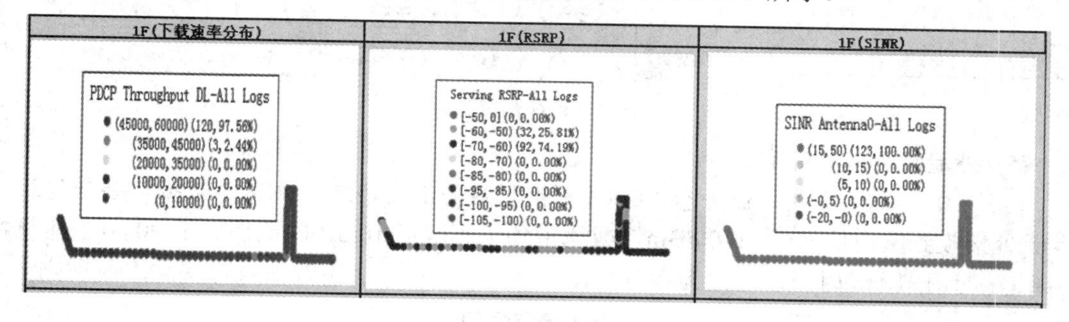

图 10-2　单流覆盖测试图

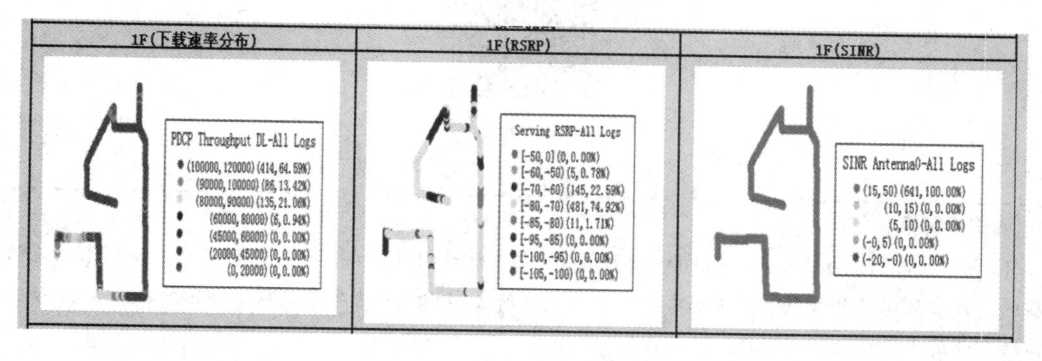

图 10-3　双流覆盖测试图

(2) 电梯覆盖测试 KPI 标准。

下载平均速率>20 Mb/s，RSRP > −100 dBm，SINR > 6 dB。

(3) RRU 上传下载测试审核标准如下。

上传测试要求平均上传速率大于 6 Mb/s，上传峰值速率大于 8 Mb/s。

下载测试要求平均下载速率单流大于 35 Mb/s，双流大于 45 Mb/s；单流峰值速率大于 5 Mb/s，双流大于 80 Mb/s。

对于平均 RSRP 和平均 SINR，如果上传下载速率达标，平均 RSRP 和平均 SINR 基本都没有问题，可省略给出这两个指标参数的标准。

(4) 切换测试审核标准。

同一个测试站点可能存在多个室内外交界地区，根据设计图纸及工参确定切换测试区域。常见的切换区域有停车场出入口、1F 出入口、电梯与楼层间(不同小区时)等。

切换测试次数要求室内外来回切换 10 次，且切换 10 次成功率为 100%。切换测试过程中无频繁切换，在室内外交界地带如一楼大厅出口 10 m 之内，无频繁切换或乒乓切换。

要顺利通过切换测试报告审核，需将切换信令图与切换测试图对应起来，信令图上要能体现切换测试图中的 PCI，体现切换成功，如图 10-4 所示。

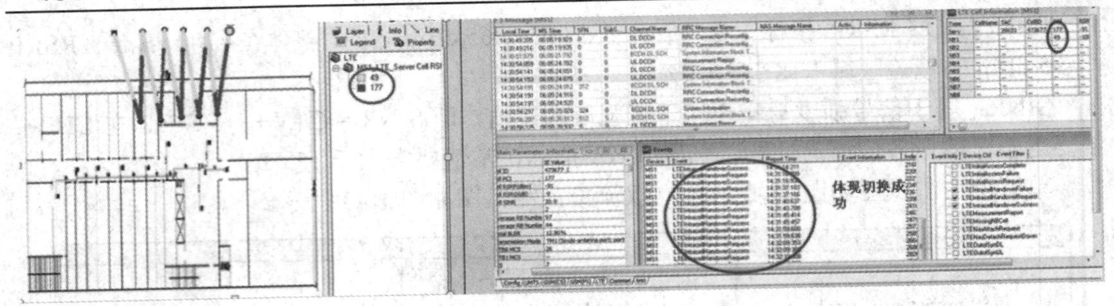

图 10-4　切换测试信令图

(5) 外泄测试审核标准。

楼外 10 m 遍历 2 次，业务态，锁频/不锁频各测 1 次。统计 RSRP 数据，要求建筑外 10 m 处接收到室内信号≤−110 dBm，或比室外主小区低 10 dB 的比例大于 90%(当建筑物距离道路小于 10 m 时，以道路为参考点)。

单站验证报告

知识小拓展：

1. RSRP (Reference Signal Receiving Power，参考信号接收功率) 是 LTE 网络中可以代表无线信号强度的关键参数以及物理层测量需求之一，是在某个符号内承载参考信号的所有 RE(资源粒子)上接收到的信号功率的平均值。

2. SINR：信号与干扰加噪声比(Signal to Interference plus Noise Ratio)，是指接收到的有用信号的强度与接收到的干扰信号(噪声和干扰)的强度的比值，可以简单理解为“信噪比”。

任务 2　移动通信室内覆盖系统优化

【学习要求】

(1) 识记：了解移动通信室内覆盖系统设计与优化的关系，了解移动通信室内覆盖系统优化 KPI。

(2) 应用：学会移动通信室内覆盖系统测试工作。

室内分布系统工程项目过程中的关键阶段是室分系统方案设计，它决定了能否以最低的成本建设出性能最优的网络系统。但实际的无线外环境等各种情况决定了室分系统的网络规划设计只是预估计，和实际建成的网络效果是有不同的，因此工程后期的验收和网络优化是必不可少的。

一、移动通信室内覆盖系统测试工作

1. 移动通信室内覆盖系统测试概述

由于在城市建筑物内部的每个楼层平面进行全覆盖的测试工作量非常巨大，所以运营商会根据客户等级来完成网络优化工作，首先保证优先级较高的区域，其它的区域根据后台 OMC 的话统和客服收集的投诉来进行后续处理，如表 10-2 所示。

表 10-2　室内优化客户等级分类

类别	包含建筑
一类区(高速业务)	运营商、政府机关、A 级写字楼、体育会展中心、医院、机场、高铁、高档小区、大型酒店商场
二类区(中速业务)	B 级写字楼、学校、普通小区、中型酒店商场
三类区(低速业务)	地下停车场、电梯、隧道

2. 移动通信室内覆盖系统测试分场景解决方案

先要拿到室内分布站点的平面设计图，提前完成站点的截图。在截图过程中要初步熟悉站点，确定覆盖区域，即需要测试的区域。特别是不能漏掉的覆盖区域，如电梯、裙楼小电梯、地下室。只有在准备阶段将图纸研究透彻，才能为现场测试选出一条最佳的测试线路。例如在建筑物的窗口、靠外过道、内部走廊、楼梯、电梯口、大厅等容易弱覆盖或切换掉话的地方，都是测试重点区域，要根据实际情况来设定路测线路。

在某些室内环境中的关键点，要单独进行 CQT 测试。在重要的办公室场景中，业务吞吐量较小，重点保证用户业务状态的稳定性；在会议室场景中，会出现突发性的语音爱尔兰量和数据吞吐量激增情况，为保证多用户视频会议的流畅，需给此类区域室分系统中的功分器或耦合器分配较高功率；地下室场景中一般为少量的语音业务，重点是在地下室出入口和拐角位置做好天线的布放；电梯场景有少量的语音业务需求，要做好每层电梯出入口和大厅的信号切换，对于超过 20 层的电梯井采用多副对数周期天线分楼层覆盖。

室内分布系统测试工具与传统 DT 的区别在于：不能用车载设备及车载充电，室内测试无法收到 GPS 信号。在室内，可使用便携的多系统兼容的测试设备。在室分多系统测试中的关键点有：

(1) 传统测试设备是笔记本电脑加测试终端，在长时间测试中比较沉重。进行多系统同时测试时，建议选用能显示导频信号强度和简单信令的智能测试终端，且其电池可通过 USB 端口进行续航；此类智能终端能插入各类不同网络的 UIM 卡，完成语音和数据业务的测试，能与测试软件通过解密狗适配。

(2) 由于室内环境中多种网络共存，各种 KPI 不能混乱，要按照各自网络室内测试的规范流程以及相关验收标准进行测试。如 LTE 的室内测试中单流和双流的 RSRP、SINR、PDCP 下载速率等值要求是不同的。

(3) 室内测试工作量巨大，测试前要通过后台查询站点的运行情况，且要根据楼层

平面结构选择特征楼层，可从具有相同特征的楼层中采用三选一或五选一的方式来进行测试。

二、移动通信室内覆盖系统优化

在室分多系统优化中，不同的网络性能指标是不同的。早期的 2G、3G 性能指标已讨论较多，此处不做讨论。下面先简单介绍 LTE 的 KPI 及其影响因素，然后分析多系统的干扰排查及网络质量提升方案。

室内单验报告审核标准

1．LTE 室内覆盖系统网络优化 KPI

室内分布系统中不同的室内环境对应的关键指标要求不同，以下只简单介绍常规的平层楼房对应的 LTE 网络 KPI。

下载速率：单流平均速率>35 Mb/s。如有速率不达标，小于 35 Mb/s 的覆盖区域占比不大于 10%；双流平均速率>45 Mb/s，小于 45 Mb/s 的覆盖区域占比不大于 10%。

RSRP：RSRP 指标正常范围为−55 dBm～−65 dBm，若包括停车场及电梯等区域，楼层面积在−100 dBm <RSRP<−95 dBm 的覆盖区域占比小于 10%。

SINR：在 LTE 中可作为业务信道的性能参考，越大越好。平层 SINR 指标正常值要求大于 15dB。

在干扰情况相对复杂、干扰比较随机的场景中，相同 RSRP 水平下速率会随 SINR 变化较大，不同 RSRP 水平下速率也有可能相同。在干扰情况简单、干扰相对收敛的场景下随着 RSRP 的增加，SINR 也随之增加，因此 RSRP 越高，速率越高。

2．LTE 网络 KPI 影响因素

在带宽和上下行子帧配比(含特殊子帧配比、PDCCH CFI 配置)固定的情况下，TD-LTE 下行用户峰值速率(含小区吞吐率)主要取决于无线环境以及厂家内部算法，如表 10-3 所示。

表 10-3　TD-LTE 下行用户峰值速率影响因子

分　类		分　　析
无线环境	无线信道质量(覆盖和干扰问题)	常用CRS-SINR值来衡量信道质量，空口链路质量越好，前向吞吐量越高，手机下载速率越快；空口链路质量差，指标下降。但是如遇较强干扰，此时需要测试是否有较强的邻区信号
	信道相关性	在LTE的MIMO中，其双通道的秩确定了两者的相关性。手机上行链路报告的RI越大于1，表示越不相关，接收质量越好
终端解调性能		终端的解调性能对PDCP下载速率影响较大，在相同条件下，Histudio数据终端的PDCP下载速率要高于Warp数据终端的PDCP下载速率

续表

分类		分　析
调度机制	调度次数	调度次数将直接影响下行速率，一般对于3∶1(特殊子帧配置为3∶9∶2)来说，1 s内下行调度次数为600次
	调度PRB数	调度的PRB数也将直接影响下行速率，在相同的信道条件下PRB数越多，则下行吞吐量越高
链路自适应算法		设置合理的初始BLER值，CQI修正算法需要将初始的BLER值控制在配置的初始值上，过高或过低的BLER值都将影响MCS与吞吐量
单双流比例		模式间和模式内切换需要在信道条件较差时切换至保证性能的MIMO方式，在信道条件较好时切换至提升吞吐量的MIMO方式。传输模式的比例不合适会导致吞吐量降低

3．LTE 室内覆盖系统网络优化工程案例

LTE 系统和其它系统共建后，影响 LTE 用户感知的主要因素是信号质量(SINR)，而在电平强度满足接入门限的情况下，SINR 主要和网络干扰有关。网络干扰包括系统内干扰、系统间干扰和外部干扰。

LTE 的外部干扰来源较多，如屏蔽工具、非法使用的无线设备等，但一般影响范围较小、时间较短，可以通过日常的干扰排查和监控工作来解决；

F 频段 LTE 的系统间干扰主要来自 DCS 1800，具体包括互调干扰、杂散干扰和阻塞干扰，建议在网络建设之前进行干扰排查；

D 频段的外部干扰、系统间干扰均明显小于 F 频段；

LTE 的干扰最主要来自于系统内干扰。因此，控制 TD-LTE 系统内干扰是提高网络质量的关键。而站间距、站高不合理导致的重叠覆盖、过覆盖是网内干扰抬升的主要因素。

下面给出一个 C 市某中国移动室分多系统优化工程的例子。测试表明：基于 TDS1:1 平滑演进的 TD-LTE 网络建设模式，可实现室外基本连续覆盖，但室内仅中浅度覆盖，RSRP≥−110 且 SINR≥−3 样本少于 80%；

深度覆盖与站间距息息相关：平均间距大于 500 m 时，覆盖效果急剧恶化；

高层覆盖受 TDL 站高、天线垂直波瓣较窄影响，总体覆盖远差于中低层；

高档写字楼、星级酒店、学校宿舍楼和教学楼等场景建议建设室分；高层居民小区由于室分建设困难，需提前考虑小区分布和小型化基站等综合覆盖手段。

又例如某个常规居民小区的信号分布如图 10-5 所示。

问题如下：

阳台和客厅信号直射，但由于离基站较远，覆盖一般，平均 RSRP 为−105.6；卧室和书房被一堵墙阻挡，覆盖效果一般，平均 RSRP 仅为−115.7；厨房和卫生间被两堵墙阻挡，覆盖很差，平均 RSRP 仅为 −118.7，其中卫生间掉线后无法再接入网络。

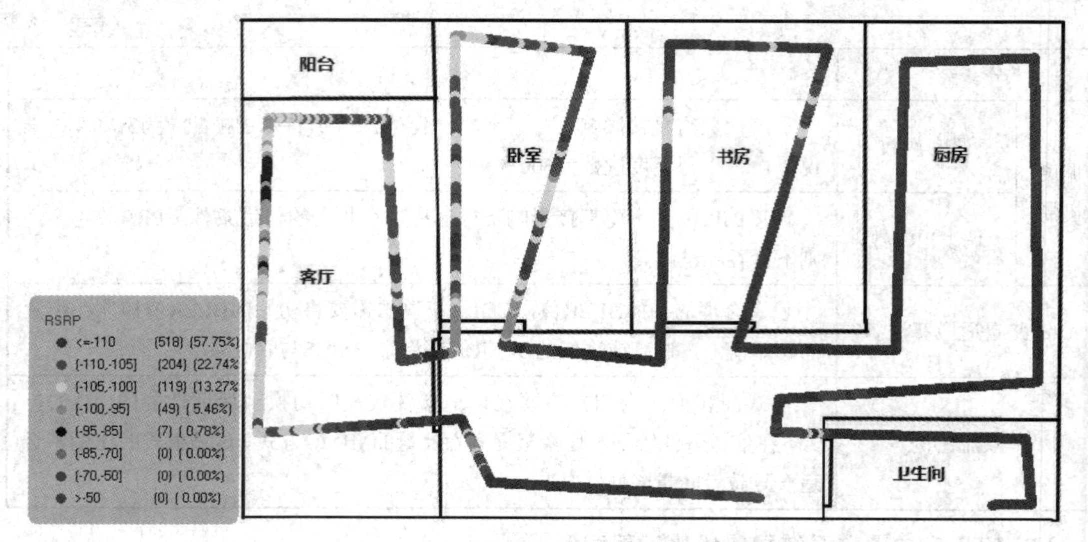

图 10-5　某常规居民小区住宅路测 RSRP 图

解决方案：

要实现良好的室内深度覆盖，规划仿真时必须预留充足的穿透损耗(简称穿损)。但若穿损预留值增加，室外覆盖重叠度也随之增加，网络质量也呈下降趋势，因此在规划阶段需分场景科学预留穿损值，合理平衡室外干扰和室内覆盖之间的关系；加快小型化基站等新设备及 F/D 混合组网技术的试点研究，灵活建设提升深度覆盖能力，热点区域异频组网以降低网络干扰。

以 C 市为例，如果室外站点小区半径为 1000 m，相同的站点设备发射功率覆盖室内环境，若路径的穿损增加 1dB，小区覆盖范围就缩小 20～50 m，对应站点间距缩小 60～70 m，室外小区重叠加重，如图 10-6 所示。

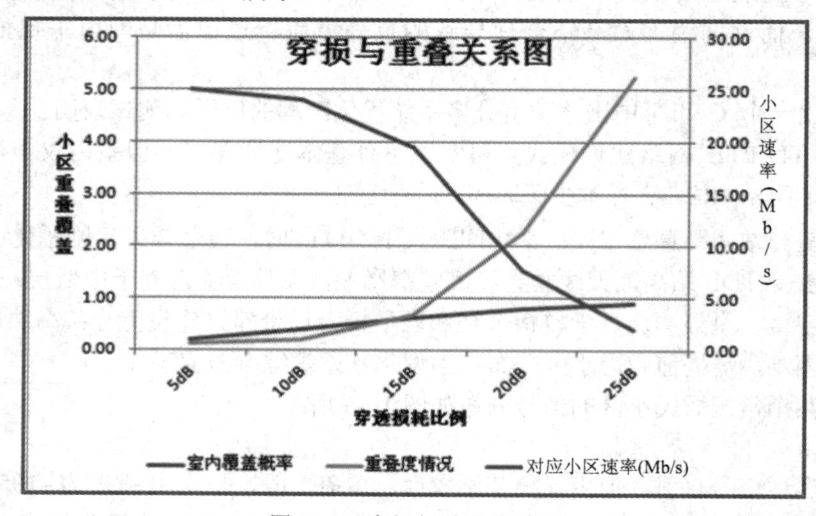

图 10-6　穿损与重叠关系图

如表 10-4 所示，穿损预留过大，超过 15 dB 后，D/R 过小，将带来干扰的急剧增加和速率的快速下降，因此建议规划时穿损预留不要超过 20 dB。

表 10-4　穿损与 D/R 值关系表

预留穿损/dB	D/R	对应小区速率/(Mb/s)	室内覆盖概率	重叠度情况
5 dB	1.56	25.00	18.20%	0.13
10 dB	1.45	24.00	39.51%	0.20
15 dB	1.01	19.50	62.75%	0.67
20 dB	0.57	7.70	79.88%	2.34
25 dB	0.1	2.00	89.63%	5.25

某室分系统优化案例

知识小拓展：当无线信号在室内环境中传播时，由于室内环境的各种障碍物较多，信号穿透损耗较大。各种障碍物的材质、厚薄的不同对穿透损耗的影响也不同。除此之外，不同系统的无线信号由于其频率不同，也会对穿透损耗造成影响。根据传播模型可知频率越高，穿透损耗越大。

过 关 训 练

一、填空题

1．移动通信室内覆盖工程验收时连接近端主机及信源的无源器件及线缆应有______。

2．无源器件的设备空置端口必须_______。

3．天线周围_______内不宜有体积大的阻碍物。天线安装应远离附近的金属体，以减少对信号的阻挡。不得将天线安装在金属吊顶内。

4．LTE 下载速率中单流平均速率>_______Mb/s，双流平均速率>_______Mb/s。

5．_______等于信号强度与噪声和干扰强度的比值，在 LTE 中主要用于评估业务信道的性能。

6．室内测试工作量巨大，测试前要通过后台查询站点的运行情况，且要根据楼层平面结构选择_______，可采用三选一或五选一方式来进行测试。

7．小型室内分布系统，比如电梯、地下室、网吧、茶社等可以使用直放站做信源，尽量采用_______直放站。

8．要消除直放站的自激，在选用高质量的直放站的同时，要求天线的隔离度比增益大_______dB。

9．CDMA 系统中，室内基站泄漏至室外 10 m 处的信号强度应不高于______dBm。

10、室内分布系统的天线布放一般遵循_______的原则，保证信号均匀覆盖整个目标建

筑物。

二、简答题

1. 简述移动通信室内覆盖系统的验收流程。
2. 简述 LTE 室内覆盖系统的验收关键覆盖指标有哪些。
3. 简述移动通信室内覆盖系统的测试如何选取测试区域，能又快又好地完成测试工作。
4. 以某次移动通信室内覆盖系统的测试数据为例，撰写一份室内覆盖系统的测试报告。
5. 简述在室内覆盖系统中，哪些因素会影响到无线信号场强的强弱。
6. 简述移动通信室内覆盖系统的优化工作流程。

过关训练解答

参 考 文 献

[1] 李兆玉. 移动通信. 北京：电子工业出版社，2017.
[2] 张海君，郑伟，李杰，等. 大话移动通信. 2 版. 北京：清华大学出版社，2015.
[3] 蔡跃明. 现代移动通信. 4 版. 北京：机械工业出版社，2017.
[4] 吴鹏，臧晨阳，葛浩宇，等. 移动通信室内覆盖工程建设管理手册. 北京：人民邮电出版社，2014.
[5] 张磊，孔繁俊，刘永洲，等. LTE/CDMA/WLAN 无线网络室内覆盖工程规划与设计. 北京：人民邮电出版社，2016.
[6] 吴为. 无线室内分布系统实战必读. 北京：机械工业出版社，2012.
[7] 李军. 移动通信室内分布系统规划、优化与实践. 北京：机械工业出版社，2014.
[8] 广州杰赛通信规划设计院. 室内分布系统规划设计手册. 北京：人民邮电出版社，2016.
[9] 高泽华. 室内分布系统规划与设计：GSM/TD-SCDMA/TD-LTE/WLAN. 北京：人民邮电出版社，2013.
[10] 工业和信息化部. YD/T 2164.4-2013 电信基础设施共建共享技术要求(第 4 部分)：室内分布系统. 2014.
[11] 工业和信息化部. YD/T 2866-2015 移动通信系统室内分布无源天线. 2015.
[12] 中国建筑标准设计研究院. 03X102 移动通信室内信号覆盖系统. 北京：中国计划出版社，2003.